特大地震中小型水库应急除险修复理论与技术

王丽学　著

黄河水利出版社
·郑州·

内 容 提 要

本书针对特大地震震损水库在应急除险修复中存在的问题，围绕辽宁省援建四川省绵阳市安县的28座中小型水库，结合实际工程建设，开展了相关的理论与技术研究。分析了震损水库破坏类型及特征；以水库建筑物组成的类型为研究基础构建了中小型水库震损险情综合评价指标体系，提出了相应的评价标准，采用层次模糊综合评价法对震损水库进行安全评价；利用事件树法进行震损水库溃坝风险分析；建立了土石坝－水库系统的地震响应计算模型；提出了震损水库"降、封、削、固、反、导"应急除险技术和震损水库"削、固、挖、填、灌、截"除险修复技术。

本书可供水利类相关部门的科研、管理及决策者参考使用，也可供大专院校师生参考。

图书在版编目（CIP）数据

特大地震中小型水库应急除险修复理论与技术/王丽学
著.—郑州：黄河水利出版社，2015.4
ISBN 978－7－5509－1086－7

Ⅰ.①特…　Ⅱ.①王…　Ⅲ.①小型水库－水库地震－水
库治理②中型水库－水库地震－水库治理　Ⅳ.①TV697.3

中国版本图书馆 CIP 数据核字（2015）第 077531 号

出　版　社:黄河水利出版社
　　　　地址:河南省郑州市顺河路黄委会综合楼 14 层　　　邮政编码:450003
发行单位:黄河水利出版社
　　　　发行部电话:0371－66026940、66020550、66028024、66022620（传真）
　　　　E-mail:hhslcbs@126.com
承印单位:河南新华印刷集团有限公司
开本:787 mm×1 092 mm　1/16
印张:13.25
字数:306 千字　　　　　　　　　　　　　印数:1—1 000
版次:2015 年 4 月第 1 版　　　　　　　　印次:2015 年 4 月第 1 次印刷
定价:48.00 元

前　言

地震是一种破坏力极强的自然灾害,强烈的地震会造成大量的人员伤亡以及建筑物的破坏。据统计,全世界平均每年发生的大小地震约 500 万次,其中,3 级以上的有感地震约 10 万次,5 级以上的破坏地震约 1 000 次,7 级以上的大地震约 18 次。我国是世界上地震灾害最严重的国家之一,历史上有记载的地震达 4 000 余次,每次地震都给水利工程带来不同程度的损坏。2008 ~ 2012 年,我国发生 5 级以上地震 192 次,造成数万座水库坝体、溢洪道、放水隧洞以及两岸边坡发生不同程度的损坏。

2008 年 5 月 12 日汶川发生 8.0 级地震,造成四川省 17 个市 96 个县(市、区)的共 1 996 座水库发生不同程度的损坏,面积之广、数量之大历史罕见。如不及时修复,水库下游民众的生命财产安全将无法保障,更为严重的是,将直接影响整个地区的抗震救灾工作的顺利进行。加之余震的影响,破损的水库将可能发生更为严重的险情,甚至造成溃坝。同时,在地震过程中,由于地质灾害和地形条件形成的堰塞湖随着库内水位的不断上升以及余震的影响,在其自身稳定性和防渗性能严重不足的情况下随时会发生垮塌,瞬间淹没下游的农田和房屋建筑,直接危及民众的生命安全;水灾过后,仍会导致大片良田的消失和瘟疫的泛滥,给当地工农业生产造成无法挽回的损失。在这生死存亡的紧要关头,辽宁省作为第一批组建队伍援建四川的省份,水利厅选派精干人员,抽调和购买多台(套)设备,在震后的第一时间赶到受灾现场,帮助四川省对水库、水电站、河道堤防等震损严重的水利工程进行除险加固。

本书作者以辽宁省援建绵阳市安县的 28 座中小型水库为主要研究对象,在对震损水库全面调查的基础上,进行应急除险修复理论与技术应用研究。本书主要内容包括震损水库破坏类型和特征、震损水库安全性评价、震损水库溃坝风险分析、震损水库应急除险修复技术、土石坝 - 水库系统的地震响应计算模型研究、震损水库安全复核,形成专门针对震损水库大坝除险加固的综合技术示范与集成,对我国地震频发地区震损水库大坝灾后应急除险修复工作具有较强的借鉴和指导作用。

参加本书编写工作的还有沈阳农业大学李春生、王毅、刘丹、赵宁、何亚,辽宁水利职业学院孙菲菲、栾策,辽宁省水利厅科教外事处李守权。

限于作者水平和其他客观条件,书中难免有错误和不足之处,敬请同行专家、学者批评指正。

王丽学

2015 年 3 月 25 日于沈阳

目　录

第 1 章 立项背景及研究意义

1.1 立项背景

我国处在太平洋板块与亚欧板块的交界地带,是一个地震多发国家。2008 年 5 月 12 日,一场突如其来的 8.0 级大地震在汶川爆发。本着一方有难、八方支援的精神,在地震发生的第一时间,辽宁省就确定了援建四川安县的工作方针,并把安县作为辽宁省第 45 个县看待,立即派出各个精干队伍赴川进行援建工作。

安县古称安州,位于四川盆地西北部,毗邻北川,正介于汶川与北川之间的龙门山断裂带上。这片有着 1 600 多年历史的古老土地,在"5·12"大地震中损失惨重,全县死亡 2 640 人、失踪 655 人、受伤近 9 万人,20 个乡镇全部受灾,成灾人口 47 万;建筑物因地震灾害受损达 80% 以上、垮塌 50% 以上,房屋受损面积达 1 950 万 m^2,直接经济损失达 580 多亿元。2008 年 7 月 12 日,民政部、国家发展改革委、财政部、国土资源部、中国地震局、国家统计局、国家汶川地震专家委员会会同四川、甘肃和陕西 3 省人民政府完成了《汶川地震灾害范围评估报告》,安县居极重灾区第 7 位。截至 2007 年年底,安县已建成水库 28 座,其中中型水库 1 座,小(1)型水库 6 座,小(2)型水库 21 座,水库总库容为 2 777 万 m^3。机电提灌站 475 处,装机 1.5 万 kW,提水能力 1 231 万 m^3;灌溉干渠 819 km。乡(镇)村集中供水工程 43 处,分散供水工程 70 875 处;河道堤防和护岸 106 km。四川汶川特大地震给安县水利工程造成巨大损失。据《安县水利工程灾后恢复重建规划》统计,"5·12"地震使安县 28 座水库均不同程度地受损,造成有溃坝险情的水库 6 座,高危水库 7 座,次高危水库 15 座。损毁渠首工程 1 处,损坏渠首工程 3 处,渠道 403 km。全县 43 处集中供水站、70 875 处分散供水站、854 km 供水管线不同程度破坏。损坏堤防 29 处,长 42.4 km。受损水电站 41 座,水产养殖受损面积 1.4 万亩❶,水利系统管理和办公设施损坏 3.9 万 m^2,形成规模不等的堰塞湖 27 处。全县水利基础设施震损直接经济损失总计约 16.3 亿元。

如不及时修复这些受损的水利工程,其下游民众的生命财产安全将无法保障,更为严重的是,将直接影响整个地区的抗震救灾工作的顺利进行。加之余震的影响,破损的水库将可能发生更为严重的险情,甚至造成溃坝。同时,在地震过程中,由于地质灾害和地形条件形成的堰塞湖随着库内水位的不断上升以及余震影响,在其自身稳定性和防渗性能严重不足的情况下随时会发生垮塌,瞬间淹没下游的农田和房屋建筑,直接危及民众的生命安全;水灾过后,仍会导致大片良田的消失和瘟疫的泛滥,给当地工农业生产造成无法挽回的损失。

---

❶ 1 亩 = 1/15 hm^2,下同。

辽宁省水利抢险队就是在这样的危急时刻临危受命的,抢险人员不怕辛苦,艰苦奋战,为了保住群众的生命财产安全不惜放弃自己。"虽然你们距离最远,但却最先到达灾区,而且装备齐全。"5 月 19 日下午,在四川省水利系统抢险救灾会议上,国务院抗震救灾总指挥部水利组组长、水利部部长陈雷如此赞扬辽宁省 2 支共 200 人的水利抢险队。

1.2　研究意义

地震过后,中小水工建筑物的除险修复措施是否得当,在以灌溉农业为主要产业的安县,对其在经济发展以及社会稳定方面均具有重大的现实意义。主要体现在以下几个方面:

(1)水是生命之源,在第一时间解决病险水库存在的问题,能够为灾区人民以及其他救援单位提供充足的水源。

震后交通受阻、水源的供应受到极大限制,如若水源不能在第一时间供应,将会引起更为严重的灾害,包括人员的继续伤亡、疾病的传播蔓延等。汶川地震发生后,安县死亡人数超过 2 000 人,水利工程受损严重,形成 27 座堰塞湖,53 万人的饮水问题是需要在第一时间解决的重大民生问题。在第一时间对这些病险水库进行处理,能够尽快恢复整个安县的供水,也能够为其他救援队伍提供充足的后备水源,极大地推进了整个抗震救灾工作的迅速开展。图 1-1 为辽宁省仅用 12 天就顺利竣工的援建安县的供水站,为当地民众的供水做出了突出的贡献。

图 1-1　辽宁省援建的供水站

(2)通过对各项除险加固技术的实地应用,积累相关的工程设计、施工、计算经验,能够对辽宁省乃至全国的中小型病险水库的治理,尤其是应急处理提供极为重要的经验技术以及相关理论数据,进一步推动筑坝技术的发展。

在突发大地震的情况下,能够在缺乏相关资料的前提下迅速解决病险水库所出现的问题,不仅是对辽宁省水利工作人员应急能力的考验,也是对其专业素养的一个重大提高的过程。通过这次应急修复安县水利工程的实践经验,培养了一批具有丰富现场经验的专业水利建设者。

(3)治理后的水库能够重新恢复原有的经济功能,为下游民众提供充足的便捷水源,尤其是生活用水。水库也能重新恢复养殖和旅游功能。如图1-2所示为震后修复的白水湖水库养殖场,水清、山绿、天蓝的优美自然环境呈现在人们的视野中,在恢复水库原有供水功能的基础上,还能增加相应的经济效益。

图1-2　白水湖水库养殖场

(4)白水湖水库养殖场是一项稳定社会民心的重大工程,给予灾区人民重建家园的信心,促进社会和谐稳定,避免了水库溃坝对下游民众的生命财产造成威胁。

在地震的第一时间对受损水利工程进行修复,能够避免地震的次生灾害和余震所带来的危害,尤其是快速处理堰塞湖、清理大体积堰塞体,将为灾区重建工作带来一个安定的环境,更为重要的是,能够鼓舞灾区人民重建家园的信心,对于社会的和谐稳定起到重要的推动作用,同时加深了辽宁省同西部各省份尤其是四川省之间的兄弟友谊。另外,通过对水库的修复,尤其是对具有溃坝风险的6座水库的修复,避免下游民众的生命财产损失,直接经济效益近20亿元。

(5)治理后的水库对于小范围的生态气候也有一定的调节作用,给当地民众一个水清、天蓝、草绿的、优雅的、人与自然和谐相处的生态环境。

水库的修建能够加大小范围的蒸发量,调节局部气候环境,为民众营造一个良好的生态旅游胜地,激发人们对大自然的热爱之情。图1-3即为经过除险加固后的白水湖水库现场照片,蓝天、白云、青山、绿水构成了一幅天然的美丽画卷,无形中陶冶了人们的情操,

图 1-3　加固后的白水湖水库

给人以精神上的享受。

1.3　主要研究内容

本书针对特大地震震损水库在除险修复中存在的问题,围绕辽宁省援建四川省绵阳市安县的 28 座中小型水库,结合实际工程建设,开展了相关的理论与技术研究,主要研究内容包括:

(1)震损水库破坏类型及特征;

(2)震损水库安全性评价;

(3)震损水库溃坝风险分析;

(4)震损水库除险修复技术;

(5)土石坝－水库系统的地震响应计算模型研究;

(6)震损水库安全复核。

本书的基本组成如下:第 1 章为立项背景及研究意义;第 2 章为震损水库破坏类型和特征;第 3 章为震损水库安全性评价;第 4 章为震损水库溃坝风险分析;第 5 章为震损水库应急除险修复技术;第 6 章为震损水库坝水动力响应分析;第 7 章为技术应用工程示范;第 8 章为震损水库安全复核;第 9 章为结论与展望。

1.4　技术路线

本书所采用的技术路线如图 1-4 所示。

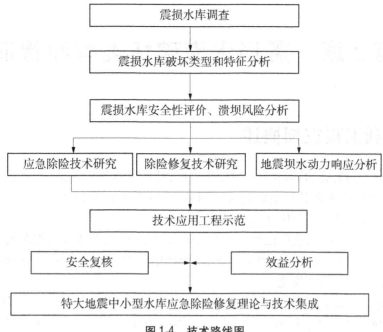

图 1-4　技术路线图

第 2 章　震损水库破坏类型和特征

2.1　水利工程震损概述

　　水利工程受到地震的影响时,一旦发生破坏,特别是水库大坝破坏,将会给国家和人民生命财产安全造成极其严重的危害。例如,1975 年河南板桥土石坝失事,淹没农田113.6 万 km^2,受灾人口 1 190 万,死亡人口 2.6 万。

　　截止到 2011 年年底,我国已建成各类水库 98 002 座,这些水库大坝在我国国民经济建设和发展中,在减灾防灾中起到了十分重要的作用。然而,一旦发生震损破坏,将严重威胁下游人民的生命财产安全。

　　我国是世界上地震灾害最严重的国家之一,历史上有记载的地震达 4 000 余次,每次地震都给水利工程带来不同程度的损坏。2008 ~ 2012 年,我国发生 5 级以上地震 192次,造成数万座水库坝体、溢洪道、放水隧洞以及两岸边坡发生不同程度的损坏。

　　2003 年 10 月 16 日 20 时 28 分 4 秒,云南省大姚县发生 6.1 级地震,造成水库坝体横向和纵向开裂,闸门变形,坝体渗漏,沟渠涵洞裂缝,人畜饮水工程破坏等。

　　2008 年"5·12"汶川大地震发生之后,根据统计,四川省 50% 以上的水库大坝同时出现多方面的震损,尤以土石坝最为严重,主要表现为土石坝坝体裂缝、震陷、滑动、渗漏,混凝土破损、开裂、止水失效、错位,金属结构变形、启闭机失灵等。

　　2010 年 4 月 14 日 7 时 49 分,青海玉树州发生了 7.1 级强烈地震,顷刻间,美丽的玉树被摧毁成一片废墟。地震重灾区结古镇聚居着 10 多万人,其中大多数是藏族同胞。地震中多个水库、电站、河道堤防等水利设施遭受了重创,水库险情频现,河道堤防震损,供水供电系统瘫痪,并且伴随着强震后的余震,随时可能造成溃坝、山体滑坡及泥石流等次生灾害。

2.2　水库大坝震损类型统计

　　在 2008 年"5·12"汶川大地震发生之后,辽宁省是四川省绵阳市的对口援建省份,辽宁省水利水电勘测设计研究院对四川省绵阳市安县震损水库的除险加固做了大量工作。本书以此为基础,并查阅大量文献资料,对四川土石坝在"5·12"地震中的震损情况进行了统计。

　　四川省位于我国西南部,地大物博,水资源丰富,是我国水库数量最多的省份之一。据年鉴统计资料,四川省已建成各类水库 6 678 座,其中大型 6 座、中型 104 座、小(1)型1 007座、小(2)型 5 561 座,如图 2-1 所示。

　　各类水库总库容 105.6 亿 m^3,有效灌溉面积 1 225 万亩。有饮用水水源水库 728 座,

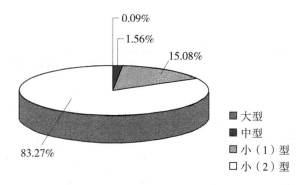

图 2-1　四川省现有水库类型分布图

备用饮用水水源水库 929 座,每年为 21 000 多个企事业单位、1 456 万人口提供生产生活用水,为人民的生活和工农业生产提供了基本保证,为四川的农田灌溉、防洪、发电、旅游等发挥了重要作用,极大地促进了四川经济的建设和发展。

　　"5·12"汶川地震对四川的水利工程造成了很大的损害,全省大量的水库不同程度受损,其中部分水库出现高危和溃坝险情。

　　截至 2008 年 6 月 12 日,有 1 996 座水库发生震损,其中 379 座水库出现高危或溃坝险情,震损水库约占全省水库总数的 30%,分布在 17 个市 96 个县,其中大型水库 4 座、中型水库 60 座,小(1)型水库 331 座,小(2)型水库 1 601 座,地震震损水库类型分布如图 2-2 所示。震损水库影响全省 60 多个县级以上的城市 1 630 多个乡镇,人口 1 686.5万,耕地区 500 余万亩。由此可见,震损水库数量多、分布面广、范围大、险情严重。震损水库的安全不仅给灾区人民的生命财产造成极大威胁,也直接影响到四川的经济建设、社会的稳定与发展。四川震损水库情况如表 2-1 所示。

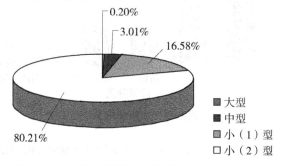

图 2-2　四川"5·12"汶川地震震损水库类型分布图

　　震损水库按受损程度分为溃坝险情、高危险情和次高危险情三类。一类溃坝险情水库为水库大坝及其主体工程发生漫溢,出现较大贯穿性裂缝、上下游坝坡大面积滑坡、大流量集中渗流等情况,短时间内有导致溃坝的险情;二类高危险情水库为水库大坝及其主体工程发生上述险情,可能直接影响大坝及主要建筑物安全的险情;三类次高危险情水库为水库大坝及其主体工程发生上述险情,但不影响主体工程安全运行。根据核定,1 996座震损水库中有 69 座属溃坝险情水库,310 座属高危险情水库,1 617 座属次高危险情水库和一般险情水库。

表 2-1　震损水库概况

地区		已成水库 6 678 座	"5·12"汶川地震震损水库				
			大型	中型	小(1)型	小(2)型	合计
			4	60	331	1 601	1 996
重灾区	绵阳	803	2	10	75	532	619
	德阳	123	0	5	23	87	115
	广元	557	0	6	58	373	437
	成都	199	1	4	24	39	68
	雅安	41	0	1	5	7	13
	小计	1 723	3	26	185	1 038	1 252
非重灾区		4 955	1	34	146	563	744

1 996 座水库中,地震造成的险情主要表现为裂缝(1 425 座)、塌陷(687 座)、滑坡(354 座)、渗漏(428 座)、启闭设施损坏(161 座)以及其他放水设施、溢洪道、管理房不同程度震损(422 座)等形式,其中 50% 以上的水库同时出现多种险情,水库险情十分严重,如图 2-3 所示。

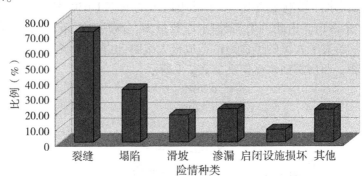

图 2-3　四川震损水库险情分类示意图

高危险情以上水库共计 379 座,按烈度区分如图 2-4 所示,按坝的破坏程度和大小分类如图 2-5 所示。由图 2-4 可以看出,震损水库绝大部分集中在重灾区,越是接近震中的地区,水库受损的比例越高,并且震损的程度越高。

379 座高危以上险情的震损水库大坝绝大多数为土坝或均质土坝,共计 358 座,占所有高危险情以上水库的 94.5%;心墙/斜墙坝 12 座;堆石坝 6 座,另外还有其他的坝型未统计在内。各种坝型的震害统计情况见表 2-2。

高危险情以上水库按县市分布如图 2-6 所示。由图可知,震损水库主要分布在绵阳、德阳和广元,这 3 市的震损水库约占全部震损水库的 92.3%。

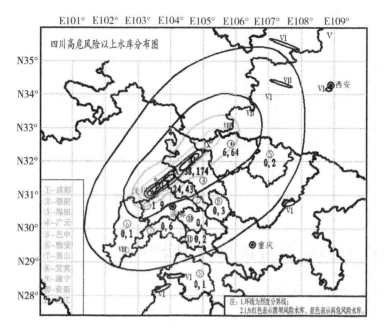

图2-4　不同烈度区震害水库分布图

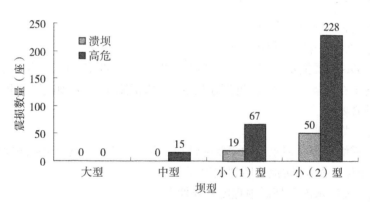

图2-5　四川高危险情以上水库类型图

表2-2　高危以上险情水库的各种坝型震害型式分类统计

项目	坝型											
	土坝				心墙/斜墙坝				堆石坝			
震损总数（座）	358				12				6			
损害类型	裂缝	渗漏	滑坡	启闭设施损坏	裂缝	渗漏	滑坡	启闭设施损坏	裂缝	渗漏	滑坡	启闭设施损坏
数量（座）	308	80	56	60	6	6	2	3	5	3	5	1
比例（%）	87	22	16	17	50	50	17	25	83	50	83	17

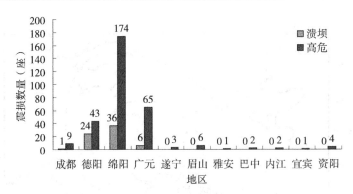

图 2-6　四川高危险情以上水库地域分布

2.3　水库大坝震损特征及典型案例

本节着重记叙有代表性的震损大坝,包括溃坝险情水坝 47 座,高危险情及次高危水坝 18 座。震害详述如表 2-3 所示。典型震害现象见图 2-7 ～ 图 2-25。

2.3.1　特大地震震害总体特征

特大地震震害总体特征如下:

(1)震损水库无一溃坝,但震损严重。

四川省 1 996 座震损水库中,无一发生溃坝事件。20 世纪 50 ～ 80 年代建造的大量未经抗震设计的土石坝震损严重,而近期建设的经过抗震设计的大坝震害则相对较轻,反映了抗震设防的必要性。

(2)震损形式多样。

汶川大地震绵阳市震损水库的主要险情包括坝体裂缝、滑坡、渗漏、坝顶沉陷及坝体变形,以及启闭设施损坏、防浪墙断裂倒塌等。

(3)不同烈度区水库大坝震损程度差异性大。

如图 2-4 所示,高烈度区水库大坝震损不仅数量众多,而且震损严重;低烈度区水库大坝震损数量少,且震损一般较轻。但有个别地方,烈度虽然较低,但水库大坝破坏却较重,这与当地的地质地形条件有关。

(4)最常见的震损情况是大坝裂缝。

震损水库大坝均出现不同程度的横纵向裂缝,土石坝的纵向裂缝大多与坝轴线平行,多集中于坝顶中部及坝轴线两侧。震害严重的土石坝,坝坡也出现纵向裂缝。纵向裂缝系受拉开裂或由不均匀震陷所致。地震作用下土坝的横向裂缝,多集中在坝顶,严重的会向上下游坝坡延伸,也是受拉开裂或由不均匀震陷所致。

(5)土石坝的地震稳定性问题突出。

水库土石坝出现坝顶震陷、坝坡滑裂、坝坡滑落等严重震损现象,是土石坝地震稳定性不足或丧失的表现,因此对土石坝应开展深入的研究,研究其破坏机制,以指导今后的土石坝抗震设计。

表 2-3　典型水坝震损调查表

序号	水库名称/建成年代/规模	地理位置/经纬度	坝型/总库容(万 m³)	坝高/坝长(m)	震前运行情况	震损等级/坝址烈度	主要震害描述
1	观音堂水库/1956～1958/小(2)型	绵阳市江油市八一乡/E104°35′,N31°39′	均质土坝/25.00	9.00/148.00	坝体填筑质量差,迎水面无护坡,冲刷、塌陷严重,上下游边坡偏陡,坡面不平整;溢洪道淤塞严生,杂草丛生;卧管漏水严重	贵坝险情/Ⅷ	1. 裂缝:前坡纵缝 1 条,深度最大 3 m 左右,基本贯穿整个坝体,宽为 1～10 cm,没有明显的错动迹象,坝右侧裂缝在前坡上部分布,宽为 1～10 cm,坝左侧裂缝在前坡中部分布,垂直距离 10～30 cm,坝体填筑质量差,有明显的滑动迹象;后坡纵缝 3 条,基本位于后坡中上部,局部在坝左侧延伸至坝顶,其中 1 条贯穿整个坝体,另 2 条长度为坝长一半左右,裂缝深度最大在 2 m 左右,宽为 1～10 cm,未见明显的滑动迹象;坝顶发育斜、横向裂纹,规模较小,且未贯穿坝顶。 2. 滑坡:上游坡无护坡措施,坝坡受冲刷淘蚀严重,长期蓄水位附近坡面已出现滑坡的陡坎。震后坝顶略向前倾斜,坝体整体向前坡滑移,而右坝段上游半坡以下出现明显的滑动迹象,垂直下沉量 10～30 cm,后缘为上游坝右侧纵向裂缝,其拉裂面陡立,张开度为 10～40 cm,长约 70 cm

续表 2-3

序号	水库名称/建成年代/规模	地理位置/经纬度	坝型/总库容(万 m³)	坝高/坝长(m)	震前运行情况	震损等级/坝址烈度	主要震害描述
2	吴家大堰水库/1977~1978/小(2)型	绵阳市江油市大康镇/E105°03′,N32°02′	均质土坝/10.92	8.00/120.00	主副坝上游坡过陡，风浪淘刷现象，涵管渗漏严重	溃坝险情/Ⅷ	1. 裂缝：震后主、副坝坝顶出现多条纵向裂缝。主坝坝顶裂缝最大延伸约85 m，最大可贯通整个坝体，裂缝最大宽度1 m，坝顶中部裂缝两侧已形成约10 cm错台，靠上游部分坝体已明显下沉。Ⅰ副坝坝顶裂缝延伸约60 m，裂缝最大宽度3 cm，裂缝端部向下游弯曲。Ⅱ副坝坝顶裂缝延伸约30 m，深度超过50 cm；坝顶及上、下游坝坡发现数条横向裂缝，位于主坝拐弯处的裂缝从坝顶下部排水沟一直延伸至坝顶，最大宽度2 cm，最大深度超过50 cm。 2. 滑坡：主坝上游坝坡出现滑坡迹象，主坝右段坝顶靠下游坝坡出现2个局部表浅层滑坡，滑坡前缘最大宽度10 cm，前缘距坝顶垂直高度约1 m。
3	五一水库/1956~1965/小(1)型	绵阳市安县睢水镇光明村/E104°14′,N31°29′	均质土坝/100	23.67/180	坝坡较陡，大坝存在白蚁危害；溢洪道道堵塞严重	溃坝险情/Ⅸ	1. 大坝坝顶及下游坝坡有较多纵向裂缝，纵向裂缝与坝轴基本平行。其中，坝顶纵向裂缝16条，裂缝最大长度70 m，最大深度约10 cm；下游坝坡6条，裂缝最大长度约100 m，最大宽度约30 cm，裂缝最大宽度约6 cm。左坝肩有贯穿性横裂缝4条，坝后排水设施堵塞，坝肩有渗漏，坝后涵卧管断裂、漏水严重。 2. 溢洪道出口局部坍塌，管理房震损严重。

续表 2-3

序号	水库名称/建成年代/规模	地理位置/经纬度	坝型/总库容(万 m³)	坝高/坝长(m)	震前运行情况	震损等级/坝址烈度	主要震害描述
4	丰收水库/1970/小(1)型	绵阳市安县秀水镇/E104°18′,N31°30′	均质土坝/196.00	15.23/230.00	边坡稳定安全系数偏小,坝体渗漏,放水闸门年久失修	溃坝险情/Ⅷ	1. 大坝坝顶及下游坝坡有较多纵向裂缝,纵向裂缝与坝轴基本平行。坝顶裂缝3条,其中1条基本贯穿大坝,裂缝长约200 m,最大宽度约50 cm,下游坝坡裂缝较多,但裂缝张开宽度小,在两坝肩有横向裂缝,但规模较小。 2. 大坝中部距下游坝脚约3 m处,下游坝坡有3处局部隆起,长3～4 m,宽30～50 cm,凸出高度15 cm。 3. "5·12"主震未滑坡,余震中滑坡。
5	立志水库/1976～1979/小(1)型	绵阳市安县秀水镇/E104°32′,N31°55′	均质土坝/150	20/114.6	左、右坝肩及放水设施漏水,溢洪道无消能设施且漏水	高危水库	1. 大坝坝体产生一系列裂缝,其中平行于坝轴方向规模最大的纵向主裂缝长达87 m,贯通整个坝体,主裂缝宽度8～15 cm,深度1～1.6 m,局部深达3 m以上;垂直于坝轴方向分布较为密集的横裂缝,长度3～5 m,缝宽1～3 cm,坝顶上游防浪墙多处被拉裂断开;上游坝坡裂缝长度3～8 m,缝宽5～15 cm。 主坝左端拉裂或裂明显变形错位;竖井周围基座的浆砌条石被拉裂明显变形错位;竖井周围基座的浆砌条石门口的防水墙四周围漏水。溢洪道消力池侧墙受损。

续表2-3

序号	水库名称/建成年代/规模	地理位置/经纬度	坝型/总库容(万 m³)	坝高/坝长(m)	震前运行情况	震损等级/坝址烈度	主要震害描述
6	白水河水库/1956～1958/小(1)型	安县睢水镇白河村/E104°15′,N31°30′	均质土坝/1 627.00			次高危水库	1. 水库大坝坝顶、内坡和右坝肩出现了纵向裂缝7条,横向裂缝8条,裂缝长310 m,宽1～6.7 cm,最长69 m。 2. 大坝内坡干砌预制混凝土块护坡局部出现隆起或塌陷变形,20+0170—0+146.5段整体不清;护坡及下游排水设施破坏;大坝及坝肩地震后渗漏量增加。 3. 溢洪道启闭门设施遭到破坏,1喇工作闸门严重变形;放水洞及放空洞出现裂缝及坍塌,渗流量加大;管理房屋垮塌。
7	曹家水库/1959～1963/小(1)型	安县睢水镇青云村/E104°15′,N31°29′	均质土坝/138	16.56/192.6	边坡稳定安全系数偏小,大坝存在白蚁危害,坝基的淤泥软弱层未清除彻底	次高危水库	1. 在坝体中产生了一系列裂缝,其中平行于坝轴方向最大的纵向裂缝长133 m,基本上已贯通整个坝体,裂缝宽度6～12 cm,局部深达3 m以上;另有3条呈断续延伸的裂缝,总长度分别为55 m,79 m,83 m。垂直于坝轴方向较为密集的横裂缝长度一般为4～6 m,最长为12～15 m,缝宽1～4 cm,裂缝两侧的坝土体已具规模的蠕动变形。 2. 坝顶混凝土砌块多处发裂开有长1.5～3 m,宽1～1.5 cm的裂缝,且局部砌块呈塌块,上游坝坡裂缝长度2.6～8 m,缝宽2～8 cm;迎水面马道被拉裂

续表 2-3

序号	水库名称/建成年代/规模	地理位置/经纬度	坝型/总库容(万 m³)	坝高/坝长(m)	震前运行情况	震损等级/坝险情/坝址烈度	主要震害描述
8	彭家坝水库/1958/小(1)型	德阳市罗江县金山镇/E104°32′,N31°23′	均质土坝/250.00	14.00/100.00	大坝坝体和溢洪道存在隐患,带病带险运行	溃坝险情/Ⅷ	1. 坝顶引水渠上游侧顶部存在纵向裂缝,引水渠抹面砂浆损坏严重。 2. 下游人民渠边坡突起,护坡裂缝。 3. 大坝坝顶路面裂缝,大坝防浪墙垮塌 200 m,变形 60 m,大坝排水沟变形 150 m,下游人民渠边坡滑坡,渠道边坡混凝土护面裂缝,长约 100 m
9	东河水库/1960/小(1)型	成都市彭州市丹景山镇/E103°53′,N31°08′	土石混合坝/219.00	21.20/95.00	1960 年 6 月竣工后,带病运行多年,多次进行整治,效果不好	溃坝险情/Ⅷ	1. 大坝上游坝坡局部隆起,护坡混凝土块多处挤压隆起,分离或塌陷;大坝左右坝肩发生横向裂缝,缝宽 2 cm 左右,以右坝肩为重,呈贯通性状态;坝顶防浪墙出现裂缝,与坝顶拉开,坝顶与坝体有明显沉降;大坝坝顶有纵向裂缝,坝顶向下游位移。 2. 溢流堰整体震损较轻,泄槽内杂草丛生,管理房围墙倒塌于泄槽左侧,泄槽右侧曾发生滑坡,堆积体已侵占约 1/3 泄槽宽度。 3. 管理房及围墙损毁

续表 2-3

序号	水库名称/建成年代/规模	地理位置/经纬度	坝型/总库容(万 m³)	坝高/坝长(m)	震前运行情况	震损等级/坝址烈度	主要震害描述
10	白溪水库/1959/小(1)型	德阳市绵竹市汉旺镇/E104°11',N31°28'	均质土坝/102.00	14.69/165.00	设计不达标,溢洪道泄洪不能满足要求,大坝内坡淘刷严重	溃坝险情/Ⅹ	1. 大坝裂缝包括纵缝2条,横缝6条。 2. 副坝出现坝前滑坡。滑坡体长约105 m,宽约20 m。坝顶中部出现纵缝副坝顶的Z1号纵缝,长约105 m,最大缝宽达30 cm,两侧高差1~3 cm,副坝两端坝肩在坝顶面出现横缝。迎水侧、背水侧坝顶两端出现H1,H2号横缝。 3. 溢洪闸右侧震裂,溢洪闸右侧翼墙墙身震损开裂严重。水库放水洞洞身震裂。
11	狮儿河水库/1958/小(1)型	绵阳市江油市大堒乡/E104°48',N31°42'	均质土坝/360.00	17.40/241.00	坝体不均匀沉降;坝体渗漏,管渗漏严重;白蚁危害严重;溃坝险情	溃坝险情/Ⅷ	1. 2008年5月12日地震后坝顶发现纵向裂缝,经量测,裂缝长110 m,最大缝宽8~10 cm,深约1 m,5月14日北川6.4级余震后又出现2条裂缝,其中1条长30 cm,与主缝相接至坝顶发展至2 m,其宽度12小时内由1 cm发展至5 cm,掌下游砌石护坡面另有裂缝1条,断续分布于主坝中部,宽1~5 cm,总长约50 m;上、下游砌石护坡部分变形。 2. 斜坡水涵管震裂管理站围墙被震坍塌

续表 2-3

序号	水库名称/建成年代/规模	地理位置/经纬度	坝型/总库容(万 m³)	坝高/坝长(m)	震前运行情况	震损等级/坝址烈度/溃坝险情	主要震害描述
12	柏林水库/1957/小(1)型	德阳市绵竹市汉旺镇/E104°11′,N31°28′	均质土坝/245.00	18.00/1194.00	风浪淘刷坝坡下游贴坡排水失效,浸润线过高,坝体渗漏严重	溃坝险情/X	1. 大坝裂缝:包括纵缝 13 条,裂缝长度最大 320 m,最大张开度最大 40 cm,横缝 5 条,最大裂缝长 18 m 左右,最大裂缝开口约 6 cm;坝体坝坡:1 号滑坡顶部位长约 150 m,水平投影宽约 13 m,其中有 118 m 段已发生明显的滑移下挫,2 号滑坡体长约 45 m,水平投影宽约 30 m。 2. 溢洪闸震裂
13	民乐水库/1957/小(1)型	德阳市绵竹市土门镇/E104°11′,N31°18′	均质土坝/106.50	7.30/167.00	左副坝坝体局部沉降,滑坡,溢洪道沉降拉裂,放水卧管渗漏	溃坝险情/IX	1. 大坝裂缝:以纵缝为主,裂缝长度最长 80 m,裂缝张开度最大 10 cm;滑坡道北(HP1)主要分布在右副坝段(溢洪道北)至右副坝放水洞南 40 m 左右),滑坡长度约 150 m,最大滑落宽度最大约为坝觉的 2/3,坝顶滑距约 1.0 m;主坝迎水面混凝土面板出现纵横裂缝。 2. 放水洞震损严重
14	太平水库/1967/小(1)型	德阳市绵竹市遵道镇/E104°07′,N31°21′	均质土坝/147.00	23.20/190.00	坝肩渗漏,涵卧管漏水严重,蚁害严重,造成两岸滑坡现象	溃坝险情/X	1. 大坝裂缝:坝顶分布纵横裂缝,宽度 0.2~1.5 cm,纵向裂缝长度约 30 m,主坝背水坡存在纵向裂缝,长度 10~30 m,缝宽 5~10 cm,坝脚附近横向裂缝,宽度 3~10 cm;坝体渗漏 2. 坝顶管理房损毁严重,部分墙体坍塌

续表 2-3

序号	水库名称/建成年代/规模	地理位置/经纬度	坝型/总库容(万 m³)	坝高/坝长(m)	震前运行情况	震损等级/坝址烈度	主要震害描述
15	建兴水库/1960/小(1)型	德阳市中江县富兴镇/E104°31′, N31°05′	均质土坝/155.00	18.40/91.00	坝坡出现局部滑坡，导流洞洞漏水严重，下游坝脚仍有渗水现象	溃坝险情/Ⅷ	1. 坝顶有1条纵向裂缝，长50 m，缝宽20 mm左右；大坝下游坝脚渗漏量加大，且发生了严重的管涌现象，共5处；防浪墙震裂，有多条裂缝。2. 溢洪道上部交通桥桥台及拱座变形，拱顶侧墙外倾，并产生2条裂缝。3. 左岸放水涵管可能被震裂，出现裂缝或脱离坝体，在溢洪道陡坡下部出现渗漏现象，水比较浑浊。
16	大洋沟水库/2006/小(1)型	广元市苍溪县陵江镇/E105°56′, N31°55′	心墙石渣坝/978.00	46.00/247.00	正常运行	溃坝险情/Ⅷ	1. 大坝内坡在高程560 m处有长70 m，宽0.08 m，深0.12 m的纵向裂缝出现，当时水位为559.00 m。5月17日18时50分水位降至557.50 m时，发现大坝内坡在高程557.50 m处的六面体混凝土预制块表层滑塌。大坝外坡面在高程558.00 m处的长170 m的纵向裂缝，下游坝顶靠近坝顶两处纵向裂缝，长10～20 m，并见几处预制件横向裂缝和个别预制件有凹凸现象。2. 溢洪道边坡掉石，排水沟堵塞。3. 导流洞洞门漏水严重，引水洞闸门漏水。放水隧洞闸门房室顶及门窗部分损坏。

续表 2-3

序号	水库名称/建成年代/规模	地理位置/经纬度	坝型/总库容(万 m³)	坝高/坝长(m)	震前运行情况	震损等级/险情/坝址烈度	主要震害描述
17	园门水库/1968/小(1)型	绵阳市江油市方水乡/E104°39′,N31°35′	均质土坝/115.00	18.00/200.00	运行情况基本良好	溃坝险情/Ⅷ	震后大坝上部在坝顶,前、后坡各见 1 条纵向裂缝,裂缝宽 5~10 cm 左右,其中坝顶位于坝体中段,长 100 m 左右,最大深度 1.5 m 左右;其次为上游坡左侧 1 条,长 50 m 左右,缝宽 1~2 cm,最大深度约 0.5 m;坝顶见 4 条横缝,最宽约 20 cm,均未贯穿坝顶;大坝左侧上游坡有轻微隆起,坝体有整体向前坡滑移迹象,后缘为上游坝坡左侧纵向裂缝,后缘长度约 50 m,从可观测到的精细缝深度初步推测系浅层滑动
18	响滩子水库/1965~1973/中型	德阳市中江县白果乡/E106°46′,N30°48′	黏土心墙堆石坝/1 879.00	42.00/216.00	右坝肩及原导流洞渗漏	高危险情/Ⅵ	1. 坝顶混凝土路面纵向裂缝有 3 条,总长约 220 m,缝宽 5~30 mm;下游坝坡踏步拱起,裂缝较宽,达 30 mm;地震发生后大坝垂直位移增加 +80 mm,水平位移增加 -17 mm。左坝脚渗漏,原导流洞渗漏量增加由震前的 0.93 L/s 增至震后的 1.17 L/s。2. 防浪墙局部受挤压破坏,出现裂缝

续表 2-3

序号	水库名称/建成年代/规模	地理位置/经纬度	坝型/总库容(万 m³)	坝高/坝长(m)	震前运行情况	震损等级/坝址险情/坝址烈度	主要震害描述
19	岐山水库/1959/小(1)型	绵阳市江油市龙凤镇/E104°44',N31°39'	均质土坝/126.00	21.00/314.00	带病运行,存在较为严重的白蚁危害;坝体渗漏严重	溃坝险情/Ⅷ	5月12日震后距左坝肩70~110 m范围内下游坡边出现渗水现象;大坝坝顶出现裂缝,基本位于中部,裂缝长90 m,最宽处21 cm;5月18日观察到坝顶裂缝6条,长度最长增加至122 m,最大裂缝宽度24 cm,深度1.1 m,下错8.5 cm,平行于此缝在其上游有4条,下游有1条,平行坝顶裂缝,间距1.5~2.2 m,长度10~60 m;上游坡缝宽5~18 cm,缝深50~120 cm,最大纵缝4条。同时有横向裂缝2处,为贯穿性裂缝,缝宽5 cm,两缝相距约60 m;5月25日观察大坝纵向裂缝增加,最长达到132 m,宽26 cm,沉陷7 cm
20	向家沟水库/1970/小(1)型	绵阳市江油市永胜镇/E104°53',N31°55'	黏土斜墙堆石坝/297.00	45.70/192.00	曾发生过溃坝,渗漏严重	溃坝险情/Ⅷ	1. 大坝坝顶有3条纵向裂缝,长短不一,其中坝顶中部偏左部位的最长的1条长约100 m,缝宽2~3 cm,其余2条伴随主裂缝旁边,长度20~30 m,深度不大;左坝头出现有不很明显的1条横缝,1条斜缝,没有贯穿坝上下游;同时大坝中部出现坝坡分塌陷(离坝顶5~6 m,面积约300 m²,最大下陷0.5 m)。 2. 在大坝下游左岸30 m长度,坝顶与第一级马道之间出现局部坝体凸出。 3. 水库右岸公路及其上方土体出现较大范围的下滑。 4. 左岸溢洪道左侧山体出现新的下滑裂缝

续表 2-3

序号	水库名称/建成年代/规模	地理位置/经纬度	坝型/总库容(万 m³)	坝高/坝长(m)	震前运行情况	震损等级/坝址烈度	主要震害描述
21	继光水库/1980/中型	德阳市中江县龙台镇/E104°51′,N30°51′	钢筋混凝土斜墙干砌石坝/9 820.00	43.50/262.10	存在深层抗滑问题渗漏严重，下游面砌体局部开裂和变形	高危险情/Ⅵ	下游坝坡条石存在纵向横向裂缝，横向裂缝最大缝宽约 1 cm，向下游位移约 27 cm；坝体沉降约 30 cm；渗流量从震前的 29.5 L/s 增大到 37.5 L/s。防空洞工作闸门出现漏水
22	胜利水库/1973/小(1)型	绵阳市江油市重华镇/E104°58′,N31°57′	均质土坝/580.00	40.20/205.00	震前加固完成，运行正常	溃坝险情/Ⅷ	1. 坝顶纵向裂缝两处：一处位于大坝右侧，坝轴线位置。裂缝自右坝头开始，长 100 m，宽 5 cm 左右，基本连续。另一处位于大坝左侧，坝顶轴线位置。裂缝自距左坝头约 15 m 开始，长约 16 m，宽 5 cm 左右，基本连续。大坝下游水平裂缝一处，位于大坝右侧下游坝坡，距坝顶顶 2 m 左右，长约 61 m。现场观察，该裂缝上下坝体呈水平错动状。 2. 土坝中间段上游坡约 50 m 范围有轻微隆起

续表 2-3

序号	水库名称/建成年代/规模	地理位置/经纬度	坝型/总库容(万 m³)	坝高/坝长(m)	震前运行情况	震损等级/坝址烈度	主要震害描述
23	印盒山水库/1979/小(1)型	绵阳市三台县立新镇/E104°45′,N31°16′	均质土坝/266.00	18.00/436.80	边坡稳定性不足,坝肩局部渗漏	溃坝险情/Ⅶ	1. 距主坝右端 200 m 处开始出现纵横向裂缝,纵向裂缝 6 条,大坝内坡侧 1 条,坝顶 3 条,外坡侧 2 条,为贯穿性裂缝,纵向裂缝最长的一条长达 135 m,裂缝最大宽度 20 cm;横向裂缝 51 条,裂缝未贯穿,缝宽较小,缝深较浅。主坝出现裂缝段(约 80 m)有下沉现象,下沉连续,未见错台,中间大坝高段沉降量最大,约 30 cm,主坝内坡面部分略隆起。2. 水库放水设施(放水闸房)多处裂口。3. 抽水泵站及侧墙多处裂口。4. 办公及生产管理用房 66 间多处出现裂缝
24	黄鹿水库/2008/中型	德阳市中江县黄鹿镇/E104°42′,N31°14′	泥岩土心墙石渣坝/2 350.00	38.73/472.00	正常运行	高危险情/Ⅶ	1. 防浪墙存在拉裂缝。坝顶路面中间出现纵横向裂缝。2. 坝顶震陷明显,观测下陷超过 22 cm,上游混凝土预制块护坡大面积分离滑动。3. 下游坝坡马道处据观测块石预制坡部分分离滑动的现象,混凝土护坡表面观测下游坝坡在整坝体上震损程度较轻

续表 2-3

序号	水库名称/建成年代/规模	地理位置/经纬度	坝型/总库容(万 m³)	坝高/坝长(m)	震前运行情况	震损等级/坝址烈度	主要震害描述
25	金花水库/1957/小(1)型	绵阳市游仙区衔子乡/E104°50′,N31°34′	均质土坝/393.00	18.60/240.00	稳定安全系数不足	溃坝险情/Ⅷ	1. 坝顶及下游坡顶部见 2~3 条长 50~100 m 的纵向裂缝,裂缝宽 0.5~5 cm,深度小于 1.8 m。其中坝顶 1 条纵向裂缝全震后,在坝顶中部混凝土硬面中的长度不断延伸,由中坝 50 m 逐渐延伸至近 100 m,但随着时间的推移,增长趋势变小,目前已基本停止。下游坡纵向裂缝 3 条,变化也不大。坝顶左侧两道横向裂缝长约 100 m,最长至 100 m,裂缝缝宽一般为 2~3 cm,最宽达 10 cm,深度达 1.8 m,主要在坝顶一带分布,未贯穿至下游坝坡。 2. 溢洪道有零星砌石震松,崩落现象,须清理疏通涵管,震后漏水加剧。
26	三清观水库/1956/小(1)型	绵阳市梓潼县文昌镇/E105°09′,N31°38′	均质土坝/107.00	12.90/186.00	震前正在加固,放水洞出口,坝坡附近有渗漏现象	溃坝险情/Ⅶ	1. 坝顶中段出现 1 条纵向裂缝,裂缝长 25 m,最大宽度约 0.06 m,深度约 1.5 m;大坝下游出现 2 条纵向裂缝,总长度 58 m;坝顶中段出现 2 条横向裂缝,最大宽度约 0.03 m,深度约 1.2 m。大坝上游坡边砌浆砌混凝土预制板护坡震松,护坡板出现较多裂缝,护坡板同处出现集中渗漏点,水库水位降低后,渗水量有所减少。 2. 放水洞出口坝坡附近震后渗水量明显增大

续表 2-3

序号	水库名称/建成年代/规模	地理位置/经纬度	坝型/总库容(万 m³)	坝高/坝长(m)	震前运行情况	震损等级/坝址烈度	主要震害描述
27	元兴水库/1959/中型	德阳市中江县元兴乡/E104°59′,N30°33′	黏土心墙坝/1 252.00	30.44/172.28	2004 年整治完毕,2004 年到 2008 年 5 月 12 日正常运行	高危险情/Ⅵ	1. 坝顶防浪墙部分拉裂,错缝,错缝宽度为 10 mm;坝顶下游侧部分倒伏,混凝土板分缝处挤压破坏;坝顶下游侧 4 节倒虹管(φ=1 000 mm)裂缝渗水。 2. 溢洪道钢闸门门体变形,起闭机部分变形,启闭机部分震损,启闭不灵。 3. 管理站管理房裂缝损坏 2 035 m²。 4. 防洪公路旁挡土墙垮塌两处,长度约 30 m
28	莲花洞水库/1959/中型	成都市彭州市磁峰镇/E103°47′,N31°05′	土石混合坝/1 538.00	23.50/286.60	1959 年建成后,上、下游坝坡经常发生滑坡,下沉,裂缝和漏水现象,2003 年进行加固整治	高危险情/Ⅺ	1. 部分防浪墙倒塌,防浪墙与混凝土路面存在拉裂缝。坝顶中间出现纵向裂缝。 2. 坝顶震陷明显,目测路面下沉超过 50 cm,上游坝坡明显向外鼓出,混凝土预制块大面积隆起或产生分离,在防渗墙上方的坝面产生较大裂缝,目测最大宽度约 30 cm,深 60 cm。土砂石混合坡脚淤积物中有明显地滑动,出现很多裂缝。且在上游面护坡破坏部位可见工布已出现断裂。 3. 下游坝坡马道以上也有明显地向外鼓出的现象,排水沟等结构出现较多破坏。 4. 溢洪道左侧山体滑坡,部分滑坡堆积体堵塞溢洪道一孔泄洪通道

续表 2-3

序号	水库名称/建成年代/规模	地理位置/经纬度	坝型/总库容（万 m³）	坝高/坝长（m）	震前运行情况	震损等级/坝址烈度	主要震害描述
29	双河口水库/1966~1993/中型	德阳市中江县兴隆镇/E104°34′,N30°54′	黏土斜墙石砌坝/2 016.00	42.00/452.00	渗漏严重；白蚁危害严重；上游干砌条石护坡局部风化破损	高危险情/Ⅶ	1. 坝顶裂缝总长21 m,缝宽0.5~1.0 cm;大坝最大垂直位移+92 mm,水平位移+50 mm;渗流量增加,由震前的32.81 L/s增加至震后的33.96 L/s,现已基本趋于稳定。2. 坝顶防浪墙及下游条石栏杆局部拱起,震裂,其中防浪墙裂缝总长29 m,缝宽0.5~1.5 cm。3. 充（泄）水工程中泄水槽工作闸门启闭机房立柱,楼梯等均被震裂。4. 放水隧洞进口"井"字形排架横系梁端部有环向裂缝,摇晃厉害
30	八一水库/1958~1973/中型	绵阳市江油市八一乡/E104°35′,N31°39′	均质土坝/1 174.68	25.60/123.00	抗滑稳定性不足,坝肩及坝脚渗漏,白蚁危害严重	高危险情/Ⅷ	1. 右坝肩出现一条横向裂缝,裂缝宽度5 mm,左坝肩出现1条纵向裂缝,长约30 m,裂缝宽度5 mm。左坝肩渗漏点水量加大,而且足浑水。2. 地震后新修隧洞进口段出现垮塌,山体未出现大面积滑塌,基本稳定。水库管理房及附属房屋墙体纵横裂缝严重,楼顶及顶棚部分已经震塌,房后库区墙已经错位,楼梯已经错位,管理房已成危房,无法居住。交通及通信中断

续表 2-3

序号	水库名称/建成年代/规模	地理位置/经纬度	坝型/总库容(万 m³)	坝高/坝长(m)	震前运行情况	震损等级/危险情/坝址烈度	主要震害描述
31	文家角水库/1975~1984/中型	广元市苍溪县石门乡/E106°01′,N31°52′	黏土心墙坝/1 040.00	37.70/477.00	坝脚渗漏;上游坝坡块石护面多处破坏;坝顶严重损坏;墙部分损坏;外坡排水沟及放水渠开裂、垮塌严重;防浪墙顶严重	高危险情/Ⅶ	1. 放水井壁自上而下呈对称裂缝,缝宽 1~2 mm,并出现漏水,泵房有倾斜,倾角向库内 5°~6°,致使工程不能正常开启闸门蓄水、供水。 2. 大坝坝脚漏水量明显加剧,震后漏水量比原漏水量增大近 3 倍,震前漏水量 260 m³/d,年漏水量 10 万 m³;震后日漏水量 960 m³/d,年漏水量 34 万 m³。 3. 溢洪道右边墙尾段(大坝中部坝脚)突然有水溢出,渗漏量 0.1 L/s,原因不能确定,经初步判断,有可能是坝脚渗水溢出;溢洪道上交通桥裂缝 3 条,缝宽0.1~0.3 cm,缝宽 0.1~0.3 cm;放水竖井裂缝 12 条,缝宽 0.1~0.3 cm,启闭机螺杆弯曲

续表 2-3

序号	水库名称/建成年代/规模	地理位置/经纬度	坝型/总库容(万 m³)	坝高/坝长(m)	震前运行情况	震损等级/坝址烈度	主要震害描述
32	工农水库/1974/中型	广元市昭化区磨滩镇/E106°03′，N32°09′	均质土坝/1 303.00	29.94/157.0	带病运行	高危险情/Ⅶ	1. 坝顶中部发生沉陷，最大值约 10 cm；坝顶发现纵向裂缝，缝宽 3～5 cm，深 1.56～2.73 m；坝左端出现贯穿性横缝，缝宽 3～5 cm；上游坝坡发生沉陷，沉陷度达 6～10 cm。大坝上游坝坡护坡的砌浆三角形预制块搭接部位出现隆起，挤压破坏，隆起度 1～3 m。大坝渗漏量无大变化；灌溉引水闸门漏量增大；放空洞闸门失灵，无法启闭，漏水量增大。 2. 溢洪道两侧总体稳定，挡墙多处出现裂缝，错位，砂浆脱落，且部分分段隆起和倾斜，顶部倾斜 8～20 cm。 3. 放水洞启闭机横梁裂缝；竖井井壁砂浆剥落，水平裂缝，未见明显错位；闸门漏水量增大，隧洞顶，底多处开裂，鼓出或隆起，边端多处出现裂缝。放空洞闸门失灵，无法启闭，漏水量大。渠系工程，管理房及防汛路等设施亦有不同程度的损毁。

续表2-3

序号	水库名称/建成年代/规模	地理位置 经纬度	坝型/总库容(万m³)	坝高/坝长(m)	震前运行情况	震损等级/坝址烈度	主要震害描述
33	阎家沟水库/1985/中型	广元市苍溪县陵江镇/E105°56′,N31°55′	粘土心墙坝/1013.00	37.8/414.00	修建年代久远,运行中存在多处病害	高危险情,Ⅶ	1. 大坝左岸上游水位530 m高程以上时坝下游有渗水现象。 2. 引水隧洞进口竖井出现裂缝,裂缝开度较小,非贯穿性裂缝及支架变形增大,无法正常启闭,闸门止水破坏,漏水严重。 3. 坝底放空涵洞心墙上游距进口15 m处底板有5～6处漏水点,5月17日经现场测量其渗漏量为0.55 L/s,6月10日渗流量已达0.86 L/s。 4. 管理房为160 m²三层砖混结构,开裂严重,已成危房。 5. 防洪抢险公路出现多处边坡崩塌。
34	园门水库/1958～1980/小(1)型	绵阳市江油市方水乡/E104°39′,N31°35′	均质土坝/115.00	15.00/200.00	坝体填筑质量差,曾发生过滑坡;护坡质量差,坝坡不平整	溃坝险情,Ⅷ	震后大坝上部在坝顶、前、后坡均见各1条纵向裂缝,位于坝体中段,长100 m左右,其中坝顶最大深度1.5 m左右,缝宽为1～2 cm,最大深度50 m左右;坝顶见4条横缝,缝宽约0.5 m;大坝左侧上游坡有轻微隆起,坝体向整体向前坡滑移迹象,后缘为上游坝坡向左侧纵向裂缝,后缘长度约50 m,从可观测到的滑缝深度初步推测系浅层滑动

续表 2-3

序号	水库名称/建成年代/规模	地理位置/经纬度	坝型/总库容（万 m³）	坝高/坝长（m）	震前运行情况	震损等级/坝址烈度	主要震害描述
35	战旗水库/1976/中型	绵阳市江油市战旗镇/E104°54',N31°19'	均质土坝/1 255.00	39.20/218.00	震前水库坝坡渗流稳定,除险加固与溢洪道除险加固基本完成	高危险情/Ⅷ	1. 大坝迎水面水面高程 585.07~597.433 m,新砌混凝土护坡出现凹凸不平现象,产生沉陷,大坝顶部已形成混凝土路面折断,裂缝为 3~5 cm;大坝左坝肩 5 个桩点位移向上达到了 25 mm;大坝背水面反滤层上第一马道出现横向裂缝,长 15 m,口径为 20 mm。大坝左右坝肩未出险,在加固灌浆前渗漏量较小,而地震后,反而渗漏量加大,灌浆前为 475 m³/d,地震后为 800 m³/d。 2. 房屋严重损毁,已成危房,屋内的电合,管网遭到损毁,无法对外联络;配电房间损毁,配电设备被毁,水库处于长期停电状态

续表 2-3

序号	水库名称/建成年代/规模	地理位置/经纬度	坝型/总库容（万 m³）	坝高/坝长（m）	震前运行情况	震损等级/坝址烈度	主要震害描述
36	上游水库/1958～1995/中型	绵阳市涪城区河边镇/E104°33′，N31°27′	均质土坝/1 176.00	22.67/470.00	正常运行	高危险情/Ⅷ	1. 坝顶沉降量 3 cm，向下游水平位移 10 cm；坝上游局部塌陷，上游坝坡有 3 条纵向裂缝，裂缝均位于大坝中部，高程 546.5～547.0 m，裂缝最大宽度约 1.0 cm；下游坝坡有多条纵向裂缝，其中 4 条裂缝较大，裂缝最大宽度约 1.0 cm。大坝廊道出现渗漏，渗漏量约 3.6 L/m，二级马道有集中渗漏点。坝顶上游护栏损毁；上游坝坡土护坡混凝土块损毁；下游一级马道排水沟损坏。 2. 溢洪道：溢洪道进口底板裂缝溢洪道启闭机房震损严重。 3. 灌溉设施：左灌溉涵管沿涵洞坝段裂缝，漏水严重，漏水量约 0.5 m³/s，右灌溉涵洞进水塔壁混凝土剥落，井壁裂缝

续表 2-3

序号	水库名称/建成年代/规模	地理位置/经纬度	坝型/总库容(万 m³)	坝高/坝长(m)	震前运行情况	震损等级/坝址烈度	主要震害描述
37	马凤庵水库/1974～1977/小(2)型	绵阳市江油市贯山乡/E104°27',N31°10'	均质土坝/48.10	13.10/152.00	坝体施工质量较差,渗漏严重;溢洪道无消能设施;卧管侧墙渗漏较为严重	溃坝险情/Ⅷ	1. 裂缝:震后坝体出现多条纵向裂缝,皆呈张开状态,坝顶的①号裂缝延伸约100 m,裂缝最大宽度30 cm,最大可探深度1.5 m,坝顶中部裂缝两侧坝体已明显下沉10 cm,靠上游坝的②号裂缝延伸约75 m,裂缝最大宽度3 cm,该裂缝5月12日主震后开裂,余震对裂缝的影响比较大,裂缝继续发展;坝前坡的③号裂缝延伸约85 m,裂缝最大宽度1.5 cm;坝前坡的④号裂缝延伸约75 m,裂缝最大宽度1.5 cm,坝体发现数条横向裂缝,最大深度超过1 m。2. 滑坡:坝体上游坝坡有大面积滑坡产生

续表 2-3

序号	水库名称/建成年代/规模	地理位置/经纬度	坝型/总库容(万 m³)	坝高/坝长(m)	震前运行情况	震损等级/坝址烈度	主要震害描述
38	合作水库/1951~1975/小(2)型	绵阳市江油市九岭镇/E104°40′,N31°38′	均质土坝/12.00	20.00/120.00	大坝填筑质量差,高水位下游坡常有渗漏,迎水面无护坡,淘刷严重,坝坡不平整	溃坝险情/Ⅷ	1. 裂缝:坝顶纵向裂缝3条,贯穿坝体,长81 m,最大裂缝宽16 cm,深约2 m;下游坡纵向裂缝3~4条,长度10~45 m,最大裂缝宽度4~5 cm,深约0.5 m;上游坡裂缝2条,长度30~40 m,宽度0.5~3 cm,最大深度0.5 m左右。坝顶左侧涵卧管上方有1条斜向横缝,缝深2 m,最大缝宽5 cm,仅贯通坝顶,未延伸至坝坡;下游坝坡顶发育一些斜、横向裂纹。 2. 滑坡:震后下游排水棱体有轻微隆起现象,坝顶附近纵向裂缝发育,存在坝后坡浅层滑动迹象。 3. 渗流变化:涵卧管有漏水、漏气现象。

続表2-3

序号	水库名称/建成年代/规模	地理位置/经纬度	坝型/总库容(万 m³)	坝高/坝长(m)	震前运行情况	震损等级/坝址烈度	主要震害描述
39	六角堰水库/1989~1990/小(2)型	绵阳市江油市九岭镇/E104°40',N31°38'	均质土坝/14.80	6.40/80.00	护坡质量差,坝坡不平整,坝脚排水反滤堵塞失效;卧管有渗漏;白蚁危害严重	溃坝险情/Ⅷ	1. 裂缝:震后坝前坡下挫30 cm,形成3条主裂缝,宽度0.5~3 cm,最大深度0.5 m左右,基本贯穿整个坝体;坝顶裂缝2条,长度80 m,宽度3~20 cm,最大深度约0.8 m,贯穿整个坝体坝后坡裂缝2条,长度15~30 m,宽度1~2 cm,最大深度0.5 m左右,局部轻微隆起;坝顶发育斜、横向裂纹,规模较小,未贯穿坝顶。 2. 滑坡:震后坝顶向上游倾斜,上游坡面沉降约30 cm,浆砌石护坡破损严重,坝体前半部有整体滑动迹象。 3. 渗流变化:"5·12"地震时,后坝坡、坝脚排水沟普遍渗水,渗漏量为0.2 L/s,查勘时已停止渗漏。
40	双泉龙水库/小(2)型	绵竹市/E104°11',N31°23'	均质土坝/20.35	11.50/		溃坝险情/X	纵缝6条,裂缝长度最长117 m,裂缝张开度最大9 cm;横缝长度最长17 m,裂缝张开开度最大40 cm;坝体渗漏;主坝迎水面混凝土面板出现纵缝

续表 2-3

序号	水库名称/建成年代/规模	地理位置/经纬度	坝型/总库容(万 m³)	坝高/坝长(m)	震前运行情况	震损等级/坝址烈度	主要震害描述
41	岐山水库/1958~1959/小(1)型	绵阳市江油市龙凤镇/E104°44′,N31°39′	均质土坝/126.00	21.00/314.00	坝体渗漏严重,上游坡面风浪淘刷现象严重,放水卧管渗漏,大坝存在较为严重的白蚁危害	溃坝险情/Ⅷ	5月12日震后距左坝肩70~110 m下游边坡出现渗水现象;大坝坝顶出现裂缝,基本位于中部,裂缝长90 m,最宽处21 cm;5月18日观察到坝顶裂缝6条,长度最长增至122 m,最大裂缝宽度24 cm,深度1.1 m,下错0.6 m,平行于此缝任其上游裂缝4条,下游裂缝1条,缝宽1.5~2.2 m,长度10~60 m,缝深50~120 cm;上游坡纵缝4条,缝深5~18 cm,缝宽50~120 cm。同时有横向裂缝2处,最大缝宽5 cm,为贯穿性裂缝,两缝相距约60 m;5月25日观察大坝纵向裂缝增加,最长达到132 m,宽26 cm,沉陷7 cm,中部下挫10 cm,共计下挫1.9 m
42	幸福水库/1969~1971/小(2)型	绵阳市江油市双河镇/E104°54′,N31°52′	均质土坝/15.00	14.00/101.00	上游无防浪护坡工程,风浪淘蚀严重,垮塌、滑坡现象,下游无排水体,白蚁活动频繁	溃坝险情/Ⅷ	震后坝顶上游侧发现2处震动裂缝,局部陡立边坡存在崩塌之患,裂缝各长8~10 m,缝宽1~3 cm,高度2~2.5 m。坝顶靠上游2 m左右位置出现纵向裂缝,缝长40~50 m,缝宽3~5 cm,探缝深1~1.2 m,端部有向上游延伸趋势,上游边坡有滑坡迹象

续表 2-3

序号	水库名称/建成年代/规模	地理位置/经纬度	坝型/总库容(万 m³)	坝高/坝长(m)	震前运行情况	震损等级/溃坝险情/坝址烈度	主要震害描述
43	许家桥水库/1956～1976/小(2)型	绵阳市江油市新安镇/E104°53′,N31°47′	均质土坝/57.00	12.60/55.00	内坡坡陡,无护坡措施,风浪淘蚀严重,局部跨塌,坝下游无排水设备,坝体渗漏,卧管底板及边墙渗漏	溃坝险情/Ⅷ	坝顶出现2条纵向裂缝,1条位于坝顶中段防浪子堰坡脚处,长128 m,最大宽度10 cm,深度1.2 m。另1条位于防浪子堰顶部中段,坝体右侧缝稍窄,中部到左坝肩部分稍宽,长度190 m,缝宽0.5～5 cm,地表缝稍小,往下比较大,可见深度0.4 m
44	老土地水库/1975～1981/小(2)型	绵阳市江油市新春乡/E104°56′,N31°55′	均质土坝/21.00	18.50/170.00	震前对大坝加厚及溢洪道扩建整治,隐患已基本消除,运行情况较好	溃坝险情/Ⅷ	1. "5·12"地震后,大坝出现纵向裂缝4条,上游坝坡2条,坝顶1条(长100 m,最宽10 cm,一般4～5 cm,深度大于2 m),下游坝坡1条(深度1.5 m);右坝肩有2条横向裂缝(深度1.5 m),上下游坝坡均可见一些像龟裂形状的裂缝,宽度2 cm以下,长度2 m以下的裂缝。 2. 坝顶及上游坝坡局部有沉降变形,但未发现大坝滑坡的迹象,渗流也未发现异常情况
45	新堆河水库/1970～1971/小(2)型	绵阳市江油市义新乡/E104°52′,N31°44′	均质土坝/95.00	14.80/100.00	水库溢洪道尾部无消力池;放水设备老化;白蚁建巢危害建筑严重	溃坝险情/Ⅷ	1. 坝顶震后出现3条纵向裂缝:1条位于新老坝体结合处,长51 m,最大宽度8 cm;1条位于干老坝体,长21 m,宽4 cm;1条位于上游坝坡,长10 m,宽1.5 cm。 2. 上游坝坡迎水面局部有凸起,部分有下滑趋势

续表 2-3

序号	水库名称/建成年代/规模	地理位置/经纬度	坝型/总库容（万 m³）	坝高/坝长（m）	震前运行情况	震损等级/坝址烈度	主要震害描述
46	向家沟水库/1970～1981/小（1）型	绵阳市江油市永胜镇/E104°53′,N31°55′	黏土斜墙堆石坝/285.00	45.70/192.00	溢洪道左岸山体坡积体坍渣根治；水库右岸坝肩存在较严重的绕坝渗漏	溃坝险情/Ⅷ	1."5·12"地震后,坝顶出现3条纵向裂缝,其中坝顶中部偏左部位最长的1条长100 m,缝宽2～3 cm,其余2条伴随主裂缝旁边,长20～30 m,宽1～2 cm,深度不大;左坝头出现有不很明显的1条横缝,1条斜缝,没有贯穿至上下游。 2.大坝中部上游坝坡出现部分塌陷,离坝顶5～6 m,面积约300 m²,最大下陷0.5 m。 3.大坝下游左岸30 m长度,坝顶与第一级马道之间出现局部坝体凸出。 4.水库右岸公路及其上方土体出现新的下滑大范围的裂缝。 5.左岸溢洪道左侧山体出现新的下滑裂缝

续表 2-3

序号	水库名称/建成年代/规模	地理位置 经纬度	坝型/总库容(万 m³)	坝高/坝长(m)	震前运行情况	震损等级/坝址烈度	主要震害描述
47	洞子沟水库/1977～1985/小(2)型	绵阳市江油市战旗镇/E104°56′,N31°46′	均质土坝/40.00	18.00/182.00	坝基渗漏,右坝肩有局部渗水;溢洪道尾部无消力池	溃坝险情/Ⅷ	1. 裂缝:坝顶中部发现 2 条纵向裂缝,下游侧 1 条较长,长 67 m,宽约 10 cm,深约 2.0 m;上游侧 1 条长 49 m,宽约 10 cm,深约 1.8 m。在距坝顶约 0.7 m 上游坝坡处,发现一长 54 m,深 1.0 m 左右的裂缝,裂缝宽度 1～2 cm,并有 2～3 cm 的错台。在距坝顶约 1.1 m,3.0 m 下游坝坡处,发现 2 条纵向裂缝,长度分别为 38 m,17 m,在靠近左坝肩下游坝坡处存在有面积约为 10 m² 的水坑。2. 渗漏:左坝肩下游坝坡与溢洪道结合处,距坝顶 5 m 处有一渗水点,面积约为 9 m²。
48	胜利水库/1973/小(1)型	绵阳市江油市重华镇/E104°58′,N31°57′	均质土坝/513.00	42.20/205.00	震前加固完成,运行正常	溃坝险情/Ⅷ	1. 裂缝:坝顶纵向裂缝 2 处;一处位于大坝右侧,坝轴线位置,裂缝自右坝头开始,长约 100 m,基本连续,宽 5 cm 左右;另一处位于大坝左侧,坝顶轴线位置,裂缝自距左坝头约 15 m 开始,长约 16 m,宽 5 cm 左右,基本连续,大坝下游坡水平裂缝一处,位于大坝右侧下游坡,距坝顶 2 m 左右,长约 61 m,基本连续,现场观察,该裂缝上下坡体呈水平错动状。2. 土坝中间段上游约 50 m 范围有轻微隆起。3. 泄洪洞进口地面可见裂缝。

续表 2-3

序号	水库名称/建成年代/规模	地理位置/经纬度	坝型/总库容(万 m³)	坝高/坝长(m)	震前运行情况	震损等级/坝址烈度	主要震害描述
49	上风波塘/小(2)型	绵竹市/E104°11′，N31°22′	均质土坝/11.60	5.44/380.00		溃坝险情/X	纵缝 3 条，裂缝长度最长 50 m，裂缝张开度最大 6 cm；横缝 6 条，裂缝最长 6 m，裂缝张开度最大 4 cm；滑坡坝体长约 24 m，水平投影约 2～3 m；坝体渗漏；主坝迎水面混凝土面板出现纵横裂缝
50	战旗水库/1970～1976/中型	绵阳市江油市战旗镇/E104°55′，N31°20′	均质土坝/1 255.00	39.20/218.00	震前水库坝坡渗流稳定，除险加固与溢洪道除险加固基本完成	高危险情/Ⅷ	1. 大坝迎水面新砌混凝土护坡出现凹凸不平，产生沉陷；大坝顶部已形成混凝土路面折断，裂缝宽约为 3～5 cm；大坝左坝肩 5 个桩点位移向上达到了 2.5 cm。大坝背水面反滤层上第 1 马道出现横向裂缝，长 15 m，直径约 2 cm。大坝左右坝肩末在出险加固前渗浆较小，而通过地震后，反而渗漏量加大，灌浆前为 475 m³/d，地震后为 800 m³/d。 2. 管理房严重损毁，已成危房；屋内的电台、管网遭到损毁，配电房倒塌，配电设备被毁，无法对外联络，水库处于长期停电状态
51	下风波塘/小(2)型	绵竹市/E104°07′，N31°21′	均质土坝/11.40	6.10/395.00		溃坝险情/X	纵缝 1 条，裂缝长度最长 80 m，裂缝张开度最大 3 cm；横缝 8 条，裂缝长度最长 9 m，裂缝张开度最大 2 cm；坝体渗漏出现纵缝；主坝迎水面混凝土面板出现纵横裂缝

续表 2-3

序号	水库名称/建成年代/规模	地理位置/经纬度	坝型/总库容(万 m³)	坝高/坝长(m)	震前运行情况	震损等级/溃坝险情/坝址烈度	主要震害描述
52	九岭院水库/小(2)型	绵竹市/E104°11′ N31°24′	均质土坝/18.83	14.00/		溃坝险情 XI	纵缝 5 条，裂缝长度最长 39 m，裂缝张开度最大 12 cm；横缝 5 条，裂缝长度最长 11 m，裂缝张开度最大 7 cm；1 号滑坡坝体长约 20 cm，滑坡体约 12 m，水平投影 2～3 m；2,3,4 号小滑坡坝体的长一般 12～14 m，水平投影宽约 3 m；坝体渗漏
53	红刺藤/小(2)型	绵竹市/E104°11′ N31°26′	均质土坝/23.27	12.00/		溃坝险情 X	纵缝 5 条，裂缝长度最长 120 m，裂缝长度最长 18 cm；横缝 5 条。裂缝长度最长 9 m，裂缝张开度最大 7 cm；坝体渗漏；主坝迎水面混凝土面板出现纵横裂缝；溢洪闸震裂
54	八角水库/小(2)型	绵竹市/E104°11′ N31°20′	均质土坝/14.01	23.75/		溃坝险情 XI	纵缝 3 条，裂缝长度最长 58 m，裂缝长最大 9 m；横缝 12 条，裂缝张开度最大 12 cm，坝体震陷量达 2～12 cm，潜在的震陷体约 65 m，水平投影宽约 16 m；坝体渗漏；主坝迎水面混凝土面板出现纵横裂缝

续表2-3

序号	水库名称/建成年代/规模	地理位置/经纬度	坝型/总库容(万m³)	坝高/坝长(m)	震前运行情况	震损等级/坝址烈度	主要震害描述
55	陈家湾水库/小(2)型	绵竹市/E104°11′, N31°27′	均质土坝/45.70	19.00/		溃坝险情/X	纵缝2条,裂缝长度最长180 m,裂缝张开度最大15 cm;横缝11条;1号滑坡体坝顶部位长约140 m,滑坡高度约为10 m;2号滑坡体长约40 m,滑坡高度约为5 m;3号滑坡体长约35 m,滑坡高度约为6 m;溢洪道震塌严重
56	小柏林水库/小(2)型	绵竹市/E104°11′, N31°25′	均质土坝/14.20	15.00/		溃坝险情/XI	纵缝1条,裂缝长度最长45 m,开度最大8 cm;横缝8条,裂缝张19 m,裂缝张开度最大10 cm;坝体渗漏;溢洪闸震裂
57	马尾河水库/小(2)型	绵竹市/E104°09′, N31°25′	均质土坝/49.50	13.00/		溃坝险情/X	纵缝2条,裂缝长度最长46 m,裂缝张开度最大10 cm;横缝5条,裂缝张开度最大5 cm;1个主要滑坡体坝长约46 m,水平投影宽约12 m;坝体渗漏
58	团结水库/小(2)型	绵竹市/E104°10′, N31°24′	均质土坝/41.40	12.00/		溃坝险情/IX	纵缝5条,裂缝长度最长150 m,裂缝最长58 m,裂缝张开度最大15 cm;横缝30条,震陷坝长18 cm;震陷坝长117 m,水平投影宽约40 m;坝体渗漏;主坝迎水面混凝土面板出现纵横裂缝

续表 2-3

序号	水库名称/建成年代/规模	地理位置/经纬度	坝型/总库容（万 m³）	坝高/坝长（m）	震前运行情况	震损等级/坝址烈度	主要震害描述
59	丰产水库/小（2）型	绵竹市/E104°10′，N31°23′	均质土坝/16.80	9.00/		溃坝险情/X	纵缝 2 条，裂缝长度最长 105 m，裂缝张开度最大 30 cm；横缝 5 条，裂缝张开度最大 10 cm；滑坡坝体长约 105 m，宽约 20 m；坝体渗漏；溢洪闸震裂
60	联合水库/小（2）型	绵竹市/E104°05′，N31°28′	均质土坝/12.40	12.00/		溃坝险情/X	纵缝 6 条，裂缝长度最长 80 m，裂缝张开度最大 3 cm；横缝 2 条，裂缝张开度最大 10 cm；坝体渗漏；坝顶管理设施被震裂
61	新油房水库/小（2）型	绵竹市/E104°11′，N31°17′	均质土坝/57.00	20.20/		溃坝险情/XI	纵缝 9 条，裂缝长度最长 61 m，裂缝张开度最大 22 cm；横缝 5 条，裂缝张开度最大 7 cm；滑坡坝体长约 75 m，水平投影宽约 10 m；坝体渗漏；溢洪闸震裂
62	困牛山水库/小（1）型	绵竹市/E104°03′，N31°17′	均质土坝/221.50	33.00/		高危险情/X	纵缝 5 条，裂缝长度最长 150 m，裂缝张开度最大 20 cm；1 个主要滑坡坝体长约 30 m，滑坡高度约为 5 m；防浪墙震损严重

续表 2-3

序号	水库名称/建成年代/规模	地理位置/经纬度	坝型/总库容（万 m³）	坝高/坝长（m）	震前运行情况	震损等级/坝址烈度	主要震害描述
63	众力水库/小（2）型	绵竹市/E104°11′,N31°18′	均质土坝/29.00	3.50/		高危险情/Ⅸ	坝顶分布纵向、横向裂缝,裂缝长30~35 m,缝宽0.2~0.5 cm;护坡损毁严重,损毁长度约80 m;主坝迎水面混凝土面板出现纵横裂缝
64	围山水库/小（2）型	绵竹市/E104°07′,N31°22′	均质土坝/13.43	10.07/		高危险情/Ⅸ	纵缝1条,裂缝长度12 m,裂缝张开度1 cm;坝体渗漏;主坝迎水面面板出现纵横裂缝
65	付家河水库/小（2）型	绵竹市/E104°06′,N31°27′	均质土坝/11.06	7.25/		高危险情/Ⅸ	仅有横缝3条,裂缝长最长1.5 m,裂缝张开度最大0.6 cm;坝体渗漏;溢洪闸震裂

图 2-7　丰收水库裂缝

图 2-8　大松树水库裂缝

图 2-9　莲花洞水库裂缝

图 2-10　韦家沟水库裂缝

图 2-11　双石桥水库裂缝

图 2-12　红星水库裂缝

2.3.2　震损形式特征

2.3.2.1　大坝裂缝

震损水库调研中发现,裂缝是其最主要的震害之一。在核查过的所有大坝及附属建筑物中大多出现了不同程度的裂缝,有的裂缝十分严重,成为危及大坝安全的主要因素。据统计,坝体裂缝占震害险情的 66.3%,以纵缝居多,横缝次之,水平裂缝较少;纵缝表现在坝顶中部,与刚性结构相接触部位,有的裂缝长达 200 m 以上,宽达 60 ~ 80 cm;横缝大多出现在两岸坝肩,少量在坝体中部。如绵阳市汉旺镇新油房水库坝顶及下游坝坡裂缝严重;又如紫坪铺水库大坝坝顶与下游坝坡接触面出现严重裂缝和错动。

1. 横向裂缝

横向裂缝,即垂直于坝轴向的裂缝。当地震波沿大坝轴线传播时,会引起坝轴向的拉应力,从而引起垂直于大坝轴向的横缝。由于与上下游方向相比,大坝轴向尺度大,且有两岸坝肩的约束,因此横缝宽度一般小于纵缝。若地震震动使坝内土体液化,使坝体承载能力下降,造成坝基或坝体不均匀沉降也会引起裂缝。另外,当大坝遇到上下游方向的震动且坝体各部位变形不同步时,会出现剪切型横向裂缝。

横向裂缝与坝轴线垂直或斜交,它是最危险的裂缝,可能形成集中渗流的通道。一般,它源自坝顶防浪墙或路缘石的开裂。这种裂缝是由坝肩部分与河谷中心部分的坝体不均匀沉降造成的。

沿坝轴线方向坝基的地质不同。当较高坝体以下的坝基是可压缩的地基土,如高压缩性土或湿陷性黄土,而坝肩是陡峭而相对不可压缩的岩石时,就发生最坏的裂缝。

坝基为均一地质,但地形变化大,如岸坡台地边坡过陡,与土坝交接处,填土高差过大,压缩变形不同,容易出现横向裂缝。

土坝与刚性建筑物(如溢洪道导墙)结合的坝段,由于出现较大的不均匀沉降而引起横向裂缝。

坝体内埋输水涵管的坝段,由于输水涵管两侧坝体填土高度不同,而出现不均匀沉降,在相应部位的坝顶处有可能出现横向裂缝。

2. 纵向裂缝

纵向裂缝是与坝轴线平行的裂缝,它们不是危险的,但是它们经常发生。这种裂缝是由于坝体与坝基的不均匀沉降或者由于滑坡造成的。

纵向裂缝是沿坝轴方向的裂缝,多位于坝顶中部,少数则出现在坝顶附近的上下游侧。大坝因地震往往产生上下游方向的往复运动,这种运动会在坝体内产生上下游方向的拉应力,土石坝材料不能抵抗拉力,就会产生纵缝。由于离基础越高震动幅度越大,所以纵向裂缝多出现在坝的高部、坝顶附近。具体纵向裂缝的开度及严重程度除与大坝所在位置的地震烈度有关外,还与坝址区的震动方向、坝体厚度、大坝自震频率等结构特性,以及大坝与基础的材料特性等因素有关。

碾压土质心墙两侧为较松的坝壳,坝壳竖向位移大于心墙竖向位移,对心墙产生切力,引起心墙的纵向裂缝。

3. 内部裂缝

除上述裂缝外,在坝面上还有不能看到的另一类裂缝,它们出现于土石坝坝体内部。有的贯穿上下游,可能形成集中渗漏通道。由于是隐蔽裂缝,事先未能发现,危害性很大。

2.3.2.2 滑坡塌陷

地震造成部分水库出现坝坡滑动和塌陷,部分水库上游坝坡出现垮塌和滑动,如金堂跃进水库震后上下游坝坡出现滑动和垮塌,绵竹民乐水库震后出现内坡滑动情况;又如彭州市莲花洞水库震后上游坝坡出现浅层滑动,防浪墙部分倒塌,管理房垮塌等;还有绵阳市梓潼县水磨嘴水库在地震中受到严重损坏,上游内坡明显下滑,下游坝坡的滑动已造成输水建筑物受阻等。坝体出现滑坡后,大坝的挡水断面变小,危及大坝安全,如果是黏土斜墙坝的上游出现滑坡,则会破坏防渗体,进而引起大坝溃决。地震引起滑坡的原因主要有两个:一个是竖向震动,当大坝向上加速运动时,土体受到的向下的体积力增大,相当于土体的重度增大,从而使坡向下滑力增大而引起滑坡;另一个是当坝体向下游加速运动时,库水对坡面由压力转为吸力,坝内土体如果含水,坝内水则会对土体施加向上游的作用力,引起上游坝坡下滑。典型坝坡滑塌现象如图 2-13 ~ 图 2-16 所示。

图 2-13　丰收水库余震滑坡

图 2-14　莲花洞水库大坝塌陷

图 2-15　丰收水库迎水坡凹陷

图 2-16　莲花洞水库坝肩山体滑坡

2.3.2.3　渗漏

地震发生后,坝体内部出现贯穿裂缝、坝肩和坝基基岩松动、泄放水设施的四周出现裂缝等,都会导致坝下游渗水量增大或出现新的漏水点。如果漏渗水点位于坝内,则可能在坝内形成贯通的漏渗水通道,随着漏渗水不断带走坝体土颗粒,从而使渗漏通道不断加大,造成管涌流土等,最终使坝体溃决。心墙或斜墙坝的防渗体在地震中震损后失去防渗作用,也会形成渗漏通道。如绵阳江油大田水库震损后大坝下游出现渗漏情况;又如广元苍溪县文林水库震损后坝脚下游渗水量增大,由震前的 20 m³/h 增至震后的 40 m³/h。典型坝体渗漏现象如图 2-17 ~ 图 2-20 所示。

图 2-17　洞子沟水库集中渗漏

图 2-18　白盖河水库散浸

图 2-19　上游水库放空洞漏水

图 2-20　三清观水库坝肩集中渗漏

2.3.2.4　建筑物破坏

建筑物破坏如图 2-21 ~ 图 2-25 所示。

图 2-21　五一水库右岸配电房震损

图 2-22　丰收水库坝前水位标尺断裂

图 2-23 柏林水库启闭设施震损

图 2-24 民乐水库启闭设施震损

图 2-25 洞沟子水库溢洪道垮塌

2.4 小 结

通过调查"5·12"汶川地震过后水库大坝的震损现状,对地震造成的水库大坝震损情况进行分类总结,对震损特征及其原因进行了分析,找出震损多发生部位。

"5·12"汶川大地震给四川省的水利工程造成了很大的破坏,全省大量的水库不同程度受损,其中部分水库出现高危和溃坝险情。根据调研情况,全省水库有 1 996 座发生震损,占全省水库总数的 30%,震损水库数量多、分布面广、范围大、险情严重,必须及时进行震害整治,使水库健康安全运行,确保四川工农业建设需求及社会的稳定与发展。震损水库中,主要震害以大坝裂缝、水库渗漏、坝坡滑塌为主,震损水库大坝主要为土石坝。

其中大坝裂缝是最主要的震害之一,坝体裂缝占震害险情的 66.3%,同时地震导致库区渗漏水量增大或出现新的漏水点;地震还造成部分水库出现坝坡滑动和塌陷,许多水库同时出现多种险情。

　　分析原因,主要得出以下结论:

　　(1)震损水库坝顶纵向裂缝的产生与地震的传播方向有很大的关系。

　　(2)震损水库坝顶纵向裂缝的主要发生机理是:在地震波传播至大坝时,大坝在剪切波的作用下产生强烈的水平晃动和在坝体内产生超空隙水压力,坝体产生非协调变形,从而拉裂坝体。

　　(3)震损水库坝顶纵向裂缝的宽度、深度不但与坝轴线的方向有关,而且还与坝顶高程、坝高有关,其发生机理有待进一步研究。

第 3 章　震损水库安全性评价

所谓指标,是指根据研究的对象和目的,能够确定地反映研究对象某一方面情况的特征依据。每个评价指标都是从不同侧面刻画对象所具有的某种特征。所谓评价指标体系,是指由多个相互联系、相互作用的评价指标,按照一定层次结构组成的有机整体。它能够根据研究的对象和目的,综合反映出对象各方面的情况。指标体系不仅受评价客体与评价目标的极度制约,而且也受评价主体价值观念的影响。

震损水库险情评价指标体系,是进行险情评价的基础,是水库应急修复的理论依据,因此建立震损水库险情评价指标体系必须以能够全面反映水库各个损坏部位损坏程度为前提,以完善、合理、科学为指导,构建一套具有实际操作意义,能够反映水库遭遇地震后损坏级别以及各部位的损坏程度的险情综合评价指标体系。

3.1　评价指标初选

为了全面反映水库遭遇地震之后的损坏程度,本次评价指标体系的构建需要经过指标初选、筛选与最终确定 3 个阶段。建立评价指标所遵循的原则和建立的方法在每个阶段各有不同。

3.1.1　初选的原则

初选评价指标意在能够全面反映水库震损情况,即建立一个评价指标全集。因此,在此阶段对评价指标的个数、指标间的内在联系以及指标的可操作性都不做过多要求。在指标初选阶段应遵循全面性、科学性、实用性、可操作性原则,对指标体系的构建力求全面。

(1)全面性原则:震损水库险情评价指标体系的目的是判断水库损坏级别,为技术人员及时修复水库各部位,对其除险加固。因此,必须有一套完备、科学且实用的评价指标体系,才能全面反映水库损坏情况。

(2)科学性原则:评价指标体系中每一个指标计算内容到计算方法都必须科学合理。

(3)实用性原则:指所有指标都需有处可查,有数据可计算,可量化考核,并具有相对的稳定性。

(4)可操作原则:指标的可操作性是指每个指标能够及时收集到准确的数据。

3.1.2　初选指标方法

本次初选采用以综合法和频度统计法为主、以分析法为辅的原则。

3.1.2.1　综合法

综合法即大量阅读相关文献和书籍,收集整理与水库遭遇地震破损部位相关的指标,进行归纳整理,然后对众多指标进行系统的分类,形成初期指标数据库,并对收集的指标按照一定标准进行分类,从而使之构成一个体系。

3.1.2.2　频度统计法

在指标初选中频度统计法是对与该领域相关的报告、论文、期刊、书籍中使用的指标等进行频度统计,选择使用频度相对较高的指标。

3.1.2.3　分析法

分析法是将评价对象或目标分为若干组成部分(子系统),然后继续细分,直到每个部分都可以有几个相应的指标来体现。

3.1.3　指标全集的构建

第 2 章调查了"5·12"汶川地震发生后,四川省主要受灾区 65 座中小型水库震损情况,收集基础资料,分析中小型水库震损特点。本章主要按照水库的组成部分分析能够反映水库震损情况的指标,在此基础上,反复修改、讨论与完善,建立震损水库险情综合评价指标体系。

建立较全面的评价指标体系,需要从水库各个组成建筑物进行调查研究。而水库由不同作用的水工建筑物组成,按其在水利枢纽中所起的作用可分为挡水建筑物、泄水建筑物、输水建筑物、取水建筑物、整治建筑物、专门建筑物。

针对 65 座中小型水库震损情况调查,发现大多数水库由于当地地形需求以及发挥的作用不同,水工建筑物的组成主要可分为挡水建筑物、泄水建筑物、输水建筑物和取水建筑物。下面主要针对中小型水库的水工建筑物组成分析影响水库安全的部位及其破坏的表现形式,总结一套完善的、能够科学反映水库震损程度的评价指标体系。

3.1.3.1　挡水建筑物

用以拦截或约束水流、壅高水位、调蓄水量。由于同一种建筑物其功能并非单一,有时可兼有多种功能,如水闸、溢洪道兼有挡水和泄水的功能。因此,本书将坝体、两岸边坡、闸门归为挡水建筑物。

水库遭遇地震后,坝体主要破坏现象有裂缝、渗漏、坝体沉陷以及上下游滑坡等现象,并且坝体裂缝、坝体渗漏具有不同的表现形式,具体如下。

1. 坝体裂缝

坝体裂缝是地震造成水库损坏较为常见的现象,裂缝的影响因子不外乎长度、宽度、深度。地震造成水库大坝产生裂缝宽度最窄的不到 1 mm,较宽的达 0.6~0.8 m,有的甚至更宽;裂缝长度不一,长达数十米,甚至更长;裂缝深度有的不到 1 m,有的深达坝基;裂缝的主要类型有平行坝轴线的纵向裂缝;坝顶两端垂直于坝轴线的横向裂缝以及存在于坝体上下游坝坡的水平裂缝。而滑坡也是坝体裂缝引起的一种破坏,这种裂缝可能具有不定的方向性,一般在平面上成弧形,缝口有明显错动,下部土体位移,有离开坝体倾向,因此将坝体滑坡列为坝体裂缝一类,称为滑坡裂缝。还有一种裂缝叫作沉陷裂缝,顾名思义这种裂缝是坝体沉陷的主要原因,多发生在坝体与岸坡结合处,坝下埋管部位,以及坝体和溢洪道边墙接触部位。

1)横向裂缝

横向裂缝与坝轴线垂直或斜交,此种裂缝多发生在填筑质量差、两侧坝肩岸坡地形陡、坝体长高比小的大坝上发育。地震后坝体不均匀沉陷造成坝肩与河谷中心部分坝顶产生横向裂缝。若贯穿防渗体,将造成集中渗漏,不及时修复会继续发展,危害极大。

2)纵向裂缝

纵向裂缝为大坝震害中发现率最高的一种大坝地震损坏现象,多发生在土石坝坝体中,此种裂缝与坝轴线平行,多出现在坝顶及坝坡上部,长度较横缝长。地震造成坝体或坝基不均匀沉陷,使坝体出现纵向裂缝。

3)水平裂缝

此种裂缝平行于坝轴线,多数发生在坝体上下游坝坡上,有的学者对坝体老化病害进行评价时认为坝体内部裂缝属于水平裂缝,但坝体内部裂缝也是坝体沉陷的重要原因,因此本书定义水平裂缝为坝体上下游坝坡平行于坝轴线的裂缝。

4)滑坡裂缝

滑坡裂缝中段接近平行于坝轴线,裂缝两端逐渐向坝脚延伸,呈弧状,多发生地震,导致水压力不稳,滑坡裂缝常发生在上游坝坡,下游坝坡较少出现。其形成过程短促,缝口错动明显,下部土体移动,有离开坝体倾向。其对拱坝梁有破坏作用,但对拱坝的影响不大。

2. 坝体沉陷

坝体沉陷产生的原因是坝体内部存在裂缝,垂直于坝体延伸,对“5·12”汶川地震受损中小型水库调查发现坝体遭遇地震多数发生沉陷,沉陷量不等。李红军(2008)认为对于坝高 100 m 以下的坝,允许沉陷量可达到坝高的 2%;对于 100 m 以上的坝,可降低到1.5%;坝体地震变形不至于影响坝体抗震安全。由此可以看出,若将沉陷裂缝特征列入中小型水库震损险情评价指标体系中,不足以体现坝体损坏程度,因此本书将坝体沉陷这一现象列为一个单独指标。

3. 坝体渗漏

地震导致水库坝体渗漏的主要类型有坝体渗漏、坝基渗漏以及绕坝渗漏。地震造成坝体渗漏的情况有 3 种:第一种是震前坝体有渗漏现象,震后渗漏量加大或渗漏点增多;第二种坝体震前并未产生渗漏现象,震后渗漏点出现;第三种是震后坝体渗漏量较震前减少或浸润点上升等,说明坝体密度均匀性失调,将发生失稳。

渗漏的原因主要有 4 种:坝体防渗透破坏,防渗效果失效;坝体与金属结构结合处分离;坝体遭到地震晃动与山包结合处出现缝隙,导致渗漏;坝顶贯穿性横向裂缝,这也是导致渗漏的重要原因之一。考虑到贯穿性横向裂缝在坝体裂缝中有提到,因此在坝体渗漏中不考虑在内。本书将坝体渗漏按其发生部位主要分为 3 种,即坝体渗漏、坝基渗漏与绕坝渗漏。

1)坝体渗漏

本书将坝体渗透体破坏导致渗漏、坝体与金属结构等相关涵管结合处分离发生渗漏列为坝体渗漏,其中贯穿性横向裂缝导致的渗漏并不包括在内。

2)坝基渗漏

坝基防渗措施不足,地震时坝体防渗体受损、坝基空隙水压力激增等原因造成坝基渗漏。

3）绕坝渗漏

绕坝渗漏是渗水通过坝端山包未挖除的坡积层,岩石裂缝、溶洞和生物洞穴等,从下游岸坡溢出。地震造成大多数坝体原有绕坝渗漏点渗流量明显增大。

4. 副坝

有些水库不仅具有一座坝体,可能由于当地地形条件,由主坝与一座或多座副坝组成。副坝同样具有防洪减灾等作用,但作用相比主坝次要,副坝在地震的危害下同样产生裂缝与渗漏等破坏。因此,本书将副坝列为一级指标,其二级指标同主坝一致。若被评价水库只具有一座主坝,则将该指标组删除。

5. 两岸边坡

若水库两岸边坡有危岩、松散的风化物质存在,地震发生会造成岩体松动,可诱发产生崩塌、滑坡和泥石流,甚至会形成堰塞湖等现象。

"5·12"汶川大地震造成四川多处山体滑坡,堵塞河道,形成34处堰塞湖。其中,唐家山堰塞湖蓄水过1亿 m^3。另外,水量在300万 m^3 以上的大型堰塞湖有8处,对下游地区造成严重威胁。

3.1.3.2　泄水建筑物

泄水建筑物是用以排泄水库、湖泊、河渠等多余水量,或为人防、检修而放空水库,以保证枢纽安全的水工建筑物。本书将泄水闸、溢洪道、泄水(输水)隧洞归为泄水建筑物。

1. 泄水闸

闸门是用来开关水工建筑物的表面式泄水孔和深孔,主要由上游连接段、闸室与下游连接段组成。

目前,对水闸进行综合评价主要遵循1998年水利部颁布的《水闸安全鉴定规定》(SL 214—98),水闸的安全鉴定应进行:①工程现状调查;②现场安全监测;③工程复核计算;④水闸安全评价;⑤水闸安全鉴定工作总结五个方面进行评价。结合《水闸安全鉴定规定》(SL 214—98),选取能够体现水闸各部位震损程度的评价因素,即上游连接段混凝土结构、闸门破坏、启闭控制设施破坏及消能防冲设施破坏四个指标。

(1)上游连接段混凝土结构。

水闸上游连接段由两边翼墙、闸墩、闸底板组成,遭遇地震易产生裂缝,部分甚至会脱离主体,钢筋弯曲锈蚀,无法正常发挥其功能。

(2)闸门。

闸门按构造材料不同,可分为金属的、木质的、钢筋混凝土的、混合的。由于构造材料不同,发生破损特点也不同,大多数水库闸门构造材料是金属的,地震前已锈蚀严重,遭遇地震后发生扭曲破坏,钢丝绳老化断裂,无法正常开启。因此,该指标属于定性指标,由专家评定。

(3)启闭控制设施。

启闭设施包括机电控制设备以及闸室建筑结构。地震剧烈摇晃造成电力设施损坏,机电控制失效;同时在摇晃过程中,闸室坍塌,控制设备损坏,无法控制启闭闸门。

(4)消能防冲设施。

消能防冲段断裂损坏,无法发挥正常功能。

2. 溢洪道

溢洪道是水库枢纽中的重要建筑物,其安全性如何直接影响水库的安全。中小型水库由于受工程造价限制,有些溢洪道设有闸门,有些并未设置闸门。因此,本书将闸门、启闭设施作为控制段的下级指标,溢洪道震损评价因素由进口段、控制端、泄流段、消能段组成。

1) 进口段

溢洪道进口段发生损坏,影响引水能力。

2) 控制段

溢洪道控制端主要由水闸、启闭设施组成。若某水库溢洪道没有水闸,在评价其震损险情时,可将此指标舍去。

3) 泄流段

泄流段主要指泄槽。由于长时间使用,溢洪道冲刷严重,遭遇地震后泄槽损坏更加严重,影响洪水下泄。

4) 消能段

由于泄槽冲刷严重,水流下泄方向不能按照规定方向下泄,造成消力池部分冲刷严重。

3. 泄水(输水)隧洞

1) 进口段

隧洞进口段发生损坏,影响下泄能力。

2) 控制段

同溢洪道相似,隧洞控制段由闸门、启闭设施组成。遭遇地震后隧洞闸门变形,启闭不灵;启闭设施遭到破坏,无法正常操作。

3) 洞体

隧洞洞体遭遇地震发生裂缝,渗漏量增大。

4) 出口段

出口段出现裂缝、坍塌,影响水流正常下泄。

3.1.3.3　其他建筑物

中小型水库遭遇地震之后造成水库防浪墙出现裂缝、监测设施损坏、交通道路中断、管理房部分坍塌、通信设施中断等损害。

1. 防浪墙

水库坝体防浪墙产生裂缝,部分坍塌。

2. 管理房

管理房部分坍塌,无法正常运作。

3. 监测设施

大部分中小型水库监测设施遭遇地震之前已经无法运行,遭遇地震之后不能用其监测大坝运行。

4. 通信设施

地震影响通信网络,导致通信设施中断。

5. 交通道路

地震造成建筑物坍塌,阻碍交通,阻碍除险行动。

3.2　评价指标筛选

评价指标初选只是基于水库震损特点而建立的一套能够反映水库各组成部分震损程度的可能全集,但是并不一定科学与必要。有些指标可能重复,互相干扰,也未必符合水库震损险情评价的要求。因此,必须对初选指标进一步筛选与优化。

评价指标筛选的原则在于不失全面的同时,分析各指标间关系,采用定性与定量相结合的筛选方法,通过专家咨询、理论分析及相关性分析来确定指标体系。

3.2.1　指标体系筛选原则

筛选指标同样也要遵循全面性、科学性、实用性的原则,在此基础上还需遵循以下几项原则:

(1)定性与定量相结合原则。

由于水库组成的复杂性,有些指标影响水库险情程度,而这些指标是不可量化的,但对水库安全有主导作用,需要采用定性描述。并且若全部指标都是定量指标,得出评价结果失真也是有可能发生的。因此,水库震损险情综合评价指标体系应具有定性与定量相结合的特性。

(2)系统优化原则。

水库震损险情综合评价指标体系中的指标间具有横向联系,反映不同部位的相互制约关系;有的指标具有上下级关系,反映不同层次之间的包含关系。同时,同层次指标间尽可能界限分明,要体现很强的层次性与系统性。

(3)独立性原则。

在评价指标体系建立的过程中,为满足指标选取的全面性,指标之间不免存在信息上的重叠,应力求减少指标间的相关程度。

(4)目标导向性原则。

评价的目的不只是评出名次及优劣程度,更重要的是诊断出结果,为水库应急修复提供科学依据。

3.2.2　指标体系筛选方法

本书初步建立的中小型水库震损险情综合评价指标体系中既有定性指标,又有定量指标,因此选用评价指标筛选方法时,应定性筛选与定量筛选兼顾选择。定性筛选可以很好地发挥人的主观能动性,准确地把握评价指标与综合评价的本质,对水库进行险情评价时很多指标需要专家根据多年经验来分析判断。但是定性分析缺乏客观性,容易受到主观影响,而定量筛选可以很好地弥补这一点,但是若过分依赖定量分析,很有可能产生一些失真的结果。因为在进行定量分析时,采用的样本数量以及特点是有限的,当样本无法完全代表总体时,结果就可能出现偏差,无法适用于其他样本。因此,在筛选过程中,应以定量筛选为基础,以定性筛选为补充,定量分析指标体系基本形态,然后定性分析,确定指标体系的最终形态。

3.2.2.1　定量筛选的方法

1. 相关性分析

本书要对初步选取的指标体系进行相关性分析,判断它们的相关程度,删除相关性较大的指标。本书采用 SPSS 软件对初选的中小型水库震损险情综合评价指标体系进行相关性分析。

2. 主成分分析法

主成分分析法是设法将原来众多、具有一定相关性的指标体系,重新组合成一组新的互相无关的综合指标来代替原来的指标。主成分分析,是考察多个变量间相关性的一种多元统计方法,研究如何通过少数几个主成分来揭示多个变量间的内部结构,即从原始变量中导出少数几个主成分,使它们尽可能多地保留原始变量的信息,且彼此间互不相关。水库震损险情程度判断属于多目标、多属性的决策问题,许多变量之间存在互相重叠的关系,其中部分变量起到主导的作用,而另一些变量携带的信息量可以忽略。因此,可以通过对变量相关系数矩阵细部结构关系的研究,判断每个指标对整体综合评价的贡献度,将贡献度较小的指标删除。

3. SPSS 软件介绍

SPSS 软件广泛地应用于统计学、应用数学、经济学、生物学和生态学等领域。相关性分析、主成分分析和因子分析等多元统计分析方法可以很好地在 SPSS 中实现。因此,本书采用相关性分析以及主成分分析对指标进行筛选优化,运用软件 SPSS 17.0 进行运算,主要步骤如下:

(1)根据研究问题收集指标相关数据。

(2)数据标准化处理。

SPSS 软件在 Factor 过程中自动进行标准化处理,但不会通过对话框的形式给出标准化数据。

(3)计算数据之间的相关系数矩阵 R,并求矩阵 R 的特征值、特征向量和贡献率。

$$R = \begin{bmatrix} r_{11} & r_{12} & \cdots & r_{1n} \\ r_{21} & r_{22} & \cdots & r_{2n} \\ \vdots & \vdots & & \vdots \\ r_{n1} & r_{n2} & \cdots & r_{nn} \end{bmatrix} \tag{3-1}$$

式中,$r_{ij}(i,j=1,2,\cdots,n)$ 为原变量 x_i 与 x_j 之间的相关系数,其中 $r_{ii}=1$,$r_{ij}=r_{ji}$。

(4)确定指标的主成分个数 m。

根据主成分包含信息的累积值确定主成分个数,一般取累积值大于 85% 的前 m 个值作为主成分。

(5)确定主成分 F_i 的表达式。用初始因子载荷矩阵中的数据除以主成分相对应的特征值,然后开平方根,便得到 k 个主成分中每个指标所对应的系数,将得到的系数与标准化后的数据相乘,就可以得到主成分表达式。

(6)建立主成分综合模型,确定各变量在主成分中所占权重。

以每个主成分所对应的特征值占所提取主成分总的特征值之和的比例作为权重,计算得到主成分综合模型。

3.2.2.2 定性筛选的方法

1. 专家咨询法

定性指标筛选对专业知识、理论分析能力、个人经验等要求很高,因此在筛选的过程中采用专家咨询法。在整个指标筛选过程中专家咨询法贯穿其中,遇到问题,随时与专家进行沟通。

2. 理论分析法

根据水库震损特点以及破坏形态进行综合分析,确定影响水库安全的指标,并对单个指标的可行性、科学性以及正确性进行分析。指标的可行性要求指标的获取在经济和技术上可行。指标的科学性体现在计算方法、内容以及范围是否科学;指标的真实性是指数据资料来源是否可靠,计算用到的数据是否正确无误。

3.2.3 指标的定量、定性筛选

本次构建指标体系的目的在于对中小型水库震损险情程度进行总体评价,探讨影响水库安全的主要指标。水库震损险情评价指标体系包括水库主要的组成建筑物,即坝体、两岸边坡、泄水闸、溢洪道、隧洞以及防浪墙等相关的其他建筑物 6 个子系统。评价指标的筛选是将初选指标进行相关性分析以及主成分分析,得出各指标相关程度以及各指标对整体的贡献度高低。在定量评价的同时也进行定性评价,定性筛选贯穿整个筛选过程。评价指标体系具体结构见表 3-1。

考虑到本书的研究目的是既要评价出水库遭遇地震后的险情等级,又要通过评价指标的综合得分值判断水库各部位的损坏程度,在对初选指标体系进行定量筛选时将"其他破坏"指标组保留,因为"其他破坏"下级指标都是相互独立的部位,不需判断相关性。因此,保留防浪墙、管理房、监测设施、通信设施以及交通道路指标,只对 23 个指标进行定量分析。

(1)考虑变量数据获取情况,本书收集 3 座中型水库分别为白水湖水库、莲花洞水库以及工农水库,2 座小型水库分别为五一水库、丰收水库,23 个指标值见表 3-2,其中坝体裂缝有长度、宽度、深度三种数据表现形式,但不能全部输入,因此本书取长度作为裂缝的数据。鉴于水闸、溢洪道、隧洞下级指标部分名称一致,因此在各组下级指标末加上字母代表某组指标,泄水闸(Z)、溢洪道(Y)、隧洞(S),例如泄水闸指标的下级指标闸门用"闸门 Z"表示。

(2)运行 SPSS 软件得到相关系数矩阵、方差分解主成分提取表和初始因子载荷矩阵。相关系数矩阵、方差分解主成分提取分析表和初始因子载荷矩阵分别见表 3-3 ~ 表 3-5。

(3)根据主成分包含信息的累积值确定主成分个数,一般累积值大于 85% 的前 m 个值作为主成分,由表 3-4 可知,本次提取 4 个主成分。

由表 3-5 可以看出两岸边坡、混凝土结构 Z 在第一主成分中占有较高荷载,而横向裂缝与水平裂缝在第三主成分中占有较高荷载,但是我们无法清晰地看出每个指标对整体的贡献度,因此需要构建主成分综合模型进行分析。

表 3-1　初选中小型水库震损险情综合评价指标体系

目标	准则层	一级指标层	二级指标
中小型水库震损险情综合评价	坝体破坏	坝体裂缝	横向裂缝 a_1
			纵向裂缝 a_2
			水平裂缝 a_3
			滑坡裂缝 a_4
		坝体沉陷 a_5	
		坝体渗漏	坝体渗漏 a_6
			坝基渗漏 a_7
			绕坝渗漏 a_8
			两岸边坡 a_9
	泄水闸	上游连接段混凝土结构 a_{10}	
		闸门 a_{11}	
		启闭控制设施 a_{12}	
		消能防冲设施 a_{13}	
	隧洞	进口段 a_{14}	
		控制段	闸门 a_{15}
			启闭控制设施 a_{16}
		洞体 a_{17}	
		消能段 a_{18}	
	溢洪道	进口段 a_{19}	
		控制段	闸门 a_{20}
			启闭控制设施 a_{21}
		泄流段 a_{22}	
		出口段 a_{23}	
	其他破坏	防浪墙 a_{24}	
		管理房 a_{25}	
		监测设施 a_{26}	
		通信设施 a_{27}	
		交通道路 a_{28}	

表 3-2　四川省实例水库震损险情影响因子的具体资料

库名	X_1	X_2	X_3	X_4	X_5	X_6	X_7	X_8	X_9	X_{10}	X_{11}	X_{12}
白水湖水库	9	69	24	4	3	0.64	0.48	0	4.5	4	5.5	4
莲花洞水库	12	90	40	5	8	0.76	0.56	0.46	5	4.5	5	4.5
工农水库	10	80	36	4	4	0.58	0.52	0.15	4.8	6	7	6
五一水库	12	81	48	5	4	0.78	0.64	0.54	6.5	6.5	7	5.5
丰收水库	5	200	16	5	6	0.79	0.74	0.38	7	7	7	6.5

库名	X_{13}	X_{14}	X_{15}	X_{16}	X_{17}	X_{18}	X_{19}	X_{20}	X_{21}	X_{22}	X_{23}
白水湖水库	6	6	5	4	5.5	6	6	6	5.5	6.5	5.5
莲花洞水库	7	6	5.5	6	6	5.6	5.5	6.5	7	7	5.5
工农水库	6	7	8	7	7.5	6.5	6.5	7	6.8	7.5	6
五一水库	6.5	7	7.5	6	8	7	7.2	7.5	6.5	7	7.5
丰收水库	7	7.5	7.5	5.5	7.5	6	7	7.8	6	8	6

表3-3 变量因子的相关系数矩阵

	X_1	X_2	X_3	X_4	X_5	X_6	X_7	X_8	X_9	X_{10}	X_{11}	X_{12}
X_1	1.00											
X_2	−0.831	1.00										
X_3	0.935	−0.662	1.00									
X_4	0.032	0.497	0.20	1.00								
X_5	0.043	0.395	0.039	0.685	1.00							
X_6	−0.083	0.535	0.058	0.968	0.57	1.00						
X_7	−0.506	0.856	−0.233	0.776	0.362	0.788	1.00					
X_8	0.275	0.288	0.489	0.939	0.595	0.846	0.674	1.00				
X_9	−0.419	0.744	−0.124	0.745	0.191	0.775	0.974	0.682	1.00			
X_{10}	−0.389	0.626	−0.036	0.423	0.00	0.369	0.813	0.492	0.844	1.00		
X_{11}	−0.347	0.381	−0.024	0.047	−0.385	0.014	0.54	0.172	0.623	0.912	1.00	
X_{12}	−0.494	0.670	−0.174	0.264	0.060	0.179	0.717	0.323	0.694	0.950	0.878	1.00
X_{13}	−0.174	0.651	−0.078	0.913	0.875	0.874	0.724	0.768	0.605	0.290	−0.128	0.241
X_{14}	−0.530	0.667	−0.198	0.272	−0.093	0.237	0.763	0.313	0.782	0.979	0.937	0.970
X_{15}	−0.199	0.354	0.133	0.135	−0.139	0.020	0.522	0.312	0.563	0.915	0.940	0.928
X_{16}	0.309	−0.008	0.522	0.167	0.285	−0.073	0.159	0.426	0.131	0.511	0.457	0.594
X_{17}	−0.096	0.338	0.26	0.337	−0.115	0.244	0.633	0.511	0.710	0.944	0.923	0.868
X_{18}	0.263	−0.251	0.504	−0.051	−0.625	−0.074	0.130	0.194	0.325	0.511	0.745	0.388
X_{19}	−0.336	0.417	−0.016	0.247	−0.392	0.279	0.669	0.317	0.788	0.889	0.928	0.752
X_{20}	−0.366	0.678	−0.017	0.575	0.137	0.523	0.892	0.618	0.910	0.984	0.829	0.912
X_{21}	0.60	−0.206	0.697	0.314	0.553	0.069	−0.009	0.545	−0.062	0.149	0.004	0.201
X_{22}	−0.624	0.822	−0.371	0.32	0.329	0.232	0.728	0.291	0.625	0.813	0.652	0.931
X_{23}	0.285	−0.056	0.562	0.389	−0.304	0.371	0.429	0.578	0.606	0.635	0.656	0.396

	X_{13}	X_{14}	X_{15}	X_{16}	X_{17}	X_{18}	X_{19}	X_{20}	X_{21}	X_{22}	X_{23}
X_1											
X_2											
X_3											
X_4											
X_5											
X_6											
X_7											
X_8											
X_9											
X_{10}											
X_{11}											
X_{12}											
X_{13}	1.00										
X_{14}	0.186	1.00									
X_{15}	0.000	0.910	1.00								
X_{16}	0.114	0.442	0.726	1.00							
X_{17}	0.115	0.894	0.956	0.653	1.00						
X_{18}	−0.416	0.503	0.661	0.351	0.751	1.00					
X_{19}	0.000	0.881	0.793	0.215	0.877	0.768	1.00				
X_{20}	0.445	0.939	0.847	0.418	0.910	0.471	0.848	1.00			
X_{21}	0.287	0.024	0.330	0.874	0.313	0.079	−0.170	0.181	1.00		
X_{22}	0.439	0.850	0.747	0.520	0.647	0.024	0.506	0.805	0.208	1.00	
X_{23}	0.00	0.522	0.597	0.319	0.786	0.895	0.793	0.634	0.159	0.080	1.00

表3-4　方差分解主成分提取

成分	合计	初始特征值 方差的贡献率 （%）	累积贡献率 （%）	合计	提取平方和载入 方差的贡献率 （%）	累积贡献率 （%）
1	11.59	50.389	50.389	11.59	50.389	50.389
2	4.916	21.376	71.765	4.916	21.376	71.765
3	4.244	18.452	90.216	4.244	18.452	90.216
4	2.25	9.784	100	2.25	9.784	100
5	4.57E−16	1.99E−15	100			
6	3.60E−16	1.56E−15	100			
7	3.15E−16	1.37E−15	100			
8	2.92E−16	1.27E−15	100			
9	2.42E−16	1.05E−15	100			
10	1.85E−16	8.06E−16	100			
11	1.57E−16	6.83E−16	100			
12	1.34E−16	5.83E−16	100			
13	8.16E−17	3.55E−16	100			
14	2.65E−17	1.15E−16	100			
15	1.28E−17	5.58E−17	100			
16	−1.47E−16	−6.37E−16	100			
17	−1.82E−16	−7.92E−16	100			
18	−2.17E−16	−9.45E−16	100			
19	−2.65E−16	−1.15E−15	100			
20	−3.37E−16	−1.47E−15	100			
21	−4.14E−16	−1.80E−15	100			
22	−5.32E−16	−2.31E−15	100			
23	−5.79E−16	−2.52E−15	100			

表3-5　初始因子载荷矩阵

评价指标	成分			
	1	2	3	4
横向裂缝（X_1）	−0.356	−0.222	0.905	−0.066
纵向裂缝（X_2）	0.669	0.524	−0.52	0.09
水平裂缝（X_3）	−0.006	−0.299	0.952	−0.07
滑坡裂缝（X_4）	0.57	0.667	0.404	−0.258
坝体沉陷（X_5）	0.134	0.852	0.337	0.376
坝身渗漏（X_6）	0.514	0.688	0.247	−0.449
坝基渗漏（X_7）	0.885	0.413	−0.123	−0.178

续表 3-5

评价指标	成分			
	1	2	3	4
绕坝渗漏(X_8)	0.618	0.425	0.639	-0.174
两岸边坡(X_9)	0.904	0.257	-0.068	-0.336
混凝土结构 Z(X_{10})	0.986	-0.145	-0.074	0.044
闸门 Z(X_{11})	0.833	-0.521	-0.182	0.025
启闭控制设施 Z(X_{12})	0.914	-0.139	-0.197	0.326
消能防冲设施 Z(X_{13})	0.438	0.877	0.196	0.006
进口段 S(X_{14})	0.94	-0.2	-0.258	0.101
闸门 S(X_{15})	0.854	-0.435	0.03	0.285
启闭设施 S(X_{16})	0.494	-0.238	0.524	0.651
洞体 S(X_{17})	0.916	-0.363	0.168	0.04
出口段 S(X_{18})	0.48	-0.772	0.267	-0.322
进口段 Y(X_{19})	0.848	-0.386	-0.157	-0.329
闸门 Y(X_{20})	1	0.011	-0.009	-0.008
启闭设施 Y(X_{21})	0.192	0.05	0.792	0.577
泄流段 Y(X_{22})	0.805	0.162	-0.298	0.488
出口段 Y(X_{23})	0.638	-0.411	0.429	-0.489

（4）用表3-5中的数据除以主成分相对应的特征值，然后开平方根，得到4个主成分中每个指标所对应的系数，将得到的系数与标准化后的数据相乘就可得到主成分表达式：

$$F_1 = -0.105ZX_1 + 0.197ZX_2 - 0.002ZX_3 + 0.167ZX_4 + 0.039ZX_5 + 0.151ZX_6 +$$
$$0.26ZX_7 + 0.182ZX_8 + 0.266ZX_9 + 0.29ZX_{10} + 0.245ZX_{11} + 0.268ZX_{12} +$$
$$0.129ZX_{13} + 0.276ZX_{14} + 0.251ZX_{15} + 0.145ZX_{16} + 0.269ZX_{17} + 0.141ZX_{18} +$$
$$0.249ZX_{19} + 0.294ZX_{20} + 0.056ZX_{21} + 0.236ZX_{22} + 0.187ZX_{23}$$

$$F_2 = -0.1ZX_1 + 0.236ZX_2 - 0.135ZX_3 + 0.301ZX_4 + 0.384ZX_5 + 0.31ZX_6 +$$
$$0.186ZX_7 + 0.192ZX_8 + 0.116ZX_9 - 0.065ZX_{10} - 0.235ZX_{11} - 0.063ZX_{12} +$$
$$0.396ZX_{13} - 0.09ZX_{14} - 0.196ZX_{15} - 0.107ZX_{16} - 0.164ZX_{17} - 0.348ZX_{18} -$$
$$0.174ZX_{19} + 0.005ZX_{20} + 0.023ZX_{21} + 0.073ZX_{22} - 0.185ZX_{23}$$

$$F_3 = 0.439ZX_1 - 0.252ZX_2 + 0.462ZX_3 + 0.196ZX_4 + 0.164ZX_5 - 0.12ZX_6 - 0.06ZX_7$$
$$+ 0.31ZX_8 - 0.033ZX_9 - 0.036ZX_{10} - 0.088ZX_{11} - 0.096ZX_{12} + 0.095ZX_{13} -$$
$$0.125ZX_{14} + 0.015ZX_{15} + 0.254ZX_{16} + 0.082ZX_{17} + 0.13ZX_{18} - 0.076ZX_{19} -$$
$$0.004ZX_{20} + 0.384ZX_{21} - 0.145ZX_{22} + 0.208ZX_{23}$$

$$F_4 = -0.044ZX_1 + 0.06ZX_2 - 0.047ZX_3 - 0.172ZX_4 + 0.251ZX_5 - 0.299ZX_6 -$$
$$0.119ZX_7 - 0.116ZX_8 - 0.224ZX_9 + 0.029ZX_{10} + 0.017ZX_{11} + 0.217ZX_{12} +$$
$$0.004ZX_{13} + 0.067ZX_{14} + 0.19ZX_{15} + 0.434ZX_{16} + 0.027ZX_{17} - 0.215ZX_{18} -$$

$$0.219ZX_{19} - 0.005ZX_{20} + 0.385ZX_{21} + 0.325ZX_{22} - 0.326ZX_{23}$$

（5）以每个主成分对应的特征值占所提取主成分特征值之和的比例作为权重，计算得到主成分综合模型：

$$\begin{aligned}
F = \ & + 0.002ZX_1 + 0.109ZX_2 + 0.051ZX_3 + 0.168ZX_4 + 0.157ZX_5 + 0.135ZX_6 + \\
& 0.148ZX_7 + 0.178ZX_8 + 0.131ZX_9 + 0.128ZX_{10} + 0.058ZX_{11} + 0.126ZX_{12} + \\
& 0.167ZX_{13} + 0.103ZX_{14} + 0.106ZX_{15} + 0.14ZX_{16} + 0.118ZX_{17} + 0.00ZX_{18} + \\
& 0.053ZX_{19} + 0.148ZX_{20} + 0.142ZX_{21} + 0.14ZX_{22} + 0.061ZX_{23}
\end{aligned}$$

从主成分综合模型中可看到，各项指标在主成分综合模型中所起的作用与系数的绝对值大小相对应。从表 3-3 可以看出，坝体破坏的几种形式的指标中，滑坡裂缝与坝身渗漏、绕坝渗漏分别具有较强相关性，其中滑坡是坝体破坏的主要表现形式，因此由专家讨论决定将坝身渗漏指标删除。

泄水闸下级指标中混凝土结构与闸门、启闭控制设施的相关性较强，且闸门指标是体现泄水闸是否能发挥其功能的重要指标，应保留。通过主成分综合模型各指标系数的绝对值可以看出，混凝土结构与启闭控制设施二者之间启闭控制设施的系数较小，因此由专家讨论将启闭控制设施指标删除。

同样，从表 3-3 中看出，隧洞的下级指标中进口段与闸门、洞体分别具有较强的关联性，由主成分综合模型可以看到进口段的系数最小，因此保留闸门与洞体两个指标，删掉进口段指标。

通过主成分综合模型各指标系数绝对值可以比较得出，第 1 项、第 3 项、第 11 项、第 18 项、第 19 项、第 23 项指标绝对值相对较小，由于横向裂缝（X_1）、水平裂缝（X_3）是体现坝体破坏程度的重要指标，应保留。又由于上文中提到闸门 Z（X_{11}）应保留，因此最终决定删除坝身渗漏（X_6）、启闭控制设施 Z（X_{12}）、进口段 S（X_{14}）、出口段 S（X_{18}）、进口段 Y（X_{19}）、出口段 Y（X_{23}）6 个指标，剩余 17 个指标基本涵盖了所选定指标的全部信息。筛选后的评价指标体系详见表 3-6。

3.3 评价指标分级标准

合理的评价指标分级标准对水库震害险情综合评价至关重要，在制定过程中含有一定的主观成分，划分标准结合"5·12"特大地震造成中小型水库损坏实际情况，邀请专家讨论，经多次研究达成一致，最终确定评价指标分级标准。2005 年，李树枫等制定了土石坝老化病害评价指标分级标准；2010 年，许尚杰等制定了土坝耐久性安全评价分级标准；2010 年，倪小荣等制定了水库震损险情综合评价指标体系分级标准。

本书将中小型水库震害险情评价标准分为 4 个级别，根据《水库大坝安全评价导则》规定，病险水库综合评价分级标准为 3 个等级，分别为安全可靠、基本安全以及不安全。由于对震损水库应急修复在时间上要求十分紧迫，果断划分为 3 个级别不可靠，尤其基本安全以及不安全 2 个级别，因此将中小型水库震损险情综合评价分级标准分为 4 个级别，分别为溃坝险情、高危险情、次高危险情、一般险情。为了方便专家根据震损情况对评价指标进行评判打分，将震损水库险情级别定量分级，如表 3-7 所示。

表 3-6　中小型水库震损险情综合评价指标体系

目标	准则层	指标层	二级指标	属性
中小型水库震损险情综合评价	坝体破坏	坝体裂缝	横向裂缝	定量
			纵向裂缝	定量
			水平裂缝	定量
			滑坡裂缝	定性
		坝体沉陷		定性
		坝体渗漏	坝基渗漏	定量
			绕坝渗漏	定量
	两岸边坡			定量
	泄水闸	上游连接段混凝土结构		定性
		闸门		定性
		消能防冲设施		定性
	隧洞	控制段	闸门	定性
			启闭设施	定性
		洞体		定性
	溢洪道	控制段	闸门	定性
			启闭设施	定性
		泄流段		定性
	其他破坏	防浪墙		定性
		管理房		定性
		监测设施		定性
		通信设施		定性
		交通道路		定性

表 3-7　震损水库综合评定等级表

水库险情等级	一般险情	次高危险情	高危险情	溃坝险情
评判得分范围	[0~2)	[2~5)	[5~8)	[8~10]

本书根据水库险情等级将一级指标评价标准分为 4 级,其中坝体裂缝、坝体渗漏、坝体沉陷、两岸边坡、泄水闸、溢洪道以及隧洞若在评价过程中被评价为第 4 级,则可直接将该水库险情评价为溃坝险情。

3.3.1　坝体裂缝评价标准

坝体裂缝分为横向裂缝、纵向裂缝、水平裂缝、滑坡裂缝,其中横向裂缝、纵向裂缝以及水平裂缝是定量指标,滑坡裂缝是定性指标,以往制定坝体裂缝等级标准只以长 a、宽 b、深 h 作为定性评价裂缝等级的依据,而本书引入坝长 A、坝宽 B、坝高 H,将长度比、宽度比以及深度比作为评定横向裂缝、纵向裂缝、水平裂缝等级的标准。而滑坡裂缝根据专家研究讨论得出,指标评价标准分为 4 个级别(1、2、3、4 级),分别代表一般险情、次高危险情、

高危险情、溃坝险情并列入表 3-7 中。

表 3-8 ~ 表 3-10 分别列出横向裂缝、纵向裂缝、水平裂缝的评价标准,其下级指标为长度、宽度、深度,本书规定裂缝长、宽、深其中一个指标达到某危险级别,则裂缝即评价为该级别。

表 3-8　坝体横向裂缝评价标准

级别	长度比 $a' = a/B$	宽度 $b' = b(\text{cm})$	深度比 $h' = h/H$
1 级	$a' < 1/10$	$b' < 0.5$	$h' < 1/10$
2 级	$1/10 \leqslant a' < 2/5$	$0.5 \leqslant b' < 1$	$1/10 \leqslant h' < 1/5$
3 级	$2/5 \leqslant a' < 2/3$	$1 \leqslant b' < 3$	$1/5 \leqslant h' < 1/3$
4 级	$2/3 \leqslant a'$	$3 \leqslant b'$	$1/3 \leqslant h'$

表 3-9　坝体纵向裂缝评价标准

级别	长度比 $a' = a/A$	宽度 $b' = b(\text{cm})$	深度比 $h' = h/H$
1 级	$a' < 1/10$	$b' < 1$	$h' < 1/10$
2 级	$1/10 \leqslant a' < 1/5$	$1 \leqslant b' < 3$	$1/10 \leqslant h' < 1/5$
3 级	$1/5 \leqslant a' < 1/3$	$3 \leqslant b' < 5$	$1/5 \leqslant h' < 1/3$
4 级	$1/3 \leqslant a'$	$5 \leqslant b'$	$1/3 \leqslant h'$

水平裂缝与滑坡裂缝、沉陷裂缝的区别在于水平裂缝大体走向平行于坝轴线,深度垂直向下,多分布于上下游坝坡。而滑坡裂缝走向不定,一般呈现弧形分布,深度走向大致平行于坝坡走向。沉陷裂缝一般分布于坝体内部,是导致坝体沉陷的重要原因,一般走向垂直于坝体横向发展。因此,将坝体水平裂缝单独作为评价指标,其评价标准见表 3-10。

表 3-10　坝体水平裂缝评价标准

级别	长度比 $a' = a/A$	宽度 $b' = b(\text{cm})$	深度比 $h' = h/H$
1 级	$a' < 1/10$	$b' < 1$	$h' < 1/10$
2 级	$1/10 \leqslant a' < 1/5$	$1 \leqslant b' < 3$	$1/10 \leqslant h' < 1/5$
3 级	$1/5 \leqslant a' < 1/3$	$3 \leqslant b' < 5$	$1/5 \leqslant h' < 1/3$
4 级	$1/3 \leqslant a'$	$5 \leqslant b'$	$1/3 \leqslant h'$

坝体滑坡裂缝评价标准见表 3-11。

表 3-11　坝体滑坡裂缝评价标准

级别	特征描述
1 级	少量滑坡裂缝,宽度 <1 cm,裂缝上下端并未产生错台,无产生滑坡倾向
2 级	一定数量裂缝产生,短多长少,宽度 ≥1 cm,裂缝存在滑坡倾向
3 级	短少长多,宽度较大,有些裂缝已造成一定面积滑坡产生,并未危及坝体稳定
4 级	短少长多,宽度较大,已造成大面积护坡产生,已危及坝体稳定

3.3.2 坝体沉陷评价标准

坝体震陷主要表现为坝体坝顶下降或者坝面下陷。核查区内少数大坝上布置观测系统,地震后观测到坝顶高程出现较大幅度降低,究其原因可能与大坝地震动力压缩,坝基覆盖层震损液化后沉陷,坝体或坝基软弱层变形、观测基点损坏等因素相关。基于坝高100 m 以下的坝,沉陷量达坝高的 2% 不至于影响坝体抗震安全的标准,而中小型水库坝高一般在 100 m 以下,因此本书将坝体沉陷量 d 与坝高 H 比值作为评价坝体沉陷的标准,如表 3-12 所示。

表 3-12 坝体沉陷评价标准

级别	特征描述
1 级	坝体内部有少量沉陷裂缝产生,裂缝发展缓慢,对坝体安全不会产生影响
2 级	坝体内部有一定数量的沉陷裂缝产生,坝顶下降,沉陷量微小,通过肉眼无法判别
3 级	坝体内部有沉陷裂缝产生,并且坝顶下降,$d/H < 2\%$,并未影响坝体稳定性
4 级	坝顶下降 $d/H \geq 2\%$,若不进行应急除险,将影响坝体稳定性

3.3.3 坝体渗漏评价标准

坝体与坝基具有一定透水性,渗漏现象是不可避免的,渗透变形是引起坝体破坏的重要原因,坝体渗漏多出现在坝体施工碾压接茬处、坝体和基础结合处,坝体与岸坡和刚性建筑物接触部位等。一般有管涌、流土、接触冲刷、接触流土和接触管涌五种形式。

本书将坝体渗漏列为定量指标,将水力坡降(I)作为评价坝体渗漏程度,其水力坡降(I)小于允许水力坡降($[I]$)或小于临界水力坡降(I_k),不会引起坝体渗透变形;反之,逸出坡降大于临界坡降能够引起坝体渗透变形。坝体渗漏评价标准见表 3-13。

表 3-13 坝体渗漏评价标准

级别	特征描述	水力坡降
1 级	渗漏量小且稳定,渗流量并未增多,没有集中渗漏	$I \leq [I]$
2 级	坝体渗漏量稳定不变或渗流量比较小但测压管水位异常,没有产生渗透变形的趋势	$[I] < I < I_k$
3 级	坝脚出现集中渗漏,渗流量急剧增加或渗水变浑,渗漏带出现渗透变形;渗漏量突然减少或中断(坝体内部渗漏进一步恶化),渗漏带变形加剧	$I = I_k$
4 级	坝面出现凸起、坍塌或管涌现象,形成渗漏通道,危及坝体安全	$I > I_k$

3.3.4 两岸边坡评价标准

水库两岸边坡一般采用混凝土、块石、膜袋等修砌,用于防止上游水流冲刷两岸边坡土体,导致边坡土体失稳、垮塌。而水库边坡在地震后发生裂缝、坍塌、滑坡等破坏,严重影响边坡稳定,对下游人民生命财产有一定的威胁。本书引入边坡完整度,作为评价边坡安全程度的定量因素,所谓边坡完整度,是指水库两岸边坡遭受地震损坏,一定面积已达不到设计要求,其完好边坡面积占两岸边坡总面积的比值,根据式(3-2)得出。

$$f = \frac{A_1}{A_0} \times 100\% \tag{3-2}$$

式中　f——边坡完整度(%)

　　　A_1——目前完好的边坡面积,m^2;

　　　A_0——设计达到的边坡面积,m^2。

由于两岸边坡也是起挡水作用的重要建筑物,仅仅用边坡完整度不能完全体现地震对两岸边坡的破坏程度,因此在定量分析其损坏面积的基础上定性分析边坡损坏对土体稳定的影响。具体评价标准如表 3-14 所示。

表 3-14　两岸边坡评价标准

级别	特征描述	护坡完整度
1 级	满足设计要求,但局部有裂缝、滑坡产生	$f \geqslant 90\%$
2 级	边坡一定面积翻起、松动、坍塌、架空等现象,垫层部位边坡土体流失	$60\% \leqslant f < 90\%$
3 级	边坡表面有大面积翻起、坍塌、架空等现象,垫层土体流失严重,表面土体流失	$50\% \leqslant f < 60\%$
4 级	边坡表面有大面积翻起、坍塌、架空等现象,表面土体流失严重,边坡有冲垮的倾向	$f < 50\%$

3.3.5　水闸评价标准

水闸主要由上游段、闸门控制段、下游段组成,上游段一般指两边翼墙、闸墩与闸底板,闸门控制段主要指闸门、闸槽、启闭设施,下游段主要指消能防冲设施。结合 2012 年李达对上海市水闸从安全性、适用性和耐久性 3 个方面进行的安全鉴定,本书从能够体现水闸各部位损坏程度的目标出发,选取上游段混凝土结构、闸门以及消能防冲设施作为评价水闸安全的下级指标。

目前,通过混凝土强度以及钢筋锈蚀程度来评价混凝土结构安全性,考虑到地震破坏性强、受灾区域广、时间紧迫等因素,无法对其混凝土强度与钢筋强度进行试验鉴定,因此本书对混凝土结构的评价标准通过专家讨论得出,如表 3-15 所示。

表 3-15　混凝土结构评价标准

级别	特征描述
1 级	结构有轻微裂缝等破坏或无破坏
2 级	混凝土结构有明显破坏
3 级	承受结构有强烈破坏
4 级	混凝土结构发生强烈破坏,已不能发挥其正常功能

闸门评价标准如表 3-16 所示。

表 3-16　水闸闸门评价标准

级别	特征描述
1 级	闸门周围结构轻微损坏,能够正常起落,无变形
2 级	闸门面板有轻微变形,不影响启闭
3 级	少数闸门锈蚀,变形,起落困难,不能满足泄洪的要求
4 级	多数闸门变形严重,不能正常启闭,严重影响坝体的稳定性

消能防冲设施评价标准如表 3-17 所示。

表 3-17　消能防冲设施评价标准

级别	特征描述
1 级	消能防冲设施无损坏,或少量裂缝,不影响其正常使用
2 级	有大量裂缝产生,有冲刷破坏倾向
3 级	有大量裂缝、漏筋产生,一定面积已碎裂,影响水流下泄
4 级	消能防冲设施损坏严重,大面积碎裂,不能满足其消能防冲的要求

3.3.6　隧洞评价标准

如表 3-6 所示,最终确立的评价指标体系隧洞下级指标有控制段(闸门、启闭设施)、洞体两个主要组成部位,其评价标准详见表 3-18 ~ 表 3-20。

表 3-18　隧洞闸门评价标准

级别	特征描述
1 级	闸门周围结构轻微损坏,能够正常起落,无变形
2 级	闸门面板有轻微变形,不影响启闭
3 级	少数闸门锈蚀,变形,起落困难,不能满足泄洪的要求
4 级	多数闸门变形严重,不能正常启闭,严重影响坝体的稳定性

表 3-19　启闭设施评价标准

级别	特征描述
1 级	钢丝绳或闸门起重链条略有损坏,但能正常使用,不需要大修
2 级	钢丝绳或闸门起重链条有损坏,必须大修或更换,需大修后能正常运行
3 级	与闸门连接部分及动力、传力机械损坏严重,需要更换部件方能正常运行
4 级	启闭机械重要部分已严重损坏,无法正常控制闸门

表 3-20　洞体评价标准

级别	特征描述
1 级	无损坏,或少量裂缝产生,洞内无渗漏,不影响洞体稳定
2 级	一定量环向裂缝产生,轻微渗漏,不影响洞体稳定性
3 级	大量环向裂缝产生,纵向裂缝长少短多,渗漏增多,影响洞体稳定性
4 级	大量环向裂缝产生,纵向裂缝长多短少,渗漏严重,局部有坍塌现象,不能发挥其功能

3.3.7　溢洪道评价标准

溢洪道下级指标同隧洞相似,由控制段(闸门、启闭设施)、泄流段组成,其中闸门与启闭设施的评价标准同隧洞的闸门及启闭设施的评价标准。

泄流段是指陡坡段,该指标是影响溢洪道泄洪能力的主要部位,其评价标准可用溢洪道泄洪能力指数综合反映,其公式为

$$R = \frac{Q_1}{Q_0} \tag{3-3}$$

式中　Q_1——校核水位溢洪道闸室或陡坡段实际泄洪能力,m^3/s;

　　　Q_0——校核水位溢洪道设计泄洪流量,m^3/s。

具体评价标准见表 3-21。

表 3-21　泄流段评价标准

级别	特征描述	泄洪能力指数
1 级	泄流陡槽段无损坏,或少量裂缝,不影响其正常使用	$R \geqslant 0.9$
2 级	有大量裂缝产生,有冲刷破坏倾向	$0.75 \leqslant R < 0.9$
3 级	有大量裂缝、漏筋产生,一定面积已碎裂,影响水流正常下泄	$0.6 \leqslant R < 0.75$
4 级	消能防冲设施损坏严重,大面积碎裂,不能满足其消能防冲的要求	$R < 0.6$

3.3.8　其他破坏

水库病险破坏除以上五种主要建筑物破坏外,还存在其他破坏,主要包括坝体防浪墙、水库的管理房、与外部联系的通信设施、监测坝顶下降量等的监测设施、通往水库的道路设施等破坏,它们都会对水库的应急除险产生影响。各建筑物的评价标准如表 3-22 ~ 表 3-26 所示。

表 3-22　防浪墙评价标准

级别	特征描述
1 级	无破坏或轻微破坏,不影响其稳定性
2 级	裂缝长少短多,不影响其稳定性
3 级	裂缝长多短少,局部表面混凝土脱落,影响稳定性
4 级	一定面积坍塌,已影响其稳定性,不能正常发挥其功能,需重修

表 3-23　管理房评价标准

级别	特征描述
1 级	无破坏或轻微破坏,不影响其稳定性
2 级	裂缝细多粗少,不影响稳定性
3 级	裂缝细少粗多,局部表面脱落,影响其稳定性
4 级	一定面积已坍塌脱落,失去功能,需重修

表 3-24　通信设施评价标准

级别	特征描述
1 级	无破坏或轻微破坏,不影响其功能
2 级	已经中断,但经过简单处理,能够使用
3 级	已经中断,多处破坏,经过专业技术人员修理能够使用
4 级	已经中断,通信设施以及电力设施损坏,大量供电系统中断,需要大修才能使用

表 3-25　监测设施评价标准

级别	特征描述
1 级	无破坏或轻微破坏,精准度轻微下降,不影响其功能
2 级	精准度下降,影响其功能,但经过轻微调整能够继续使用
3 级	监测设施损坏,经过专业人士修理能够继续使用
4 级	监测设施损坏,不能发挥其功能,需要重新安置监测设施

表 3-26　交通道路评价标准

级别	特征描述
1 级	无损坏或轻微破坏,不影响交通
2 级	局部损坏,不影响交通
3 级	大面积损坏,重型车能够通过
4 级	大面积破坏,局部被周围建筑物坍塌造成道路阻拦,影响技术人员以及机械的进入

第4章　震损水库溃坝风险分析

4.1　研究意义

水库,对于提升国民幸福指数,保障经济持续快速发展起着十分重要的作用,它可在时间上调配水资源,在空间上合理配置水资源。水库的主要作用是防洪和兴利,实现水资源的优化配置,但除了这两方面,在其他方面也发挥着重要的作用。据2011年水利普查统计,目前我国已有大型756座水库(大(1)型水库127座,大(2)型水库629座),93 308座小型水库(小(1)型水库17 949座,小(2)型水库75 359座)(水利普查,2011)。由于自然灾害的频繁发生以及人们的不正当管理,溃坝现象时有发生。

在水库的运营期间,由于受到外界因素和自身因素的共同影响,水库可能发生溃坝现象。虽然这种可能性很低,但是由溃坝所带来的后果和影响却十分巨大,不仅会导致生命财产的损失,还会引起社会的恐慌(赵安等,2013)。21世纪以来,我国经济快速发展,国际竞争力、影响力不断提高,越来越坚定不移地走"以人为本"的路线,更加注重对生命的保护,所以更要减少溃坝这种高危害事件的发生(杨宇杰,2008)。

新中国成立以来,我国先后对国内失事的大坝工程进行了三次统计(汝乃华等,2001;张秀玲等,1992;李君纯,1996)。第一次:1962年出版的《水库失事资料汇编》中记载了在1954~1961年里发生的水库溃坝事件(水利部管理司,1962),共532座水库失事;第二次:1979年出版的《全国水库垮坝登记册》中记载了在1962~1978年里发生的水库溃坝事件(水利部管理司,1979),共2 444座水库失事;第三次:1991年出版的《全国水库垮坝统计资料》中记载了1979~1990年发生的水库溃坝事件(水利部管理司,1991),共有266座水库失事。

表4-1记录的是我国与世界几个国家的溃坝率对照表,从表中可以看出:我国的溃坝率高于世界平均水平的4倍(何晓燕等,2008)。随后我国开始加大了对治理危险水库的投资力度,在1982年,我国的年均溃坝概率骤降至2.544×10^{-4},接近世界平均水平。这不代表我们的工作可以结束,这仅仅是个开始,因为溃坝仍在继续,只要稍有松懈,隐患就会出现,伤亡就可能存在,这是一个漫长的工作。

据权威数据显示,我国发生溃坝的水库多为小型水库。小型水库如此频繁地发生溃坝,其原因有以下三点。

(1)在我国,小型水库数量众多,在某些地区,仅仅一个县城中,就有100多座,即总体数量大,是一个主要的原因。

(2)大多数小型水库都是土石坝水库,在建库时,水文地质等详细资料缺乏或者盲目建库,使其在设计施工和运行管理上存在很大隐患,并且大多数小型水库都不配备相应的安全监测设施。即自身条件的不完善,是造成溃坝的根本原因。

表 4-1　中国与世界部分国家的溃坝率比较

地区	参考资料	溃坝数	大坝总数	时间（年）	比例（1/年坝）
美国	Gruner(Gruner E,1963；Gruner E,1963；Gruner E,1967；Gruner E,1967)	33	1 764	40	5×10^{-4}
	Post – 1940 dams	12	3 100	14	3×10^{-4}
	美国大坝委员会 USCOLD（ASCE,1970）	74	4 914	23	7×10^{-4}
	美国垦务局	1	4 500		2×10^{-4}
	Mark stuart Alexander,1977	125	7 500	40	4×10^{-4}
西班牙	Gruner(Babb A O 等,1968；Mark R K 等,1977)	150	1 620	145	6×10^{-4}
世界	Middle brooks（Middlebrooks T A,1953）	9	7 833	6	2×10^{-4}
中国	南京水利科学研究院（李雷等,2004）	3 462	85 120	47	8.65×10^{-4}
	中国水利水电科学研究院（何晓燕,2005）	3 481	85 153	50	8.18×10^{-4}

（3）在对水库进行定期维护和保养的过程中,设计的不合理或者其他原因造成的人为过失很多。即技术方面的不成熟也是导致小型水库容易溃坝的原因。

从 1951 年至今,所有溃坝的水库中,小型水库占有率高达 96.4%,这是个值得深思的数字,关注小型水库安全已刻不容缓（杜群超,2012）。再加上受地震影响而形成的震损水库,成为影响大坝管理安全的一大隐患。因此,从风险的角度出发,分析震损水库的溃坝风险,使得风险大的水库先加固,合理利用资金,有效地降低溃坝的风险,最大限度地为人民和国家造福。

综上所述,针对目前小型震损水库存在的问题,为满足小型震损水库重险优先加固的需求,充分利用有限的除险加固资金,尽最大可能排查可以导致水库溃坝的因素来降低溃坝风险,既可以为除险加固决策提供科学的理论指导,也可为加快我国走向大坝安全的风险管理模式贡献力量（李升,2011）。

4.2　水利工程风险分析国内外研究现状

风险分析最早起源于美国。20 世纪,风险最初主要应用于工业、军事等方面,后来逐步发展,演变为现在这种综合性边缘科学。1974 年,美国发表了一篇关于核电站的风险评估报告（汪元辉,1999）,从此拉开了风险研究的序幕,这种新的方法——风险分析方法,随即便被许多国家广泛地应用到各个领域之中。

4.2.1　水利工程风险分析国外研究现状

在国外,美国也是第一个将风险分析应用到水利工程上的国家。早在 20 世纪 70 年代,ASCE（美国土木工程师协会）在对水库溢洪道泄洪能力的分析时应用到了风险分析方法（Davis S. Bowels 等,1998）。通过分析,合理地判断出溢洪道所应具有的规模,这是历史上第一次在水利工程中应用风险分析方法,从此便引发了一股风险分析的热潮。研究成果纷纷发表。在随后的几年里,由于一些国家的水库大坝相继失事(如美国的 Teton 大坝以及 Taccoafans 大坝),以美国为首的世界各国逐渐加大了对大坝安全的监管与评估。时任美国总统的卡特先生(1978)在对全美水利资源委员会的工作报告中,指出了系统风险分析在水利工程中应用的必要性及重要性。ASCE 发表的"大坝水文安全评估程序"报告也将风险分析作为主要评估方法(1988)。

20 世纪 80 年代,Richard B. Waite,David S. Bowels 等在美国西部成功地利用风险评价方法进行了大坝风险分析评价,这样的学者在美国是非常多的。美国在为水利风险分析的应用上做出了突出的贡献,其他国家如西欧诸国、加拿大、澳大利亚等也为风险的发展做出了不可泯灭的贡献。20 世纪 90 年代,BC Hydro 和 ANCOLD(澳大利亚大坝委员会)合作,借鉴从其他领域取得的成功经验,试着将其应用到了溃坝生命损失的分析中,并提出了可以被接受的风险标准,并暂时制定出了可以接受的风险准则,随着多国合作的不断加深,更多标准和法规相继出台,如:《风险评估指南》、《大坝地震设计指南》、《大坝可接受防洪能力选择指南》等(ANCOLD,2003;ANCOLD,2000;楼渐逵,2000)。

在大坝风险分析技术方面,以美国国家气象局为代表,研发了一系列的溃坝模型,可根据不同溃坝情况采用不同的模型,如 DAMBRK 模型、BREACH 模型以及 FLDWAV 模型,为水库溃坝洪水计算提供有力的技术支持和保障(赖成光,2013)。在芬兰,林业部和环境研究院等部门花费近 2 年的时间(1999 年 6 月至 2001 年 1 月)联合研发了一套风险分析方法(Timo Maijiala,2001),并且巧妙地运用 DTM(数字地理模型)技术,通过一维和二维模拟试验,检测可能引发溃坝的洪水,并在实践中得到应用(张大伟,2008)。对于风险分析方法在大坝上的应用也比较广泛,它不单单可以应用在单座水库大坝的溃坝风险分析上,对于水库群(David S. Bowles,2000)同样适用,而且还可以通过风险大小的排序对安全隐患的除险加固起到指导性的作用(王仁钟等,2005)。

在此之后,欧洲等国成立了专门的研究小组,针对可靠性和风险分析在水利上的应用进行研究,并对整个风险分析系统的思路、方法等做出了相应的修改和延伸。随着近几年来在科技方面取得的较大进展,加拿大、澳大利亚、荷兰等国将注意力放在大坝的安全评价、水库的防洪风险分析等方面,并取得了一些研究成果,特别是荷兰,将风险分析很好地应用到了防洪和堤防工程的设计中,取得的科研成果得到世界各国的普遍认可(李玉钦,2007)。国际相关组织的会议上,同样把风险分析、风险评价等方面的内容作为重点议题进行讨论,特别是在 2000 年,在议题为"The use of risk analysis to support dam safety decisions and management"(风险分析在大坝安全决策和管理中的应用)的第 20 届国际大坝会议上(ICOLD,2000),重点就风险评估、风险技术以及风险管理等内容进行讨论,风险分析已发展成为不可缺少的决策工具。2005 年,在 ICOLD130 号公报上,刊登了一篇名为《大坝安全管理中的风险评估》的文章,里面完整地为公众解释了如何在大坝安全决策中应用风险评估方法,并阐述了风险评估的方法和理论是如何得到了水利界和世界的认可。在全新出台的关于大坝安全管理的公报草案中(ICOLD,2010),对大坝安全管理的方针、目标、计划等的方法步骤进行了详细的介绍,并提出了全新的、更为准确的管理方法。

4.2.2　水利工程风险分析国内研究现状

目前,加拿大已经建立了详细的大坝风险定性评价流程;澳大利亚也根据本国的基本情况和法规制定了相应的评价体系。美国、英国等国家也有比较成熟的法律规范。相对而言,由于起步较晚,我国在风险分析方面还处于相对落后的阶段,相关的评价导则和规范还不健全,评估方法和管理经验不足。

我国的大坝安全分析开始于 20 世纪 80 年代后期和 90 年代初期,由于受当时的条件所限,仅取得十分有限的成果。在 80 年代末和 90 年代初,肖焕雄教授、姜树海教授、李君纯及李雷教授,通过不断研究和实践,各自在不同领域发表科研成果,分别提出了导流建筑物泄洪风险率估计方法(肖焕雄等,1996)、面流消能工优化设计(姜树海,1989)、泄水建筑物空化风险设计方法(姜树海,1990)、SD(大坝总体安全度法)及其相应的判别标准(李君纯等,1992;李雷等,1999)。之后,随着我国科研水平的不断提高,科技力量的不断增强,水利先辈和水利科技工作者通过不断的试验,进行专门的研究,进而提出相应的标准、技术等,如:1995 年朱元生等提出了土坝风险辨识方法及风险模型(朱元生等,1995;吴文桂等,1997;陈肇和等,2000);1997 年,针对溃坝问题,朱淮宁专门做了分析研究(朱淮宁,1997)。1999 年和 2003 年熊明、梅亚东和谈广鸣分别对大坝防洪安全、防洪风险分析及风险标准进行了研究(熊明,1999;梅亚东等,2002)。1999 年,范子武进行了洪水淹没模拟试验(范子斌,1999)。2002 年,姜树海等利用地理信息系统技术,在特定角度对洪水的调度、防控、风险等进行评估(姜树海等,2002)。2003 年,彭雪辉利用典型水库介绍了风险分析技术(彭雪辉,2003)。

之后,国内许多科研人员,利用先辈的研究成果,对水利系统中不同方面开展了大量的研究工作,并且取得了相当丰硕的科研成果,推动了工程风险分析在水利中的应用。但在风险管理方面的研究,还滞后于先进国家,从科研成果、系统的连续性、理论体系方面还需要进一步研究(姜世俊,2012)。

4.3　研究内容

针对目前小型震损水库存在的问题,为满足震损水库重险优先的加固需求,合理利用有限的资金,最大可能地降低震损水库因为失事而带来的危害。通过利用大坝风险分析方法,建立小型震损水库溃坝风险分析体系,为小型震损水库的除险加固提供科学的理论指导。研究的主要内容包括:

(1)对比我国已溃坝水库的相关资料,总结小型震损水库的溃坝路径与溃坝模式。

(2)计算小型震损水库溃坝概率,分析溃坝后果。

(3)单座小型震损水库溃坝风险的计算。

(4)小型震损水库群溃坝风险的计算及风险指标排序。

4.4　小型震损水库存在的主要问题分析

受"5·12"特大地震影响,我国四川省绵阳市安县水库遭到不同程度的破坏,本文主要以在此次地震中受损害的小型水库为研究对象,对其是否会发生溃坝事故进行分析。

4.4.1　地震因子分析

发生在四川省的地震大部分的位置都位于东经 104°以西,这是多条地震带通过的地方,具体地震带的分布见表 4-2。从《中国地震动参数区划图》(GB 18306—2001)可以看出,安县境内的地震基本烈度为 6 度 ~ 7 度,而对于大部分水库来说,在烈度为 7 度的地震作用下,大坝的上、下游坝坡均不满足抗震稳定安全规范的具体要求,非常容易发生溃坝现象。现将历史上距离安县较近且震级较大的地震列于表 4-3。

表 4-2　四川省地震带分布表

序号	地震带名称	范围	历史最大
1	鲜水河地震带	从甘孜县起,经炉霍、道孚、康定等县,到泸定县南部为止,全带都在甘孜藏族自治州境内,由西北向东南延伸	1786 年康定泸定间 73/4 级地震
2	安宁河—则木河地震带	北起石棉县,向南经冕宁县、西昌市转向东南方向,再经普格县、宁南县,到云南省的巧家县止	1536 年西昌北 7.5 级地震和 1850 年西昌普格间 7.5 级地震
3	金沙江地震带	在甘孜藏族自治州境内,沿金沙江东侧,北起德格县,经白玉、巴塘两县南到得荣县止,沿南北方向延伸	1870 年巴塘 7.285 级地震和 1989 年巴塘 6.7 级强震群
4	松潘—较场地震带	主要在阿坝藏族羌族自治州境内	1933 年茂县叠溪 7.5 级地震
5	龙门山地震带	从青川县起,经北川、茂县、绵竹、汶川、都江堰、大邑、宝兴等县(市),到泸定县附近为止	2008 年汶川 8.0 级大地震
6	理塘地震带	主要在甘孜藏族自治州理塘县境内	1948 年理塘 7.3 级地震
7	木里—盐源地震区	在凉山彝族自治州木里县和盐源县境内,向南可延伸到云南省宁蒗县	1976 年盐源、宁蒗间 6.7 级地震
8	名山—马边—昭通地震带	北起名山县,经峨边、马边、雷波等县,南到云南省昭通市的永善、大关等县	1974 年永善 7.1 级地震

表 4-3　本区及邻区主要历史地震统计表

序号	发生日期 （年·月·日）	震中位置			震级	震中与安县区 直线距离（km）
		北纬	东经	地点		
1	1958.2.8	—	—	北川	6.2	约 35.4
2	1961.12.8	31°38′	104°30′	北川	4.7	约 40.0
3	1963.9.29	32°	104°	北川	4.0	约 59.9
4	1963.12.26	—	—	安县	4.0	约 27.5
5	1966.6.26	32°	104°50′	江油	4.4	约 80.9
6	1975.5.5	31°51′	103°23′	北川	4.6	约 60.2
7	2008.5.12	31°	103°24′	汶川映秀	8.0	约 20

　　"5·12"汶川地震烈度及影响分布图见图 4-1，从图中可以看出，曲线为扁平的椭圆，典型的构造地震的曲线。当地震来临时，纵波较快地传播到地面，虽不会对地面上的物体造成严重破坏，但会引发建筑物发生差异沉降；相反，横波的传播速度很慢，但横波才是对建筑物造成破坏的主要原因。对于一般建筑物来说，在地震中只受到横波的影响。相对于其他建筑物而言，土石坝水库有自身的特点：譬如在水库建库时，由于大坝的用料和施工都很粗糙，所以很难保证坝身的每一个部位都具有相同的密度，当地震来临，薄厚不一的坝体极容易在纵波中遭到破坏，致使坝体产生裂缝，甚至滑坡，这都极容易导致水库溃坝，是水库存在的隐患之一。所以，对于土石坝水库来说，无论是横波还是纵波，都会对大坝本身产生影响。

图 4-1　四川省汶川地震烈度及影响分布图

　　水库大坝的抗震性能，不同坝型的水库抗震性能不同，其中浆砌石重力坝的抗震性能较好。即使坝型相同，也会有很多因素导致它们的抗震能力不同。比如设计的合理性，若设计时就没有满足当地的抗震等级，就很容易在地震中受到破坏；施工的质量也是一个原因，由于大多数小型水库都修建于我国困难时期，当时物资贫乏，很难保证施工质量，即使设计满足抗震等级的要求，但由于质量缺陷，实际也不能真正抵抗强震，所以水库容易在地震中受损；还有，水库管理不当，不能按时对水库进行保养，使水库带病运行，促使水库失去了在地震中的抵御能力。

4.4.2　水库的震损情况

本书主要以受 2008 年"5·12"汶川大地震中受严重影响的四川省绵阳市安县的 1 803 座水库中的小型水库为研究对象,许多水库在地震过后存在一种或多种险情,相比较来说,一些水库存在的险情较低,地震未对其造成"致命"的伤害,只有轻微的破损,不影响水库的正常运行;一些水库部分受损,部分功能丧失,对水库的正常运行产生一定的影响;还有一些水库,它们的主要部位,或者功能性的部位严重受损,已基本丧失功能,无法正常运转,甚至会有垮坝危险,严重威胁到下游居民的生命财产安全。对其的治理已经刻不容缓。本章选取 7 座小(1)型水库、3 座小(2)型水库,将它们的受损情况列入表 4-4 和表 4-5 中。

表 4-4　汶川地震灾区受损小(1)型水库受损特征

序号	水库名称	所在位置	坝型	库容(万 m³)	坝高(m)	坝长(m)	震损等级	主要震害描述
1	五一水库	绵阳市安县	均质土坝	100	23.67	180.00	溃坝险情	坝顶裂缝,坝上游坡位移严重,管理房损坏,坝肩漏水,溢洪道局部坍塌
2	丰收水库	绵阳市安县	均质土坝	196	15.23	230	溃坝险情	坝顶有大量裂缝
3	立志水库	绵阳市安县	均质土坝	150	20.00	114.6	高危险情	坝体顶部、两端存在裂缝,防浪墙坍塌,溢洪道损坏
4	曹家水库	绵阳市安县	均质土坝	138	16.56	192.6	次高危水库	坝顶有裂缝,上下游坡面多处开裂、坍塌
5	黄水沟水库	绵阳市安县	均质土坝	100.23	17.60	106	次高危水库	坝顶有裂缝,上下游坡面变形,管理房损坏
6	伍家碑水库	绵阳市安县	均质土坝	168.4	19.37	236	高危险情	坝体顶部有裂缝,上下游坡面渗水,闸门变形
7	困牛山水库	绵竹市	均质土坝	221.5	33.00	441	高危险情	坝体有裂缝,坝体有滑坡,防浪墙震损严重

表 4-5　汶川地震灾区受损小(2)型水库受损特征

序号	水库名称	所在位置	坝型	库容(万 m³)	坝高(m)	坝长(m)	震损等级	主要震害描述
1	双石桥水库	绵阳市安县	均质土坝	27	11.00	230	溃坝险情	坝顶裂缝,上下游护坡变形,管理房坍塌
2	观音堂水库	绵阳市江油市	均质土坝	25	9.00	148	溃坝险情	坝体顶部震陷,上游坝坡有裂缝并有滑坡现象
3	吴家大堰水库	绵阳市江油市	均质土坝	10.92	8.00	120	溃坝险情	主、副坝坝顶有裂缝,主坝上下游坝坡有裂缝,主坝下游坝坡有滑坡现象

4.4.3　原因分析

从收集的水库受损资料来看,地震对水库大坝及大坝附属建筑物,甚至是其配套设施都造成了不同程度的破坏,对于大坝本身,具体破坏主要是围绕着整个坝体质量引发的一系列物理性破坏,如从小裂缝到贯穿性大裂缝,从局部不规则沉降到大坝失稳,从护坡破坏到坝体变形,由局部渗漏到坝体渗漏……水库的附属建筑物,如溢洪道、输水洞等,几乎都存在着变形、渗漏等现象,严重的甚至已经彻底堵死,无法泄洪,汛期存在安全隐患。现将这些受损情况出现的原因机制分析如下。

4.4.3.1　设计规划的不足

在同一场地震中,由于受到破坏,有些水库溃坝,有些水库变形,有些水库渗漏,有些水库产生裂缝,还有一些水库受地震影响较小,并未出现险情。为何水库受损差异如此之大呢? 原因一:也是最直接的原因,地震对它们产生的破坏位置、破坏部分不同,所以产生的效果不同;这种情况是客观存在的,不可改变的,这是由于不同水库距离震源的距离不同,所以作用在不同水库上的力及力的作用点不同,因此对大坝产生的影响不同。原因二:对于坝址相邻或者相近的水库,它们的受损情况也不相同,究其原因,是因为每个水库对地震的抵御能力不同,即抗震能力不同,这也是导致水库受损不同的根本原因。

总之,由于小型水库自身施工质量差、设计不完善、无配套设施,且很多小型水库属于"三边"工程,没有形成统一设计规划的审查、审批和验收程序,导致很多小型水库在很仓促的情况下开展地质勘测工作,没有进行统一全面的规划设计,工作中带有很大的盲目性和偶然性,从而不能满足水库抗震能力的要求。所以,水库自身的抗震能力不满足要求,才是导致水库在震后出现险情的根本原因。

4.4.3.2　施工管理的不足

坝体质量问题普遍存在于小型水库之中,造成这种现象的主要原因是施工管理方面不善,坝体裂缝、接头处理不好,技术不过关,不符合相关规定,出现裂缝及渗水现象;筑坝过程中,对填筑土石料质量控制不严格,土石料所含杂质、水分过高,碾压遍数不符合规范要求,所以当地震来袭时,极易导致坝体或坝坡产生沉降位移、裂缝等,从而使坝体漏水,影响坝体稳定性。

4.4.3.3　运行维护的不足

目前,我国大中型水库有非常完善的运行管理体制和水库大坝安全管理规范及其技术标准,并配有相应的水库维护专业人员和相应的配套资金。小型水库基本只做参考并根据自身实际情况执行,但实际上,拥有全套配备的小型水库少之又少,尤其是小(2)型水库,几乎不存在配备齐全的水库,有些只是缺少部分设施,有些甚至缺少所有的设施(李超,2010)。管理体制不健全,缺少水库运行维护专业人员,缺乏运行维护资金,投入不足更是小型水库普遍存在的问题。同时,交通不便、通信不畅也是很难解决的问题之一。

4.5　风险分析方法

4.5.1　风险分析的意义

风险,一种衡量不利事件发生的概率与影响后果的综合函数(Cooper D F 等,1987),一般具有以下特征:客观性和普遍性、发生的随机性、可测性、双重性、行为相关性、可变性、多样性和多层次性。

因为风险具有随机性和可变性,所以风险是不确定的;因为风险具有可测性,所以风险是可以预测的。人们可以通过风险的客观性来认识风险,利用风险的相关性来控制风险。所以在某一种意义上来说,正是风险的不确定性,导致了风险的可测性。也就是说,风险是可以控制的(程莉,2013)。

风险分析的意义就在于可以利用风险发生的条件以及与它的产生、发展有关的所有事件,来预测某一事件发生的概率以及它的发生所带来的后果,即这种事件发生所带来的不利影响,再利用其他的手段,将这个影响控制在可以被公众接受的范围之内,用以满足国民经济的发展和保证民生的基本要求。

4.5.2　风险分析的方法

4.5.2.1　定性风险分析法

定性风险分析法,顾名思义,就是通过某种归纳手段对事物的属性进行研究,它并非借助于相对精密的数学方法;相反,它是通过依靠研究者多年累积的知识与经验,对事件发生的可能走向做出判断,由于受到自身阅历和学识的限制,它并不适合以大型主体为研究对象,它的优点是方便、快捷、全面,譬如我们经常用到的专家经验法、矩阵分析法等,都属于定性风险分析法(王天化,2010)。

4.5.2.2　定量风险分析法

相对于定性分析方法而言,定量分析方法是在了解了事件的属性之后,通过较为精密的数学方法来确定事件的变化规律,它是定性分析方法的延续。计算直观准确是定量分析方法的最大特点,但是它需要对事件的全过程有详细的了解,所以对于一般资料不足或者无资料的水库进行分析时,建议不要采取这种方法。

4.5.3　土石坝溃坝风险分析方法

本文主要研究土石坝水库风险的一种,即溃坝风险,一般分为以下五个步骤:

(1)对水库可能存在导致溃坝的风险因子进行识别。

(2)在识别出风险的基础上,寻找溃坝模式与溃坝路径。

(3)沿着溃坝路径,对事件发生的每一步进行专家赋值,计算溃坝概率。

(4)分析溃坝后果。

(5)计算风险指数。

现将主要步骤的常见方法介绍如下。

4.5.3.1　识别溃坝风险的方法

1. 历史资料类比法

想要分析事件 A,由于某种特殊的原因无法推求,或者无法直接推求时,若存在一个事件 B,事件 B 与事件 A 相似且事件 B 的情况已知或者可以通过现有的资料推求出来,那么可以通过事件 A 与事件 B 比较,从类似的过程中推出事件 A 的发展状况。A 与 B 相似度越高,则结果越可靠(吴震宇等,2013)。

2. 简单类比法

简单类比法是历史资料类比法的一种,也是通过一个事件去推求另一个事件。其应用条件有一定限制,只有事件 A 与事件 B 极其相似时,才可使用简单类比法。它的适用范围很窄,通常需要与一种或多种方法联合使用。

3. Case-based reasoning CBR

中文名字:基于范例推理法(Roger C. Schank 等,1983),是由 Pro. Schank 于 1983 年提出的。也是历史资料类比法的一种,对事件 A 与事件 B 的相似度要求高,并且是反复多次地由事件 B 推出事件 A,在实践中具有连续性,结果可靠性强,但也是由于这种特点,实用性比较低。

4.5.3.2　分析溃坝模式、路径的方法

在总结了国内外水库溃坝的经验之后,采用数学分析的方法,归纳出主要影响土石坝溃坝的模式见表4-6,溃坝路径见表4-7。

表4-6　大坝溃坝模式汇总

导致溃坝的因素	具体原因
汛期洪水	漫顶、渗流破坏、滑坡、溢洪道冲溃等
非汛期水荷载	坝下埋管渗透破坏导致溃坝等
地震	震生裂缝等
人为因素	操作失误、破坏等
生物破坏	白蚁等

表4-7　溃坝路径汇总(吴欢强,2009)

分类	主要路径
第一类:在汛期,由闸门故障、无溢洪道、坝顶高程不足、溢洪道泄量不足等原因所导致的洪水漫顶,从而引起溃坝	1. 洪水—上游水库垮坝洪水—坝顶高程严重不足—漫顶—坝体冲刷—干预无效—水库溃坝 2. 洪水—部分闸门故障—逼高上游水位—坝顶高程不足—未能及时加高坝顶—漫顶—坝体冲刷—干预无效—水库溃坝 3. 洪水—全部闸门故障—逼高上游水位—坝顶高程不足—未能及时加高坝顶—漫顶—坝体冲刷—干预无效—水库溃坝 4. 洪水—闸门操作正常—坝顶高程不足—不能及时加高坝顶—漫顶—坝体冲刷—干预无效—水库溃坝 5. 洪水—溢洪道泄量不足—逼高上游水位—坝顶高程不足—未能及时加高坝顶—漫顶—冲刷坝体—干预无效—水库溃坝 6. 洪水 + 持续降雨—无溢洪道—近坝库岸滑塌—涌浪—漫顶—坝体冲刷—干预无效—水库溃坝

续表 4-7

分类	主要路径
第二类:在汛期,(上下游坡)滑坡或者溢洪道被冲毁,从而导致水库溃坝	1. 洪水—洪水未能安全下泄—溢洪道冲毁—冲淘溢洪道基础—库水无控制下泄—溃口扩大—水库溃坝 2. 洪水—洪水未能安全下泄—溢洪道冲毁—冲淘溢洪道基础—库水无控制下泄—上游坝坡滑坡—水库溃坝 3. 洪水—洪水未能安全下泄—溢洪道冲毁—冲淘溢洪道基础—库水无控制下泄—回流冲刷下游坝脚—下游坡滑动—水库溃坝 4. 洪水—大坝下游坡滑坡—坝顶高程降低—坝顶高程不足—漫顶—坝体冲刷—干预无效—水库溃坝 5. 洪水—闸门全部开启—上游水位过快下降—上游坡滑坡—坝顶高程不足—漫顶—人工抢险干预—干预无效—水库溃坝 6. 洪水—持续降雨—上部坝体饱和—纵向裂缝—坝体局部失稳—坝顶高程降低—人工抢险干预—干预无效—水库溃坝 7. 洪水—坝体深层横向贯穿性裂缝—集中渗流破坏—人工抢险干预—干预无效—水库溃坝
第三类:在汛期,坝下埋管或坝基坝体渗透破坏,从而导致水库溃坝	1. 洪水—坝体集中渗漏—管涌—人工抢险干预—干预无效—水库溃坝 2. 洪水—坝基集中渗漏—管涌—人工抢险干预—干预无效—水库溃坝 3. 洪水—坝下埋管发生接触冲刷破坏—人工抢险干预—干预无效—水库溃坝 4. 洪水—下游坡大范围散尽—浸润线抬高—坝体失稳—坝顶高程降低—漫顶—人工抢险干预—干预无效—水库溃坝 5. 洪水—坝体渗流管用破坏—坝体失稳—坝顶高程降低—漫顶+管涌—人工抢险干预—干预无效—水库溃坝
第四类:在非汛期,坝下埋管或者坝基坝体发生渗流破坏,从而导致水库溃坝	1. 坝体或坝基集中渗漏—管涌—人工抢险干预—干预无效—水库溃坝 2. 坝下埋管发生接触冲刷破坏—人工抢险干预—干预无效—水库溃坝 3. 坝体渗流管涌破坏—坝体失稳—坝顶高程降低—漫顶+管涌—人工抢险干预—干预无效—水库溃坝
第五类:由于地震的破坏,从而导致水库溃坝	1. 地震—坝体横向裂缝—漏水管道—管涌—人工抢险干预—干预无效—水库溃坝 2. 地震—坝体纵向裂缝—坝体滑动—坝顶高程降低—漫顶—人工抢险干预—干预无效—水库溃坝 3. 地震—基础液化—大坝破坏(坝顶高程降低、滑动、裂缝)—漫顶或管涌—人工抢险干预—干预无效—水库溃坝

4.5.3.3　计算溃坝概率的方法

1. 专家经验法

专家经验法是目前国际上统一采取的方法,应用此方法推求溃坝概率的大小时,常常需要将专家多年的经验,即定性的表示方法,转化为数学语言,即定量的表示方法,其转化方法见表4-8(ANCOLD,2000)。

表4-8　定性与定量的转化

定性描述	相应概率	判断依据
肯定	1(或0.999)	肯定发生
非常确定	0.2~0.9	该处曾发生过多起类似的事故
非常可能	0.1	该处曾发生过一起类似的事故
可能	0.01	如果不采取措施,该处可能会发生事故
不太可能	0.001	在别处近来发生过
非常不太可能	1×10^{-4}	在别处以前曾经发生过
非常不可能	1×10^{-5}	类似事故有发生的记录,但不完全一样
几乎不可能	1×10^{-6}	类似事故没有发生过的记录

结合多年在大坝安全的鉴定上积累的经验,取其精髓,我国学者李雷巧妙地将其引用到定量与定性的转化上(李雷,2006),见表4-9。

表4-9　我国的定性与定量概率的转换(李雷,2006)

定性描述A事件发生的可能性	A事件发生的相应概率	判断依据
必然发生	$(1/5,1)$	
很可能发生	$(1/10,1/5)$	根据水库实际情况和鉴定报告,依
可能发生	$(1/10^2,1/10)$	靠经验判断。无固定模式,不同水库
基本不发生	$(1/10^4,1/10^2)$	的溃坝可能性不同
必然不发生	$(1/10^6,1/10^4)$	

2. 事件树法

从第一个激点开始,按照事物发生发展的随机性和可变性,会分出多个激点,分出的每一个激点又会受到外界不同的影响而引发下一个激点,以此下去,直到事件无法再受外界影响而产生变化,若我们用逻辑思维作图,酷似一棵茂密的大树,故由此得名(Risk managemen,2009)。用此方法来解决水库溃坝概率的问题,需按照以下几个步骤进行。

(1)根据已经分析出的溃坝路径,沿着每一条路径分别对路径上每一个激点事件发生、不发生做出判断,由定性的经验值转换为定量的数据,再将发生在同一条事件链上的概率相乘,即得出每一条路径的概率。

(2)将所有路径上的溃坝概率相加,得到的就是事件发生的概率,即溃坝发生的总概率。

看似简单的事件树方法,应用起来却有一定的难度,原因在于以下几点:

(1)对环节的前一步,即溃坝路径的识别要求非常高,如果识别路径时出现重复或者漏掉的现象,那么有可能直接影响最终计算结果的重复或者缺失,影响结果的准确性。

(2)在对每个激点事件发生或者不发生的概率进行专家赋值时,对专家的经验水平要求比较高,这是结果是否准确的关键(严祖文等,2011)。

(3)对于第一激点引发出来的小激点的确定也非常关键,对于水库大坝来说,只有对水库的运行有全面细致的了解,才能保证结果的准确性。

3. 事故树法

事故树法与事件树法类似,都是根据分析事情的起因、经过、结果对事件进行赋值,然后通过数学运算得出结果。不同点是,事件树法是分析激点引发的所有事件,包括引起破坏的事件,也包括不引起破坏的事件,而事故树法则是只分析可以引起事件向不好方向发展的不利事件的起因、经过和结果(Risk management,2009);事件树法多与专家经验法联合起来使用,事故树法多与层次分析法联合起来使用,但在大多数工程分析中,也经常采用事件树与事故树相结合的方法(汪元辉,1999;李夕兵等,2001)。

应用事故树法解决实际问题的步骤和使用要求与事件树法基本相似,在此不再做介绍。

4. 可靠度风险分析方法

可靠度风险分析方法又称安全度分析法,简单来说,就是在多种要求中寻求一种平衡,例如在经济与安全中寻找平衡点,这个平衡点越准确,可靠度就越高,社会利益就越大。这种分析方法大多是依靠一些复杂的函数对结果进行近似求解,常用的方法及其具体公式,应用范围及利弊分析见表4-10(李浩瑾,2012)。

4.5.3.4　分析溃坝后果的方法

每一个不利事件的发生都会引发许多问题和影响,比如最重要、影响最严重的生命损失,这关系到人民的人身安全。危害的发生可能会导致工作地点的缺失、工作物资的损坏等一系列经济损失,给我国国民经济的发展带来不利的影响;同时也对周边生态环境、社会环境以及人类生活环境造成破坏。这一系列的问题都会给人民的生活、国家的发展带来负面影响(徐强,2008)。在一定的影响范围内,可能不会造成特别严重的后果,可以被公众所接受,如果事件发生造成影响大且牵连甚广,超过了民众和国家的接受范围,就不可以置之不理,就要采取有效的措施来阻止其发生。

1. 生命损失

影响生命损失(周克发,2004;肖义,2004;李雷等,2006;周克发,2006)的主要因素为可能会在灾害中造成伤害的风险人口(Population At Risk,简称PAR),以及当灾害来袭时对灾害的报警时间(Warning Time,简称WT),另外还有跟灾害发生的时间,与相关灾害有关的因素属性和撤退路线有关。

20世纪80年代末期,美国内务部垦务局(USBR)将由水库溃坝而引发的生命损失纳入水库安全日常管理的范畴,并展开了相应的研究,提出了集中专用的方法,我国也在他国的基础之上总结出了更为适合我国国情的方法,具体如下(黄凌等,2012)。

表 4-10　常用的可靠度分析方法简表

方法	主要公式	条件	优点	缺点	适用范围
重现期	$\bar{R}_1 = P\{L \geq R\} = 1/T_r$ $\bar{R} = P\{L \geq R\} = 1 - \left(1 - \dfrac{1}{T_r}\right)^n$	①随机变量 L 在年际间出现相互独立。②随机特征在 n 年内年际间的规律等	应用方便	①所统计的资料的完整性决定结果精确性；②理想条件下使用，假定荷载与抗力之间存在对应关系，且仅存在一种对应关系	简单系统
直接积分法（全概率法）	$\bar{R} = \displaystyle\int_0^1\!\!\int_0^1 f_{(R,L)}(r,l)\,\mathrm{d}r\mathrm{d}l$	①L 和 R 具有统计独立性。②L 和 R 可用解析式表达，且可以求解积分	结果最为精确	无法处理非线性的变量不同分布的复杂系统	线性、变量为同分布且相互独立的简单系统
均值一次二阶矩法（MFOSM）	$Z = \beta(u_{x_1}, u_{x_2}, \cdots, u_{x_n}) + \displaystyle\sum_{i=1}^{n}(x_i - u_{x_i})\dfrac{\partial g}{\partial x_i}\bigg|_{u_{x_i}}$ $\sigma_z = \left[\displaystyle\sum_{i=1}^{n}\left(\dfrac{\partial g}{\partial_{x_i}}\bigg|_{u_{x_i}}\sigma_{x_i}\right)^2\right]^{1/2}$	随机变量统计独立	简单操作，便于理解	①运行结果具有多样性；②线性部分与实际值存在较大偏差，精度不足；③不适用于所有函数的求解	功能函数有解析函数，且荷载与抗力为线性分布
改进一次二阶矩法（IFOSM）	$Z = \beta(x'_1, x'_2, \cdots, x'_n) + \displaystyle\sum_{i=1}^{n}(x_i - x'_i)\dfrac{\partial g}{\partial x_i}\bigg|_{x'_i}$ $u_z = \displaystyle\sum_{i=1}^{n}(u_{x_i} - x'_i)\dfrac{\partial g}{\partial x_i}\bigg|_{x'_i}$ $\sigma_z = \displaystyle\sum_{i=1}^{n}\left(\sigma_{x_i} - \dfrac{\partial g}{\partial x_i}\bigg|_{x'_i}\right)^2$	随机变量统计独立	通俗易懂，易于操作，精度比一次均值二阶矩要高	①风险值与 Z 的定义式有关，即对 Z 的不同定义形式，其结果是不一致的；②实际工程抗力与荷载多为非正态分布，线性部分与真实值误差较大，精度不足；③无法求解功能函数为非解析函数	功能函数有解析函数，且荷载与抗力为线性分布

续表 4-10

方法	主要公式	条件	优点	缺点	适用范围
JC 法(赵国藩等,2000;陈凤娇等,1996;徐钟谔,1985)	$\sigma'_{x_i} = \phi\{\phi^{-1}[F(x_i^*)]\}/f_{x_i}(x_i)$ $\overline{X'_i} = x_i^* - \phi^{-1}[F(x_i^*)]\sigma'_{x_i}$	以正态分布代替原来的非正态分布,且临界界失事点处的累积概率分布函数值及概率密度函数值与原来的分布函数和密度函数值相同	可以处理非正态随机变量以及变量相关和变量载尾问题	对功能函数非线性次数较高情况误差较大,迭代次数多	无限制,但非线性次数较高时精度不够
蒙特卡罗法(MC 法)(赵国藩等,2000;陈凤娇等,1996;徐钟谔,1999)	$P_f = \dfrac{1}{N}\sum_{i=1}^{n} I[G(\vec{X})_i]$	电子计算机试验模拟抽样	相对精确,直接回避了数学困难,无需考虑极限状态曲面的复杂性	模拟次数往往要很大,在实际情况下有时不易做到	无限制
离散化降维数值解法(郭怀志等,1988;张社荣等,1999)	$X'_{1k} = \phi^{-1}[F_{x_1}(X_{1k})]$ $X'_{2k} = \phi^{-1}[1-(\beta_{1k})] = -\beta_{1k}$ $\beta = \min\{[\beta^2_{x_{1k}} + \{\phi^{-1}[F_{x_1}(X_{1k})]\}^2]^{1/2}\}$	变量不可联系	概念清晰,求解简易	精度较低	离散变量
响应面法(RSM)(王水菲等,2005;熊铁华等,2006;苏永华等,2005;熊铁华等,2005;范书立等,2008)	$g'(Z) = a_i + \sum_{i=1}^{n} b_i Z_i + \sum_{i=1}^{n} c_i Z_i^2$	功能函数不可显式表达	可以处理极限状态方程表达不明确	需多次抽样,效率低	无限制
优化法(几何法)	$\beta = \min d = [(x_1^*)^2 + (x_2^*)^2 + \cdots + (x_n^*)^2]^{1/2}$	变量需转化到标准正态分布空间	几何意义简单明确	需要求解高次超越方程组,非常困难	采用优化算法后无限制

1）B&G 法

世界上最早研究溃坝导致的生命损失的人为 Pro. Brown 与 Pro. Graham，他们从 1988 年开始，一直致力于溃坝生命损失的研究。他们对历史上的一些惨痛的死亡数据进行统计、分析，最终提出了一种计算溃坝生命损失的方法，为了纪念 Pro. Brown 与 Pro. Graham，这种方法被称作"B&G 法"。具体公式如下：

$$LOL = \begin{cases} 0.5 \times (PAR), W_T < 15 \\ (PAR)^{0.6}, 15 \leqslant W_T \leqslant 90 \\ 0.000\,2 \times (PAR), W_T > 90 \end{cases} \tag{4-1}$$

式中　LOL——潜在生命损失；

　　　PAR——风险人口，永久居住或者长时间居住在可以被溃坝所引发的洪水到达或者淹没的人口；

　　　W_T——警报时间（min），预测到垮坝事件将要发生的时间到灾害危害到风险人口所在地的时间。

从公式可以看出，当 PAR 一定时，LOL 的变化受 W_T 的影响，W_T 越小，LOL 的值越大；W_T 越大，LOL 越小。换句话说，报警时间越长，人们就越有充足的时间去躲避灾害，从而减少死亡人数。

2）D&M 法

Pro. Dekay 与 Pro. McClelland 两人意识到了 B&G 法的不足，于 1993 年，对 B&G 法进行深入研究。不仅找到 LOL 与 W_T 的关系，还观察到 PAR 与 LOL 也有着某种关联性，这种关联性需要加入一个新的因素，即溃坝洪水的破坏能力的强弱大小。由于无法量化的形容和人为的规定破坏能力哪种是强，哪种是弱，这种方法计算出的 LOL 并不是很准确，具体公式为

$$LOL = \frac{PAR}{1 + 13.277PAR^{0.44}e^{0.759W_T}} \tag{4-2}$$

式中　LOL——潜在生命损失；

　　　PAR——风险人口；

　　　W_T——警报时间，h。

3）Graham 法

基于前人的经验，Pro. Graham 于 1999 年又提了一种新的方法。这种方法比起上述两种方法有进步，也有不足，进步的是：这种新方法弥补了无法判定洪水强弱的缺陷，给出风险死亡率（简称为 f）的概念，并利用 f 与 W_T 的关系，计算 LOL，结果比较精确。不足的地方是：未明确的指出 LOL 与 PAR 的具体关系。

4）李雷–周克发方法

2006 年，李雷和周克发利用国外已有的方法分析我国溃坝水库的生命损失时，发现虽然可以计算，但结果并不是很理想。其原因是已有的方法从某些使用条件上来看，并不是很适用于我国的国情。为了使结果更为切合实际，他们重新定义了风险死亡率 f 的推求方法（周克发，2006；刘释阳，2013），见表 4-11。

表 4-11　风险人口死亡率 f 取值表

溃坝洪水严重程度 SD	报警时间	PAR 对 SD 理解程度	死亡率 f(PAR 的百分数)	
			建议均值	建议值范围
高	无报警	模糊	0.75	(0.3,1)
	$W_T \in (0,0.25)$	明确	0.25	(0.1,0.5)
	部分报警	模糊	0.2	(0.05,0.4)
	$W_T \in (0.25,1.0)$	明确	0.001	(0,0.002)
	充分报警	模糊	0.18	(0.01,0.3)
	$W_T \in (1.0,+\infty)$	明确	0.0005	(0,0.01)
中	无报警	模糊	0.5	(0.1,0.8)
	$W_T \in (0,0.25)$	明确	0.075	(0.02,0.12)
	部分报警	模糊	0.13	(0.015,0.27)
	$W_T \in (0.25,1.0)$	明确	0.0008	(0.0005,0.002)
	充分报警	模糊	0.05	(0.01,0.1)
	$W_T \in (1.0,+\infty)$	明确	0.0004	(0.0002,0.001)
低	无报警	模糊	0.03	(0.001,0.05)
	$W_T \in (0,0.25)$	明确	0.01	(0,0.02)
	部分报警	模糊	0.007	(0,0.015)
	$W_T \in (0.25,1.0)$	明确	0.0006	(0,0.001)
	充分报警	模糊	0.0003	(0,0.0006)
	$W_T \in (1.0,+\infty)$	明确	0.0002	(0,0.0004)

当水库溃坝发生在白天时,建议 f 取下限值;当水库溃坝发生在夜间时,建议 f 取上限值;当水库溃坝产生溃坝洪水,SD 不明确属于哪个区间时,可分别求出两个值,取差值即可(吴欢强,2009)。

2. 大坝溃决经济损失

水库的溃决给社会带来的经济上的损失分为两种(李雷等,2001),第一种为直接经济损失,顾名思义,就是可以直接计算的损失,譬如淹没农田、房屋倒塌等;第二种为间接经济损失,如交通中断所引起的损失,是很难直接计算的,这种不可以直接计算,或者没有办法直接计算出来的损失称为间接经济损失。

经济损失的计算具体方法如下。

1)计算直接经济损失

直接经济损失主要可以分为四大类。第一类为基础设施损失;第二类为城乡第二、三产业损失;第三类为农林渔牧业损失;第四类为居民财产损失(兰宏波,2004)。

2)间接经济损失

主要包括以下几个方面的费用:

(1)应急抢险中的使用费;

(2)交通破坏引起的额外费用,包括政府部门和个体机构的损失;

（3）灾区重建的费用；

（4）受灾区的清淤处理费用；

（5）受灾群众的日常生活支出。

对于间接经济损失的计算，是一个复杂又庞大的过程，计算起来十分困难。但对于小型水库，它涉及范围相对较小，为了方便计算，可采用系数法，即

$$S_{li} = 0.63 \times S_{di} \tag{4-3}$$

式中　　S_{li}——间接经济损失；

　　　　S_{di}——直接经济损失。

3）计算经济损失

综上，溃坝经济损失可以表示为

$$S = 1.63 \times S_1 \tag{4-4}$$

式中　　S——溃坝经济损失；

　　　　S_1——直接经济损失。

4.6　小型震损水库风险分析评价体系的建立

图4-2为小型震损水库风险评价流程图，是建立小型震损水库评价体系的依据。本文主要依照如下流程对小型震损水库溃坝风险进行分析。

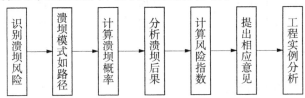

图4-2　小型震损水库风险评价流程

4.6.1　识别溃坝风险

识别风险的第一步，是要将所有能对水库造成破坏的危险全部罗列出来，初步比较哪一种危险更容易发生，哪一种危险发生所造成的后果更严重，哪一种危险会对水库造成实质性的破坏，哪一种危险直接导致或者间接导致水库发生溃坝事故，将这样的危险在众多可能发生的危险中摘取出来，作为存在可能导致水库溃坝的风险因子保留下来，待下一步进行分析。

4.6.1.1　寻找溃坝因子

对于小型震损水库，受资料的限制，可能无法直接精确地指出哪一种危害会直接导致溃坝的发生，可借助于历史资料统计法。将历史中类似的发生溃坝的小型水库发生的溃坝因子找出来，对其溃坝机制进行分析，从而总结出小型震损水库可能存在的溃坝风险的溃坝因子。

对我国已发生溃坝的小型水库进行详细分析（李雷，2006），总结其溃决原因分析情况统计见表4-12。

表 4-12　溃决原因分析情况统计

溃决原因		数量	比例 (%)	年平均溃坝概率 (×10⁻⁴)	备注
漫顶	超标准洪水	435	12.6	1.099 6	漫顶 1 737 座,比例为 50.2%,年平均溃坝概率 为 4.391×10⁻⁴
	泄洪能力差	1 302	37.6	3.291 2	
大坝损坏	渗漏	701	20.2	1.772	共计溃坝水库 1 205 座,占 34.8%,年平均溃 坝概率为 3.083×10⁻⁴
	坝体滑坡	110	3.2	0.278 1	
	溢洪道滑坡	208	6.0	0.525 8	
	输水洞渗漏	173	4.9	0.424 7	
	坝体坍塌	13	0.4	0.032 9	
不当管理		185	5.3	0.467 6	无人管理、维护运用不 当、溢洪道筑堰、超蓄等
其他		212	6.1	0.535 9	溢洪道堵塞、人工扒 口、工程布置不当、近坝 岸滑坡
总计		3 339	100	8.75	

从表 4-12 中可以清晰地看出,导致小型水库溃坝的主要溃坝因子有四个,分别是漫顶、大坝损坏、不当管理和其他,其中最主要的还是大坝损坏,所以对于小型震损水库来说,当没有更加明确、更加严重的损害时,可以认为是由漫顶和大坝受损产生的问题,从而引起的水库溃坝,即引起小型震损水库溃坝的溃坝因子为漫顶和大坝损坏。

4.6.1.2　确定溃坝原因

引起小型震损水库溃坝的溃坝因子为漫顶和大坝损坏,追其根源,为研究水库溃坝原因,只需分析溃坝因子的形成原因即可。

引起水库漫顶的原因有很多,具体如下(党光德,2012):

(1)水库抵抗洪水的能力不足时,容易导致漫顶。

(2)坝顶高程不够时,容易导致漫顶。

(3)溢洪道泄量不够时,容易导致漫顶。

(4)溢洪道堵塞,使洪水不能下泄,容易导致漫顶。

(5)坝顶坍塌,容易导致漫顶。

造成大坝受损的原因很多,常见的原因如下:

(1)坝体存在渗流管道,导致坝体集中渗漏,大坝受损。

(2)实际渗透坡降大于坝体抗渗能力,导致坝体集中渗漏,大坝受损。

(3)上游水平铺盖防渗能力不足,导致坝基集中渗漏,大坝受损。

(4)当设计不当时,可能使下游坡大面积散尽,大坝受损。

(5)坝后覆盖层抗渗能力不足,导致坝基集中渗漏,大坝受损。

(6)当大坝填筑质量较差时,可能使下游坡大面积散尽,大坝受损。

(7)当防渗体系部分或者全部失效时,可能使下游坡大面积散尽,大坝受损。

(8)若溢洪道洪水快速下泄导致大坝失稳,则大坝受损。

(9)若水位变动引起坝体滑坡,则大坝受损。

(10)若渗透破坏引起坝体滑坡,则大坝受损。

4.6.2　分析溃坝模式与溃坝路径

在溃坝风险分析的过程中,作为风险分析的准备步骤,溃坝模式与溃坝路径的分析显得尤为重要。根据有可能出现的激发事件,罗列出可以激发出的会对水库产生破坏的所有外力荷载。通过在各个不同荷载作用下,对会导致大坝的各个组成部分发生的所有的破坏形式进行分析,从中判断出可能发展为溃坝事件的模式,找到以施加外荷载为始、以水库发生溃决为终的所有可能途径(严磊,2011)。

本书的研究背景为受"5·12"大地震影响的四川绵阳市安县的小型土石坝水库,可参考本书4.5中介绍的24种溃坝路径进行对照分析。

4.6.3　计算溃坝概率

对溃坝概率的计算是对小型震损水库溃坝风险分析中的第三步,也是至关重要的一步,它是水库是否可能发生溃坝的最直接的表现。在计算溃坝概率时,为准确地表示出水库溃坝概率的大小,常需要定量地描述事件发生的可能性,具体转换形式见表4-13。

表4-13　定性描述大坝破坏事件与定量发生概率对照表

事件 A 发生情况定性描述	相应概率	判断依据
事件 A 不会发生	$(0.1/10^4)$	
事件 A 基本不会发生	$(1/10^4,1/10^2)$	根据水库实际情况,结合鉴定报告,依
事件 A 有可能发生	$(1/10^2,1/10)$	靠经验判断。无固定模式,不同水库的溃
事件 A 很可能发生	$(1/10,1/2)$	坝可能性不同
事件 A 肯定发生	$(1/2,1)$	

根据已经分析出的溃坝模式,沿着每一条路径逐条分析。假设共有 n 条路径,其中第 i 条路径中有 m 个环节,将这 m 个环节向溃坝方向发展的概率相乘,即为这条路径的溃坝概率(M. A. 福斯特,2003),则该模式下的溃坝概率 P_m 为

$$P_m = \prod_{i=1}^m P_i \tag{4-5}$$

式中　m——某破坏模式下的环节总数。

综上所述,将所有路径上的溃坝概率相加,即可得到小型震损水库总溃坝概率 P_f,即

$$P_f = \sum_{m=1}^n P_m \tag{4-6}$$

式中　n——溃坝模式总数。

4.6.4　分析溃坝后果

溃坝后果的严重程度是决定水库风险大小的另一个重要的因素,它表示水库一旦失事,不仅会严重威胁下游人们的生命安全,破坏生态环境,还会给国家的经济发展带来直

接影响,同样会为社会构建的稳定因素种下隐患。所以,正确地分析水库溃坝所引发的后果不但对准确分析水库风险有着重要的作用,也有利于国家更加安定团结的发展(何晓燕等,2008)。

4.6.4.1　溃坝后果综合评价函数 L

对于溃坝后果的综合评价,需要从单个方面进行分析:溃坝造成的生命损失、经济损失和所引发的对社会及生态环境的影响,前两个要素可以进行定量分析,而对社会及环境影响是一个定性的概念。在对溃坝后果进行分析时,在形式上很难将它们整齐划一,故考虑采用函数的方式,将它们作为三个自变量同时表示出来,这里选用溃坝后果综合评价函数 L 来对三个要素进行线性加权和(李雷等,2006),即:

$$L = \sum_{i=1}^{3} T_i Z_i = T_1 Z_1 + T_2 Z_2 + T_3 Z_3 \tag{4-7}$$

式中　T_1——生命损失权重系数,0.737(李雷,2006);

　　　T_2——经济损失权重系数,0.105(李雷,2006);

　　　T_3——社会与环境影响的权重系数,0.158(李雷,2006);

　　　Z_1——生命损失严重程度系数;

　　　Z_2——经济损失严重程度系数;

　　　Z_3——社会及环境影响程度系数。

4.6.4.2　计算严重程度系数 Z_i

Z_i 可直接采取归一化函数表示(魏勇等,2012),即

$$y = b(\lg x)^a \tag{4-8}$$

式中　a, b——参数,且 $b = 1/5^a$。

则可以将公式简化为:

$$y = \frac{1}{5^a}(\lg x)^a \tag{4-9}$$

式中　a——参数,$a > 0$。

当 $x = 1$ 时,$y = 0$;当 $x = 100\ 000$ 时,$y = 1$。

1. 生命损失严重程度系数 Z_1

目前,我国对于安全施工的等级划分,一般采用在 2007 年颁布的《生产安全事故报告和调查处理条例》里的相关规范,具体见表 4-14。

表 4-14　生产安全事故等级分类

范围	安全事故等级
30 人以上死亡,1 亿元以上直接经济损失	特别重大事故
10~30 人死亡,0.5 亿~1 亿元直接经济损失	重大事故
3~9 人死亡,0.1 亿~0.5 亿元直接经济损失	较大事故
3 人以下死亡,0.1 亿元以下直接经济损失	一般事故

结合图 4-3 与表 4-14、表 4-15,对于 Z_1 的选取讨论如下(魏男等,2012):

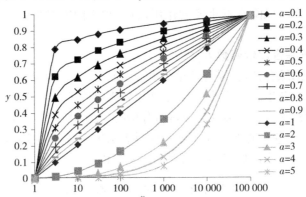

图 4-3　生命损失严重程度归一化模型

表 4-15　生命损失严重程度系数

生命损失人数	$a = 0.1$	$a = 0.2$	$a = 0.3$	$a = 0.4$	$a = 0.5$
1	0	0	0	0	0
10	0.851 34	0.724 78	0.617 034	0.525 306	0.447 214
100	0.912 444	0.832 553	0.759 658	0.693 145	0.632 456
1 000	0.950 2	0.902 88	0.857 917	0.815 193	0.774 597
10 000	0.977 933	0.956 352	0.935 248	0.914 61	0.894 427
100 000	1	1	1	1	1

(1)当 $a = 1$ 时,从图 4-3 可以看出,生命损失的重要性在全范围内等比重相当,与国情不符。

(2)当 $a = 2$ 或 $a = 3$ 时,从图 4-3 可以看出,当生命损失较小时,其重要性并不大,与国情不符。

(3)当 $a \leqslant 0.5$ 时,从图 4-3 可以看出,均合理,综合表 4-14 与表 4-15,生命损失为 3 人、10 人、30 人时,分别为较大事故、重大事故、特别重大事故,严重程度系数均应该 > 0.6、> 0.7、> 0.8。故 $a = 0.1$ 与 $a = 0.2$ 均满足,为了强调生命损失的重要,判定 $a = 0.1$ 因子,即小型震损水库生命损失严重程度系数 Z_1:

$$Z_1 = y_1 = \frac{1}{5^{0.1}} (\lg x)^{0.1} \tag{4-10}$$

式中　x——溃坝生命损失。

对于溃坝生命损失的确定可以通过溃坝生命损失模型计算,该模型由周克发等提出,具体公式如下:

$$LOL = PAR \times f \times a \tag{4-11}$$

式中　PAR——风险人口数;

　　　f——风险人口死亡率;

　　　a——风险人口死亡率 f 的修正系数。

风险人口取决于溃坝发生时间、洪水淹没范围以及影响范围内人口的分布与活动状态。其计算方法有以下几种(王君,2013)。

1)人口密度法

$$PAR = 单位面积上的人口数量 \times 淹没面积$$

应用条件:①假设淹没范围内人口均匀分布。②需要详尽的人口及其分布数据,通常被大中型水库溃坝采用。

2)居民点(居住单元)常住人口累计估算法

将各个居民点的常住人口相加求和,适用于中小型水库及统计资料丰富地区,也是推荐方法,在实际工作中可灵活采用。

可根据表4-13计算,计算时可根据当地实际情况确定。

计算时根据溃坝洪水灾难严重性程度确定,a 的计算公式为

$$a = m_1 + b \times m_2 \tag{4-12}$$

式中　m_1、m_2——生命损失直接、间接影响因素的灾难严重性程度影响因子,且 $m_1 \leqslant 1$、$m_2 \leqslant 1$;

　　　b——影响 m_2 的系数,$0 < b < 1$。

m_1 和 m_2 的估算如下:轻微,取 $0 \sim 0.2$;一般,取 $0.2 \sim 0.4$;中等,取 $0.4 \sim 0.6$;严重,取 $0.6 \sim 0.8$;极严重,取 $0.8 \sim 1$。考虑到间接影响因素对溃坝生命损失的影响往往比直接影响因素小,所以建议 b 取 0.25(吴欢强,2009)。

对于小型水库来说,人口一般都比较少且资料相对来说比较不完整,当 $PAR \leqslant 200\,000$ 时,可将 LOL 与 PAR 的关系简化,具体关系为(李超,2010):

$$LOL = 0.012\,3PAR \tag{4-13}$$

式中　LOL——潜在生命损失;

　　　PAR——风险人口。

为了计算准确,生命损失也可采用式(4-14)来计算,式(4-14)是对式(4-11)的完善。

$$LOL = 0.075PAR^{0.56}\exp(-0.759W_T + 3.790F_C - 2.223W_T \times F_C) \tag{4-14}$$

式中　LOL——潜在生命损失;

　　　W_T——警报时间;

　　　PAR——风险人口;

　　　F_C——洪水强度。

当水库坝址属于低洪水风险区时,建议取值为0;当水库坝址属于高洪水风险区时,建议取值为1。

2. 经济损失严重程度系数 Z_2

经济损失在 $[10, 1\,000\,000]$ 内波动(李超超,2013),所以计算时需将式(4-9)稍作变化,得到:

$$y = \frac{1}{5^a}\left(\lg\frac{x}{10}\right)^a \tag{4-15}$$

对于经济损失归一化曲线的选取,大体与生命损失类似,当 $a \leqslant 0.5$,从图4-4可以看出,均合理。近20年来,我国经济发展整体较快,但东、西、中部各个部分发展不平衡,它

们对于溃坝所带来的一系列后果的可接受能力参差不齐(李雷等,2006),多与不同地区经济损失重要性模型中 a 的取值应有所区别。本文主要以四川安县小型震损水库为研究对象,四川省位于我国西部,结合其经济结构模式,根据图 4-4 与表 4-16,判定 $a = 0.4$,即得小型震损水库经济损失严重程度系数 Z_2 的计算公式如下:

$$Z_2 = y_2 = \frac{1}{5^{0.4}} \left(\lg \frac{x}{10} \right)^{0.4} \tag{4-16}$$

式中　　x——溃坝经济损失。

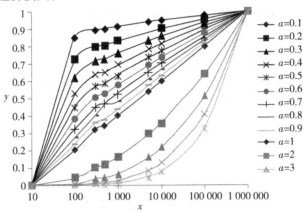

图 4-4　经济损失严重程度归一化模型

表 4-16　经济损失严重程度系数

经济损失	$a = 0.1$	$a = 0.2$	$a = 0.3$	$a = 0.4$	$a = 0.5$
10	0	0	0	0	0
100	0.851 34	0.724 78	0.617 034	0.525 306	0.447 214
1 000	0.912 444	0.832 553	0.759 658	0.693 145	0.632 456
10 000	0.950 2	0.902 88	0.857 917	0.815 193	0.774 597
100 000	0.977 933	0.956 352	0.935 248	0.914 61	0.894 427
1 000 000	1	1	1	1	1

　　要计算溃坝经济损失,就要先知道什么是经济损失,它包括两部分:直接由溃坝造成的经济损失(简称直接经济损失,包括由溃坝洪水直接淹没或破坏的,可以直接用货币计量)、间接由溃坝造成的经济损失(简称间接经济损失,包括除直接经济损失外的所有经济损失)。相对于直接经济损失,可根据淹没与破坏情况直接计算(王伟哲,2012),间接经济损失包含内容却非常多,涉及面广,计算复杂,无法直接计算,可通过找寻与直接经济损失的联系计算更为简便(孙慧娜,2011)。通过国外专家 Tayloretal 的初步分析,发现溃坝造成的商业、工业部门的间接经济损失分别与直接经济损失存在比例关系,后经仔细分析,Smith & Greenaway 认为两者的间接经济损失与直接经济损失之比都较接近 0.63,据此,建议溃坝间接经济损失按溃坝直接经济损失的 0.63 倍确定(周清勇,2012),即溃坝经济损失的公式为

$$L_e = 0.63L_d \tag{4-17}$$

式中　L_e——间接经济损失；

　　　L_d——直接经济损失。

3. 社会与环境影响严重程度系数 Z_3

溃坝对社会和环境的影响程度，很难直接判断，往往需要依照专家多年的经验，作出定性的判断，故有关学者对大坝溃决所造成的社会环境影响做了分类(魏勇等，2012)，要分析溃坝所造成的社会及环境影响，可依照表 4-17 所示内容进行计算(严祖文等，2011)。

表 4-17　社会与环境影响系数赋值参照表

影响要素	影响程度						
	轻微	一般	中等	严重		极其严重	
风险人口(人)	1~10	10~10^3	10^3~10^5	10^5~10^7		>10^7	
R	1.0~1.2	1.2~1.6	1.6~2.4	2.4~4.0		4.0~5.0	
重要城市	散户	乡村	乡政府所在地	县级市政府或城区	地级市政府或城区	直辖市或省会	首都
C	1.0	1.3	1.6	2.0	3.0	4.0	5.0
重要设施	一般设施	一般重要设施	市级重要交通、输电、油气干线及厂矿企业	省级重要交通、输电、油气干线及厂矿企业		国家级重要交通、输电、油气干线及厂矿企业和军事设施	
S	1.0	1.2	1.5	1.7		2.0	
文物古迹艺术珍品稀有动植物	一般文物古迹艺术品和动植物	县级文物古迹艺术品和动植物	省(市)级重点保护文物古迹艺术珍品和动植物	国家级重点保护文物古迹艺术珍品和动植物		世界级文化遗产，艺术珍品和稀有动植物	
X	1.0	1.2	1.5	2.0		2.5	
河道形态	河道遭受轻微破坏	一般河流遭受一定破坏	大江大河遭受一定破坏	一般河流遭受严重破坏	大江大河遭受严重破坏	一般河流改道	大江大河改道
H	1.0	1.3	1.6	2.0	3.0	4.0	5.0
生物及其生长栖息地	一般动植物栖息地丧失	较有价值动植物栖息地丧失	较珍贵动植物栖息地丧失	稀有动物动物栖息地丧失		世界级濒临灭绝的动植物栖息地丧失	
Q	1.0	1.2	1.5	1.7		2.0	
人文景观	自然景观遭轻微破坏	市级人文景观遭破坏	省级人文景观遭破坏	国家级人文景观遭破坏		世界级人文景观遭破坏	
J	1.0	1.2	1.5	1.7		2.0	
污染工业	基本无污染工业	一般化工厂、农药厂	较大规模化工厂、农药厂	大规模化工厂、农药厂	剧毒化工厂	核电站储库	
W	1.0	1.2	1.6	2.0	3.0	4.0	

在此利用等权乘积法来计算社会与环境影响系数 Z,具体公式如下:

$$Z = R \times C \times S \times X \times H \times Q \times J \times W \tag{4-18}$$

则溃坝对社会和环境造成影响的严重程度系数可以表示为(魏勇等,2012):

$$Z_3 = y_3 = \frac{1}{4^a}(\lg Z)^a \tag{4-19}$$

对于社会环境影响来说,目前未存在统一的判定标准,等级界限也比较模糊,因此可以认为重要性是线性的,故取 $a = 1$ 是合适的(魏勇等,2012),即:

$$Z_3 = y_3 = \frac{1}{4}\lg Z \tag{4-20}$$

4.6.4.3　判断溃坝后果严重程度

依据法规规定,采用 1 亿元、0.5 亿元、0.1 亿元和 30 人、10 人、3 人作为定量的控制指标,来分析生命损失、经济损失和社会环境影响(魏勇等,2012)。计算结果见表 4-18。

表 4-18　溃坝事件综合评价定性控制表

控制范围	Z_1	Z_2	Z_3	综合评价系数
死亡 3 人,0.1 亿元经济损失	0.790 6	0.693 1	0.119 3	0.674 3
死亡 10 人,0.5 亿元经济损失	0.851 3	0.781 4	0.25	0.749
死亡 30 人,1 亿元经济损失	0.885 2	0.815 2	0.369 3	0.796 3

根据表 4-14 可以得出的结论见表 4-19。

表 4-19　溃坝损失定量与定性的转换

溃坝损失 L 范围	事故级别
$[0.67,0.75)$	重大事故
$[0.75,0.8)$	特大事故
$[0.8, +\infty)$	特别重大伤亡事故

4.6.5　计算风险指数

水库发生溃坝的概率为 P_f,所造成的后果为 L,P_f 与 L 的乘积即为该水库的溃坝风险:

$$R = P_f L \tag{4-21}$$

根据上式计算出的值 $< 10^{-3}$,将其放大 10^3 倍,这样既能保证结果看起来更直观,又能避免书写不慎导致的错误。因此,小型震损水库溃坝风险指数 R_0:

$$R_0 = 1\ 000 P_f L \tag{4-22}$$

4.6.6　小型震损水库群溃坝风险综合评价

对于小型震损水库群的风险综合评价,共分为三个步骤(黄凌等,2013):

（1）计算区域内水库群中每一座水库的风险指数 R_0；

（2）将计算出的每座水库的 R_0 进行排序，可以是由低到高，也可以是由高到低；

（3）根据以下原则确定每座水库 R_0 的所属区间，提出相应的处理意见（李克飞，2013）。

原则一：当 $R_0 \in (-\infty, 0.1)$ 时，风险很低，属于可接受风险，无需采取加固措施。

原则二：当 $R_0 \in [0.1, 1.0]$ 时，风险存在，属于不可忽视风险，可根据要求按需采取加固措施。

原则三：当 $R_0 \in (1.0, \infty)$ 时，风险很高，属于不可接受风险，需立即采取加固措施。

4.7　小　结

通过对安县水库的险情情况进行分析，结合已溃决水库资料，利用常用的风险分析方法，对小型水库受损的原因及可能发生溃坝的概率、溃坝发生的后果进行分析，总结出一套适用于小型震损水库的溃坝风险分析体系，应用此分析体系对小型震损水库、小型震损水库群进行风险分析，取得了如下成果：

（1）本书首次利用事件树法计算小型震损水库的溃坝概率，引用溃坝后果综合评价函数分析溃坝后果、计算风险指数，建立了一套适合于小型震损水库的溃坝风险评价体系。通过将风险指数与可接受风险准则的比较，确定水库的风险是否在可接受的范围之内，这对水库的加固有指导作用。

（2）利用事件树法计算小型震损水库的溃坝概率，计算方法安全，其结果与专家对水库的险情评价结果相一致；应用溃坝后果综合评价函数对小型震损水库的溃坝后果进行分析，是将不同水库的溃坝后果严重程度进一步定量化，有利于定量地比较不同水库溃坝后果的严重程度。

第 5 章　震损水库应急除险修复技术

5.1　震损水库应急除险技术

由于不可能在短期内对震损大坝做到彻底加固,每个震损工程都应配备责任人,专门观察水库的运行情况和震损现象的发展,并同时做好应急处置和应急除险,即针对震害在短时间内采取必要的措施,使大坝能够度过随后可能来临的余震、暴雨和汛期,以防止大坝溃决造成人员伤亡。根据工程实践,本书提出了"降、封、削、固、反、导"的震损水库应急除险一体化技术。

5.1.1　震损水库降低水库水位技术

地震之后一般伴有余震,在短期内不可能进行除险加固,若发生在雨季和汛期,降低水库水位对保障大坝安全是比较稳妥的办法。

采用工程措施降低库水位的方法分为常规工程措施和非常规工程措施。常规工程措施为利用工程泄洪洞(管)泄洪、水泵排水、虹吸管排水,非常规工程措施为增加溢洪道泄流量及开挖坝体泄洪。

5.1.1.1　水泵排水

水泵排水的特点如下:水泵为常见的排水设备,一般市场均可购买;水泵规格型号较多,可根据不同的排水需要进行选择;由于其结构简单,操作简单且便于运输;水泵在社会建设中应用较为广泛,易于筹措;一般对下游建筑物不会产生冲刷影响。

由于水泵受排水量的限制,其排水强度不大,一般适用于库容较小的工程抢险中,并结合其他排水方法进行应用。

5.1.1.2　虹吸管排水

虹吸管排水的特点如下:虹吸管的应用原理比较简单,并广泛应用于水利工程中;虹吸管安装工艺简单,主材及配件较为普遍,一般市场均能购买,而且价格低廉;外塑料管较轻便、运输强度低,可采用人工搬运,对于地处偏僻、交通不便的病险水库尤为重要,拆卸方便,使用完毕可作为防汛物资储备;连接方式方便,可根据排水量及排水速度选择虹吸管的管径大小及组数。

由虹吸管的原理可知,管内的真空要有一定的限制,真空度一般限制在 7～8 m 水柱以下,因此进水口至最高点的高差不应超过 8 m。虹吸管排水一般适宜用于坝体高度较低的水库排水,对于中高坝水库排水,降低库水位的操作较为复杂。为了满足虹吸管的安装,需要挖槽以降低坝顶高程,其开挖面需要做好保护措施;虹吸管最好将出口延长至超过大坝外坡脚范围,并做好简单的消能设施。

5.1.1.3　增加溢洪道泄流能力

增加溢洪道泄流能力措施以增加溢洪道泄流断面面积、改善洪水出流条件为主,可通过下面两种方法实施:①增加溢洪道过水宽度,根据溢洪道所在的位置及型式,将溢洪道拓宽,增加泄流量。如位于山谷处的开敞式溢洪道,可对溢洪道两边进行开挖,增加溢洪道过水宽度。②降低溢洪道底高程应根据溢洪道的堰型确定选用的合适方法,对于人工筑建的实体堰,应先将堰体进行人工拆除;对于开敞式堰体,应结合溢洪道基础的工程地质条件状况,采用不同的工程措施,如人工爆破、开挖等。

溢洪道增加泄流断面后,其泄流量的增加幅度较大,可相对较为快速地降低库水位,特别是在还有后继洪峰的情况下,可以有效地控制库水位,缓解工程险情状况恶化。

该方法的应用以溢洪道工程结构状况为基础,只有当溢洪道工程结构合适的情况下,才能使用。拓宽溢洪道,增加泄流量只能在库水位高于溢流堰顶高程的情况下才能使用,而降低溢洪道堰顶高程、增加泄流量,一般只能将库水位控制在某一高程以下,却很难达到放空水库的效果,因此增加溢洪道泄流能力比较适合于上游还有来水的情况下,控制大坝水位的情况。

采用增加溢洪道泄流能力、开挖坝体等措施进行降低库水位时,应考虑下游坝脚的消能防冲保护;采用爆破形式开挖溢洪道时,应考虑工程安全及人员安全。

5.1.1.4　开挖坝体泄洪

开挖坝体泄洪亦称为破坝泄洪,即在大坝(副坝)坝顶合适部位开槽进行泄洪,坝顶开槽完成后,在槽内四周铺设土工膜、彩条带等防冲护面材料。应特别注意防冲材料的四周连接固定,以防被水冲走。有条件时可以采用钢管(如脚手架钢管)网格压住防冲材料,钢管网格采用锚杆深入坝体土中加固。

开挖坝体泄洪的特点是:可快速地降低水库水位;可采用大型机械设备进行施工,施工进度较快;可根据抢险所需控制水库水位高程。

在大坝出现严重险情时,考虑到下游保护对象的重要性,水库难以用简易措施在 3~5 d 内排除险情的情况下,可采用挖坝泄洪。在四川地震中形成的堰塞湖就是采用开挖坝体泄洪的方法排除险情的。

由于开挖坝体泄洪将对大坝产生一定的破坏作用,恢复原状则需花费一定的财力、物力。开挖坝体泄洪存在一定的风险,应考虑溃坝风险,因此要及时动态地掌握水库的库容、蓄水位,正确地确定除险方案和下游人员安全转移的范围。

当水库发生险情时,还应结合出现的险情,认真细致地进行综合分析,准确判断险情的成因,最终确定降低库水位的幅度与大小,并根据实际情况选用合适的一种或多种结合的迅速降低库水位的方法。

但是降低水位会对工农业生产和生活供水造成影响,所以在保障大坝安全的前提下,慎重采用降低水位运行措施,以尽可能兼顾正常生产生活用水的需要。水位的骤然下降会引起堤坝滑坡和崩岸,所以要控制水位下降速度,以防止引起坝坡的崩塌和滑坡。应根据工程进行有针对性的设计,如丰收水库在地震发生后,即停止向水库充水,开启放水涵,降低库水位至高程 628~629 m,放水时水位下降速度每天不宜大于 30 cm,水库保持在高程 628~629 m 低水位运行,收到了较好的效果。

5.1.2 震损裂缝的翻筑、换填、表面防护应急措施技术

5.1.2.1 翻筑、换填和表面防护应急技术

翻筑和换填是最常用的处置裂缝的措施。首先对裂缝部位挖槽,探明裂缝深度,形成一定宽度和深达裂缝底部的深槽,然后回填。回填土可以用挖槽取出的土。但如果取出的土与深槽两侧土体相比性状差别很大,则应该用合适的土料换填。为了保证填筑密实,应该分层填筑,每层厚度以 20 cm 为宜。控制土料的含水量为最优或略高于最优含水量。值得注意的是,禁止向槽内直接倒水,增加土料含水量,以免引起裂缝的进一步发展。

对于坝顶裂缝宽度大于 5 cm 的纵向裂缝处理方法为:

(1)在缝内用高塑性土挤压充填;

(2)沿裂缝方向向两侧对称开挖梯形槽,梯形槽底部宽度 50 cm,顶宽 80 cm,深度 50 cm,然后对槽底进行夯实处理;

(3)在槽内回填高塑性土后分层夯实,铺层厚度不大于 20 cm,直至完全将开挖槽回填平整;

(4)在夯实回填的槽顶再铺一层厚 15 cm 的较高塑性的土,夯实处理成龟背形。

对于下游坝坡裂缝宽度大于 5 cm 的纵向裂缝处理方法为:

(1)在缝内用高塑性土挤压充填;

(2)沿裂缝进行夯实处理;

(3)裂缝夯实处理后,在坡面填高塑性土夯实补欠,处理后的部位与坡面齐平。

对于坝顶和下游坝坡上裂缝宽度小于 5 cm 的纵向裂缝处理方法为:

(1)沿裂缝进行夯实处理;

(2)夯实处理完后再在表面铺一层塑性较高的土,坝顶夯实处理成龟背形,下游坝坡上与坡面齐平。

横缝处理方法为:

(1)沿裂缝方向在两侧对称开挖梯形槽,深 50 cm,梯形槽底宽不小于 30 cm,边坡坡比为 1:1,然后对槽底进行夯实处理;

(2)在槽内回填塑性较高的土,铺层厚度不大于 15 cm 的塑性较高的土,夯实处理成龟背形。

坝顶纵向裂缝封填处理完成后,在坝顶用复合土工膜进行完全覆盖,复合土工膜两侧固定并封闭密实,复合土工膜采用一布一膜,布上膜下放置,PE 膜、PVC 膜均可,采用针刺无纺布,规格为 100 g/m²,在复合土工膜上适量铺上覆盖保护。

下游坝坡纵向裂缝封填处理完成后,在夯实回填后的坡面上用复合土工膜沿裂缝进行条带覆盖,复合土工膜规格同上,复合土工膜宽度 100 cm,在复合土工膜上适量铺土覆盖保护。

所有横缝封填处理完成后,用复合土工膜进行完全覆盖,复合土工膜两侧固定并封闭密实,复合土工膜规格同上,在复合土工膜上适量铺土覆盖保护。

对裂缝部位进行翻筑和换填后,对槽口采用土工膜或塑料布等不透水材料进行防护,以防止雨水和地表水渗入槽内,进而造成裂缝的扩展。

5.1.2.2　混凝土建筑物裂缝修补应急技术

裂缝分为死缝、活缝和增长缝等三种。对不同裂缝需采用不同修补方法。对死缝可用刚性材料填充修补;对活缝则应用弹性材料修补,有时对活缝的修补选在引起活动的因素消除后再进行;对增长缝,首先必须消除引发裂缝增长的因素,否则修补后裂缝仍会继续出现。

国内外修补裂缝的方法很多,归纳起来有充填法、注入法、表面覆盖法。

充填法是一种适合于修补较宽裂缝的方法,具体做法是:沿裂缝处凿"U"形或"V"形槽,在槽中充填密封材料。充填材料可用水泥砂浆、环氧砂浆、弹性环氧砂浆、聚合物水泥砂浆等。

注入法分压力注入法(灌浆法)与真空吸入法两种。压力灌浆法适用于较深较细裂缝;而真空吸入法则是利用真空泵使缝内形成真空,将浆材吸入缝内,该法适用于各种表面裂缝的修补。灌浆材料有水泥浆材、普通环氧浆材、弹性环氧浆材、弹性聚氨酯浆材、水溶性聚氨酯浆材等。

表面覆盖法是一种在微细裂缝的表面上进行处理,以提高防水性及耐久性为目的的修补方法。分涂覆和粘贴两种方法。表面涂覆通常采用弹性涂膜防水材料、聚合物水泥膏等;表面粘贴通常采用聚合物薄膜等材料。

1. 冒水裂缝修补

以混凝土底板为例,对有裂缝且裂缝有渗水的反拱底板进行水下沿缝凿槽,采用混凝土嵌缝后,向裂缝内灌注水溶性聚氨酯,使之在周边密封的水环境中进行发泡膨胀,有效地形成弹性体而充实裂缝,达到封缝堵漏和固结补强的目的。

底板清理干净后,水下骑缝凿"U"形槽,在槽内钻灌浆孔,两端钻缝边孔,清槽(孔)后,嵌槽封缝,埋设灌浆管。灌浆前,检查压浆泵是否满足压浆要求,进浆管道是否畅通,并压清水清缝。灌浆时,均匀、连续不断地施压,压力按设计要求控制在 0.1~0.15 MPa,并摄像监控;待出浆孔开始大量出浆(雾状物)后,将出浆管管口扎紧,保持压力闭浆 2~3 min,移至下根进浆管压浆,第一次灌浆 24 h 后,再对裂缝进行二次灌浆。为了减少河口水位变化对灌浆的影响,上游侧裂缝灌浆选择在上游水位略高于下游水位或相平时;下游侧裂缝灌浆选择在下游水位略高于上游水位或相平时进行,从而使浆液易于挤压密实,提高灌浆质量。

2. 一般裂缝修补

对无渗漏现象的反拱底板裂缝采用涂层封缝堵漏措施。底板冲洗干净后,将沿缝 20 cm 宽的混凝土打毛处理,露出粗骨料,用高压水将渣屑冲干净,按设计要求在沿裂缝 20 cm 宽的范围内涂刷三遍砂浆。每层厚度控制在 0.5~1 cm。层间间隔时间 4~5 h。

5.1.3　震损水库削坡、培厚、固脚技术

对于坝坡过陡,且已经出现裂缝的土石坝,除裂缝处理外,还可以通过上部削坡、下部固脚及坝坡培厚的方式放缓坝坡。上游坝坡水下部分可以抛石固脚。水面附近和水上部分可以用塑料编织布作为临时护坡措施,防止浪蚀和雨水的冲刷。对震损严重的水库,还应计算分析裂缝产生的原因,论证除险措施。

对于已出现的浅层滑坡,应开挖至滑动面以下一定的深度,根据坝坡形态或坡比要求,结合固脚和加培方案决定是否需要回填。

对于已产生崩塌的坝坡,应挖除卸荷影响带,尤其是崩塌坡面附近垂直裂缝范围的土体,然后根据坝顶宽度和坝坡形态要求,进行回填和培厚。

坝体削坡是土石坝工程施工中重要的工序。预留削坡余量是保证坝体坡面压实质量的一种有效施工方法。削坡余量主要视坝坡坡度、铺料厚度而定,另外也受到回填料的特性和所用施工机械性能的影响。削坡余量的预留决定坝体削坡的施工进度和质量,并最终影响工程效益。削坡余量预留大,工程施工进度慢;反之,削坡余量预留小,工程施工进度快。削坡余量预留大,工程压实质量好;反之,削坡余量预留小,工程压实质量差。削坡余量预留大,增加了较多的额外回填和削坡工程量,扩大成本投入,降低工程效益;反之,削坡余量预留小,减少了一定的额外回填和削坡工程量,降低成本投入,增加工程效益。只有合理地确定削坡余量,才能够有利于加快工程施工进度,保证压实质量,并最终取得较好的工程效益。

在工程施工过程中,通过合理地分析,确定了适宜的削坡余量后,必须进行严格的控制管理。这样,才能确保既定方案得以实施,从而确保工程施工在进度、质量和经济效益等方面取得好的效果。在白龟山水库除险加固工程中所采取的具体措施有:明确施工操作标准,要求施工人员严格执行。坝体上游坡回填土料的削坡余量定为 60 cm,铺料厚度为 30 cm;下游煤矸石或混合回填料的削坡余量定为 100 cm,铺料厚度为 50 cm。测量技术人员严格按照确定的削坡余量,进行施工放样,并在上料回填施工中跟踪复测。若发现回填偏差,及时向施工人员指出,要求改正,保证工程的施工质量。施工技术人员坚守岗位,指挥和协调操作工人,严格按照既定的削坡余量进行回填、压实和削坡。加强操作工人责任意识的教育,实行岗位责任制,制定考核标准,实行奖罚制度,确保所制订的施工方案得以实施。

5.1.4　震损水库的反滤和导渗技术

当渗漏量明显增加,尤其是持续出浑水时,在出水口及其附近一定范围内采用砂砾石料反滤,是防止渗透变形进一步扩展的有效措施。当下游坝坡散浸范围明显增大,或出逸点明显升高时,有必要在散浸范围内开挖导渗沟,回填砂砾石反滤料,以降低坝体内的浸润面,提高坝坡的稳定性。

反滤层是排水设备的主要组成部分,其作用是滤土排水,保护地基土及堤坝土体,避免土粒被渗流带出,防止渗流逸出处遭受渗透破坏以及渗流造成的表面水流冲刷,对有承压水的地层还起压重作用。

反滤层要求被保护的土层不发生渗透变形,其颗粒不应穿过反滤层被渗流带走,反滤料本身应为非管涌材料;透水性应大于被保护土,并能将渗透水流畅通排出;反滤层粒径较小的一层颗粒不应穿过较大一层颗粒的孔隙;每一层内的颗粒不应发生移动;特小的颗粒允许通过反滤层的孔隙被带走,但不得堵塞反滤层孔隙,也不破坏原反滤料的结构。耐久、稳定,在较长时期不会随着时间的推移和环境的影响而改变滤层的性质。

首先将沼泽化的覆盖层清除整平,再铺设土工布滤层,确定土工布的有效孔径;土工布上铺设细砂、粗砂、碎石各一层;最后干砌石封顶保护,并设排水暗沟将渗水集中后,由排水明沟排至两个量水堰,测流后顺河道排走。为便于掌握渗水压力,在排水体脚及排水暗沟前各设一只坝基测压管。

反滤层要求每层不应小于反滤材料中最大粒径的 5 ~ 8 倍。为便于施工,厚度不应小于 20 cm。应用土工织物一般只需 1 ~ 3 mm 厚度。同时,为了确保工程效果,增加压重可以厚一些。从被保护土层起,由细到粗,分层排列,反滤层布置尽量与渗流流出方向垂直。

被保护土壤的颗粒不应经反滤层带走,开始发生渗流时可以允许很细的颗粒带走;反滤层任何一层的颗粒不应穿过下一层较大颗粒间的孔隙;每层内颗粒不发生移动;反滤层不应被阻塞,特别应防止施工运料时和雨水冲刷的泥土堵塞反滤层。

反滤料应满足级配要求,并符合透水性要求,质地应致密坚硬,具有高度的抗水性和抗风化能力。风化料一般不能用作反滤料,如必须应用时应进行充分论证。反滤料宜尽量利用天然砂砾料筛选,在缺乏天然砂砾料时,也可以采用人工砂石料,但应选用抗水性和抗风化能力强的母岩轧制。不能用风化的和不清洁的砂石料。反滤层可以用人工的或天然的级配料。采用人工筛选的级配料粒径应满足规范要求。

铺反滤层前,应采用挖除法将基面整平,对个别低洼处采用与基面相同的土料或第一层反滤料进行填平,保证反滤层的效果良好。还应做好场地排水,设好样桩,备足反滤料。铺筑时应由底部向上逐层铺设,并保证层次分明,互不混杂,滤料不得从高处顺坡倾倒,以免发生填筑分离。铺筑中一定要按设计要求进行施工,保证层数、层厚和砂石材料达到质量要求。分段铺筑时,应使接缝层次清楚,不得发生层间错位、缺断、混杂等现象,否则会造成这些部位反滤功能的失效,极有可能形成隐患。坡度陡于 1:1 的反滤层施工,由于滤层料铺放不稳,很难按设计要求铺匀,所以必须用挡板支护铺筑。在已铺筑反滤层的工段,应及时铺筑上层工料,并严禁人车通行。在施工中还应防止雨水冲泥,保证反滤料不受污染。

反滤层必须进行压实,保证所填铺砂石反滤材料的密度。施工中可采用干容重指标来评定。下面一层材料的干容重达到要求后,方可进行上面一层材料的填铺,控制好每层都达到设计的干容重。为达到要求的干容重,在施工时,可采用机械震动设备。

为了保证土工织物的强度和稳定性,对其要求做刺穿抗力试验、静水胀裂试验、条带拉力试验、咬合拉力试验、抗撕裂强度试验等;土工织物孔径不可太大,要保证被保护颗粒不会发生有害的流失;孔径不可太小,以免织物的孔隙被土颗粒堵塞,或在织物上游面(渗流流入面)形成一层泥饼,使织物失去其排水作用,不会发生层面方向的渗流。施工时应注意,片与片之间可用搭接或焊接。搭接长度至少需 1 m,焊接用低温气焰。火焰距土工织物面约 20 cm,焊接宽 1 010 cm,焊接要不断踩压。土工织物必须仔细做好锚固和保护。

除上述应急措施外,还应及时做好疏导工作,包括及时修建进库道路,做好溢洪道的疏通工作,凿除溢洪道进水口混凝土土坎,清挖溢洪道内杂草、淤泥、碎石等所有杂物。

5.2　震损水库除险修复技术

震损水库"削、固、挖、填、灌、截"除险修复技术。

在地震发生后,该震区对 376 座水库进行调查,有 89 座水库发生了不同程度的滑坡灾害,可见滑坡是水库地震后的主要灾害之一。

5.2.1　震损滑坡修复"削、固"技术

产生滑坡的基本原因是滑动力的增加与抗滑力的不足,滑动力与抗滑力取决于坝体或坝基内孔隙水压力以及坝料性质,即与孔隙水压力有关的抗剪强度。滑坡加固,在于减少滑坡体上部陡峻的主动滑动区段的重量,以减小下滑力,而在滑坡体前缘加重压坡,以增加抗滑力,从而由原来的陡坡改为缓坡,上削下压,通过稳定计算,确定合理的加固设计坝坡。

清理坝基及岸坡时,应将树木、草皮、树根、乱石等全部清除,对泉眼、洞穴、地道、水井等应认真做好处理。对坝基和岸坡的粉土、细砂、淤泥、腐殖土、泥炭,都应按设计要求清除。对风化岩石、坡积物、残积物、滑坡体等,按设计要求处理。严禁在水下填土。

分段填筑时,应防止漏压、欠压和过压。上下层分段的位置应予错开。分段碾压时,顺碾压方向的搭接长度应不小于 0.3 ~ 0.5 m,垂直碾压方向的搭接宽度应为 1 ~ 1.5 m。

防渗体及均质坝的横向接缝的结合坡度不应陡于 1∶3,高差不宜超过 15 m。填土与岩石面直接结合时,应清除岩石面上的泥土、污物、松动岩石等。应将岩石面节理、裂隙缝口冲洗干净,灌入水泥浆或水泥砂浆或混凝土,堵塞和捣实缝口,对节理、裂隙发育、渗水严重的岩石,应浇筑混凝土盖板或喷混凝土、喷水泥砂浆,必要时进行固结灌浆。对填土前的混凝土面应用钢丝刷等工具清除其表面的乳皮、粉尘、油毡等,并用风枪吹扫干净。混凝土面或岩石面上填土时,应洒水湿润,边涂刷浓泥浆、边铺土、边夯实。泥浆的质量比为 1∶(2.5 ~ 3.0)(土∶水)、涂层厚度 3 ~ 5 mm,裂隙岩石面上涂层厚度为 5 ~ 10 mm。严禁泥浆干固后铺土和压实。

排水设备堆石料应分层进行,靠近反滤层处用较小石料,外坡表面用较大石料。每层填筑厚度以 0.5 ~ 1.5 m 为宜,使其稳定密实。堆石上下层面应犬牙交错,不应有水平通缝。两段相邻堆石的接缝,应逐层错缝。

坝体与山坡交接处应按设计要求设置排水沟,以拦泄山体和坝坡的径流。

护坡石料应选用质地坚硬、不易风化的石料,其抗压强度、抗水性、抗冻性、尺寸均应符合设计要求。上游块石护坡的砌筑应做到错缝竖砌,紧靠密实,塞垫稳固,大块封边。采用砂浆勾缝时,应预留排水孔。下游草皮护坡应选用易生根、能蔓延、耐旱的草类,铺植均匀。不得采用白毛根草,以免招白蚁。无黏性土的护面,应先铺一层腐殖土,再种草皮。

例如丰收水库滑坡加固是将坝基下淤泥质粉质黏土及上游坝脚范围内的水库淤积物全部清除,将坝基碾压后再填筑坝体。岸坡段开挖边坡为 1∶2。

5.2.2　震损滑坡施工质量检查要点

要保证施工质量达到设计标准、工程安全可靠与经济合理,应严格执行施工质量检查与管理。

坝体填筑质量应检查以下内容:

(1)各填筑部位的坝料质量。防渗体压实控制指标为干重度和含水量;反滤层、过渡层、砂砾料、堆石等的压实控制指标采用干重度。必要时进行相对密度校核。

(2)防渗体每层铺土前,压实土体表面刨毛、洒水湿润情况。

(3)铺土厚度和碾压参数。

(4)碾压机具规格、重量、气胎压力等。

(5)随时检查碾压情况,判断含水量、碾重等是否适当。

(6)有无层间光面、剪力破坏、弹簧土、漏压或欠压土层、裂隙等。

(7)坝体与坝基、岸坡、刚性建筑物等的结合,纵横向接缝的处理与结合,土砂结合等的压实方法及施工质量。

(8)与防渗体接触的岩石面上的石粉、泥土以及混凝土表面的乳皮等杂物清除情况。

(9)与防渗体接触的岩石面或混凝土面上是否涂刷浓泥浆或黏土水泥砂浆等。

(10)坝坡控制情况。

坝体压实取样测定的干重度合格率应不小于90%,并且不合格样不得集中,不合格干重度不得低于设计干重度的98%。

雨季施工,应检查施工措施落实情况。雨前应检查坝面松土表层是否压实和平整。雨后复工前,应检查填筑面上土料是否合格。

负温下施工应检查以下内容:

(1)填筑面防冻措施。

(2)冻块尺寸、冻土含量、含水量等。

(3)坝体已压实土层有无冻结现象。

(4)填筑面上冰雪是否清除干净。

砌石护坡应检查以下内容:

(1)石料质量及块体重量、尺寸、形状是否符合设计要求。

(2)砌筑方法和质量,抛石护坡石料是否有分离,块石是否稳定等。

(3)护坡块石的厚度。砌石护坡或混凝土护坡时应检查垫层的级配、厚度、压实质量、接缝及排水孔质量等。

反滤层铺筑前,对坝基土应进行以下各项试验:

(1)对黏性土的天然干重度、含水量及塑性指数等稠度试验。塑性指数小于7时,进行颗粒大小分析。

(2)对无黏性土的颗粒大小分析与天然干重度试验。排水反滤层填筑过程中,各层间的取样位置应彼此对应,所取样品应进行颗粒大小分析,检查是否符合设计要求。

5.2.3　裂缝修复处理措施

对震区 376 座水库的调查表明,有 319 座水库发生了不同程度的裂缝灾害,可见裂缝是水库地震后的主要灾害之一。

发现土石坝裂缝后,应通过坝面观测、开挖探槽和探井,查明裂缝情况,包括形状、宽度、长度、深度、错距、走向及其发展。根据裂缝观测资料,针对不同性质的裂缝,采取不同的加固处理方法:①对于纵向沉降裂缝,可用无黏性的细粒土回填,且坝的沉降未稳定前,最好不要把坝面掩盖住,以便观察有无裂缝出现。②防渗体中产生的横向裂缝很危险,往往在表面看不到。对于此类裂缝,应沿缝挖槽,用不透水土料回填。较厚过渡层的裂缝,由于由无黏性坝料组成,此种裂缝能自行愈合。③穿过坝顶的斜裂缝大多是坝址地质不对称而产生的。此种裂缝是张裂型的,宜多加小心。

5.2.3.1　震损裂缝修复"挖、填、灌"技术

地震过后,水库裂缝加固处理采用开挖回填、裂缝灌浆以及两者相结合的方法。

1. 震损裂缝开挖回填技术

采用开挖回填方法处理裂缝,较为彻底。一般适用于深度不超过 5 m 的裂缝。对于贯穿的裂缝,应先考虑开挖回填。开挖时采用梯形断面,使回填部分与原坝体结合较好。裂缝较深时,为了便于开挖和施工安全,可挖成梯形坑槽。回填时逐级削去台阶,保持斜坡与填土相接。对于贯穿的横向裂缝,还应开挖十字形坑槽。

开挖前,裂缝内灌入白灰水,以利于掌握开挖边界。开挖深度应比裂缝尽头深 0.3 ~ 0.5 m,开挖长度应比缝端长 2 m 以上,槽底宽度 0.5 ~ 1.0 m,过窄不利于施工。边坡应满足稳定和新老填土结合的要求。不同土料应分别堆放,但不应堆在坑边。开挖后应保护坑口,避免日晒雨淋或冻融。回填土料应与原土料相同,其含水量略大于塑限。回填前应检查坑槽周围土体含水量。如偏干,应将表面洒水湿润。如表面过湿或冻结,应清除后再回填。回填应分层夯实,严格控制质量,并采取洒水、刨毛等措施,保证新老填土很好结合。

例如,黄水沟震损水库坝顶裂缝处理方法如下:挖除裂缝较多、受损严重的坝顶以下 3 ~ 5 m 厚度的坝体填筑土,重新碾压填筑,黏土回填分层夯实。

2. 震损裂缝灌浆技术

对坝内裂缝和非滑坡的较深表面裂缝,由于开挖回填的工程量大,可采用黏土(或水泥黏土)灌浆。灌浆过程需经过钻孔、冲洗、压水试验、灌浆、质量检查等工序。一般采用重力灌浆或压力灌浆方法。重力灌浆仅靠浆液自重灌入裂缝。压力灌浆除浆液自重外,再加压力,使浆液在较大的压力下灌入裂缝。灌浆的浆液可用纯黏土浆,也可用水泥黏土浆。纯黏土浆与坝体填土的性能较适应,但掺水泥可加快浆液的凝固和减少浆液的体积收缩。水泥黏土浆凝固后,与坝体适应差,而黏土浆同样可固结,与坝体形成整体。浆液的稠度一般为 1:1 ~ 1:2.5(水:固体)。在保证良好的灌入的前提下,应遵循由稀到稠的顺序,以保证质量。压力灌浆时,要适当控制压力,防止坝体发生较大的变形,但压力较小,又不能达到灌浆效果。重力灌浆时,灌入表面较深的裂缝,可抬高泥浆桶,取得灌浆压力。但在灌浆前必须将裂缝表面开挖回填厚 2 m 以上的阻浆盖,防止浆液外溢。对一些

坝灌浆后的检查表明:①浆液对裂缝具有很高的充填能力;②浆液与缝壁紧密结合;③无论是浆液本身,还是浆液与缝壁的结合面或裂缝两侧土体中,没有发现新的裂缝。

例如白水湖水库,根据坝顶 0 +040 ~0 +112 灌浆试验资料,分析坝体内应存在内部裂缝,在沿坝轴线向上游侧偏移 1.5 m 位置(距坝顶纵向裂缝 1.5 m),全坝线灌浆在 0 +010—0 +160 段布设单排灌浆孔,共 76 孔,孔底伸入相对隔水层以下不小于 1.5 m,对该段坝体进行充填式灌浆,使浆液充填裂缝,同时挤密裂缝周围的坝体填土,达到堵塞裂缝加固坝体的目的。灌浆材料采用水泥黏土浆(质量比,水泥∶黏土 =1∶3),稠度 1.3 ~1.1,灌浆压力不大于 0.05 MPa。充填灌浆孔距均为 2 m,分为 2 序灌浆(按逐序加密原则),即按Ⅰ、Ⅱ序孔钻灌,Ⅰ序孔孔距为 4.0 m、Ⅱ序孔孔距 2.0 m。为保证细小裂缝能够灌入浆液,并减小体积收缩,应先灌稀浆后灌浓浆,以提高灌浆质量。根据左坝肩综合楼至溢洪道闸室段山体渗漏情况及钻孔简易压水试验资料,在坝左肩综合楼至溢洪道首部段(0 –053—0 –085 段)布设单排灌浆孔,共 17 孔,孔底伸入相对隔水层以下不小于 5 m,对该区域正常蓄水位(661.0 m)以下岩体进行帷幕灌浆,将浆液灌入岩体裂隙形成阻水幕以减小渗漏。灌浆材料为纯水泥浆,灌浆压力 0.2 ~0.4 MPa。帷幕灌浆孔距均为 2 m,分为 2 序灌浆(按逐序加密原则),即按Ⅰ、Ⅱ序孔钻灌,Ⅰ序孔孔距 4.0 m、Ⅱ序孔孔距 2.0 m。为保证细小裂缝能够灌入浆液,并减小体积收缩,应先灌稀浆后灌浓浆,以提高灌浆质量。

采用灌浆加固处理方法时应注意:①对于还没有作出判断的纵向裂缝,不应采用灌浆方法加固处理;②灌浆时应防止浆液堵塞反滤层和进入测压管,影响滤土排水和浸润线观测;③雨季或库水位较高时,由于泥浆不易固结,一般不宜进行灌浆;④灌浆过程中应加强观测,如发现问题,应及时处理。

3. 回填与灌浆相结合

在对非滑坡的较深表面裂缝进行加固处理时,可用表层开挖回填和深层灌浆相结合的办法。开挖深度达到裂缝宽度小于 1 cm 处后,进行钻孔,孔距 6 m,孔深 2.6 m。预埋管后回填阻浆盖,灌入黏土浆,比重 1.4 ~1.5,灌浆压力 70 ~100 kPa,取得较佳效果。具体可根据震损程度进行设计。

例如曹家水库震损裂缝处理,采取了浅层裂缝开挖回填、充填式灌浆全孔灌注技术,在坝体开裂处采用表层开挖回填,单排深层灌浆,开挖回填与灌浆相结合。先开挖 1.0 m深后立即回填黏土并逐层夯实,然后在回填面上打孔进行灌浆,灌浆方式自下而上,灌浆浆液为水泥黏土混合浆液,终浆比例采用 2∶10,灌浆孔间距为 2 m,灌浆压力由现场试验确定,灌浆深度为进入裂缝下 2 m。

4. 化学灌浆技术

化学灌浆是紧密结合生产实际的一门边缘科学,是 20 世纪 40 年代之后,随着石油化工的发展而发展起来的高分子化学的一个应用领域。化学灌浆的理论和实践是在土力学、岩石力学、工程地质、流体力学和材料科学基础上建立和发展起来的。灌浆材料分两大类:一是悬浮固体颗粒溶液,如黏土浆和水泥浆;二是真溶液,亦称化学浆。黏土水泥浆是较早使用的灌浆材料,这类材料的灌入能力明显地受到粒径尺寸的限制。一般认为浆材粒径必须小于被灌体孔隙或裂隙尺寸的 1/3 ~1/10,才能在合理的压力和速度条件下渗入地层,而不破坏地层结构。因此,早期的粒状浆材只能灌入 $K > 10^{-1} cm/s$ 的粗砂地层和宽度 >3 mm 的裂缝,而化学浆能渗入更细的裂缝,继水泥浆之后化学灌浆已成为基础工程、大坝基础防渗加固处理、水工混凝土建筑物裂缝处理和地下工程施工处理的重要手段,是水泥灌浆的补充和发展。

化学灌浆是在水泥等粒状灌浆材料应用基础上发展起来的。20 世纪初,美国大规模应用水泥灌浆于大坝工程处理,大量的水泥和水泥黏土浆被用于坝基岩层加固和建造防渗帷幕。化学灌浆的历史较短,20 世纪 50 年代后随着有机化学的发展,美国于 1951 年研制出了丙烯酰胺浆材(AM – 9)、日本于 1963 年研制出同类产品(日东 – ss)、我国于 1965 年投产(丙凝)。20 世纪 50 ~ 80 年代是化学灌浆发展最快的时期,先后开发出丙凝、丙强、甲凝、木质素、尿醛树脂、聚氨酯、水溶性聚氨酯、环氧树脂、不饱和聚酯树脂、丙烯酸盐、酸性水玻璃等化学灌浆新材料。近年来,已研制出聚氨酯类、环氧树脂类、脲醛树脂类、甲基丙烯酸酯类、丙烯酰胺类、水玻璃类、木质素类数十种新的浆液材料。并且为适应化学灌浆的需要,还研制了手摇泵、隔膜泵和其他形式的计量泵,以及可控硅调速齿轮泵、液压调速泵、特殊灌浆塞、混合器等一系列化学灌浆设备。

化学灌浆的应用范围较广,在水利工程中主要用于防渗堵漏和补强加固,大致有两个领域:大坝基础防渗帷幕和基础加固;混凝土坝及混凝土建筑物裂缝补强灌浆及加固处理。

我国的化学灌浆起步较晚,1954 ~ 1956 年中国科学院化学所和有关部门开始土壤硅化电化学加固的研究工作。1958 年为三峡工程做准备,建立了岩基专题研究组,提出深覆盖层防渗补强和坝体混凝土裂缝补强加固两大课题,并入了我国"十二年科学发展规划"。1959 年 5 月在京召开了有关专家灌浆座谈会,随后提出研究报告,指出了木质素磺酸钙对水泥浆有分散作用,同时还指出硅酸盐、环氧树脂、甲基丙烯酸甲酯等材料有灌浆应用前景。又由于青铜峡、丹江口等大型水电工程的建设,迫切需要化学灌浆,各方面加强了研究工作,20 世纪 60 年代研制出了丙凝、甲凝和环氧树脂浆材,并用于大坝基础和混凝土裂缝灌浆处理,70 年代开发了聚氨酯系列浆材,80 年代开发了丙烯酸盐和酸性水玻璃。为了总结化学灌浆的成果,交流经验,从 1968 年起水电系统举办过七次全国性的化学灌浆学术交流会。近几年岩石锚固与灌浆工程协会还组织过大型的国际学术交流会,这些交流会的文献资料全面总结了各种化学灌浆材料及其在水电、煤炭、冶金、交通、建筑和石油等方面的工程应用。目前基本上国外使用的材料,国内都有相应的产品。在水电系统中许多大的水电工程坝基帷幕灌浆,均进行了先水泥灌浆、后化学灌浆,规模较大的如丹江口大坝的裂缝处理,其工程规模和技术水平在世界化学领域都称得上先进水平。

化学灌浆已形成了一个初具雏形的产业。混凝土裂缝处理、基础工程防渗加固处理都在应用化学灌浆技术,但是目前还缺乏行业的标准和技术规范,使设计和质量检查都难以控制。

1)裂缝防渗灌浆区的界定

对于裂缝灌浆处理,不可能也不应当对全部裂缝界面都进行灌浆,尤其采用化学浆液时,对裂缝全界面灌浆,从技术和经济上分析都不尽合理,全界面灌浆势必增加钻孔密度,对母体混凝土损伤较大,同时增加材料用量,加大投入,化学材料的高强度与抗渗性能也得不到充分发挥。因此,在对裂缝进行防渗处理时,应采用区域灌浆方法。防渗灌浆区域如何确定呢?这就提出了防渗灌浆区的界定问题。由于各工程处理对象和目的不同,对防渗灌浆区的界定也不尽相同,对此尚无统一认识,但水工设计都要遵循"上堵下排"的原则。

2)灌浆孔(盒)的布设

灌浆防渗区域确定之后,就是确定灌浆孔(盒)的布设问题,也就是确定孔位(孔距、排距等参数),其中最关键、最基本的参数是单孔的行浆范围,也就是行浆半径。

在现代灌浆中,各国对水泥灌浆进行了大量的试验和理论研究,而对化学灌浆所见资料较少,但根据具体工程实践,有些不妨进行借鉴或延伸。根据现代灌浆技术的研究,浆液可分为牛顿体和宾汉体两种。只有黏度而没有内聚力特性,服从牛顿定律称牛顿体;具有黏度和内聚力特性的属宾汉体。根据现场用平板内聚力仪测试,可以视其浆液为宾汉体,符合黏塑性流体的规律。这样可根据力的平衡表示出缝中最大扩散半径。

3)灌浆试验

在正式组织大范围内的施工之前,先进行小范围的生产性试验,以寻找合适的化学灌浆材料与摸索可行的施工工艺,为正式施工提供资料。试验分为室内试验和现场试验两部分。

室内试验包括灌浆浆液性能、可灌性、黏结试验。现场试验目的是采用水溶性聚氨酯灌浆处理廊道内裂缝的防渗、漏水问题。

5.2.3.2　震损裂缝分类

1. 横向裂缝

横向裂缝与坝轴线垂直或斜交,它是最危险的裂缝,可能形成集中渗流的通道。一般情况下,它源自坝顶防浪墙或路缘石的开裂。这种裂缝是坝肩部分与河谷中心部分的坝体不均匀沉降造成的。

沿坝轴线方向坝基的地质不同。当较高坝体以下的坝基是可压缩的地基土,如高压缩性土或湿陷性黄土,而坝肩是陡峭而相对不可压缩的岩石时,就发生最坏的裂缝。

坝基为均一地质,但地形变化大,如岸坡台地边坡过陡,与土坝交接处,填土高差过大,压缩变形不同,容易出现横向裂缝。

土坝与刚性建筑物(如溢洪道导墙)结合的坝段,由于出现较大的不均匀沉降而引起横向裂缝。

坝体内埋输水涵管的坝段,由于输水涵管两侧坝体填土高度不同而出现不均匀沉降,在相应部位的坝顶处有可能出现横向裂缝。

2. 纵向裂缝

纵向裂缝是与坝轴线平行的裂缝,它们不是危险的,但是它们经常发生。这种裂缝是坝体与坝基的不均匀沉降或者由于滑坡造成的。

碾压土质心墙两侧为较松的坝壳,坝壳竖向位移大于心墙竖向位移,对心墙产生切力,引起心墙的纵向裂缝。

3. 内部裂缝

除上述裂缝外,在坝面上还有不能看到的另一类裂缝,它们出现于土石坝坝体内部。有的贯穿上下游,可能形成集中渗漏通道。由于是隐蔽裂缝,事先未能发现,因此危害性很大。

5.2.3.3 裂缝的控制与预防

1. 裂缝的控制

控制裂缝产生的有效办法有以下几种:

(1)采用宽的过渡层或宽的良好级配反滤层。

(2)对坝基和两岸坡进行专门处理,以期减少不均匀沉降。

(3)将位于陡峭岸坡之间的坝在平面上布置成拱形。

(4)对坝体的不同部位或断面,要调整施工次序。

(5)对有问题的坝料,要用专门的填筑方法。

(6)充分压实坝壳堆石体,避免与防渗体连接的地方产生拉应力。

2. 裂缝的预防

裂缝是坝体的集中渗流通道与滑坡的前兆,预防裂缝发展的办法有以下几种:

(1)对干缩与冻融裂缝,土坝建成后,坝坡和坝顶上及时铺设砂性土保护层。在施工中填筑中断时,应在填土表面铺筑松土或砂土作临时性保护。

(2)为防止发生不均匀沉降而导致裂缝,当土石坝的岸坡过陡或有悬崖、倒坡和突出的小山包时,应使岸坡大致平顺,不应成为台阶状、反坡或突然变陡。岸坡上缓下陡时,凸出部位的变坡角应小于20°。岩石岸坡一般不陡于1:0.75,土质岸坡一般不陡于1:1.5。岸坡有峭壁或倒坡修削困难时,可用混凝土或浆砌石填补。

(3)除改造岸坡和河床基岩的形状外,还应选择适宜的填筑标准以及在施工中严格控制填土的压实质量,使填土不产生引起坝体裂缝的大量不均匀沉降。

(4)为了减少不均匀沉降,对坝基中软弱层,应考虑挖除。挖除有困难时,对软黏土层,可考虑打砂井和填土预压,对湿陷性黄土,可预先浸水和填土预压。

(5)在混凝土防渗墙或埋管顶部,可填筑一定高度的高塑性黏土,增大竖向位移,防止该部的挤压裂缝。

(6)填土施工中应保证填土均匀压实,防止漏压、欠压和过压而造成局部不均匀土层。

5.2.4 震损水库渗漏修复截渗措施

库水在水力作用下沿着土石坝坝体、地基及坝端两岸渗向下游,发生下游坝体、坝基及岸坡的渗漏。土石坝渗漏有的渗流量小、水质清澈可见,不含土粒,不会造成渗流破坏;有的渗流量较大,较集中,水质浑浊,使下游坝体、坝基与岸坡发生渗流破坏,如管涌和流土;还有接触冲刷和接触流失。

(1)流土是在渗流出口无任何保护措施以及在上升渗流作用下,局部土体的表面隆起、浮动或一粒群同时起动流失的现象。粉粒土体或均匀砂土发生隆起和浮动,不均匀砂性土发生一粒群同时起动流失。

（2）管涌是在渗流作用下土体内细粒在孔隙通道中移动,并被带出土体以外的现象。砂砾石层中常发生此现象。

（3）接触流失是在层次分明、渗透系数相差很大的两层土内,垂直于层面的渗流将细粒层内细粒带入粗粒层的现象。接触流失可以是单个颗粒进入邻层,也可以是粒群同时进入邻层,故包括接触管涌与接触流土。

（4）接触冲刷是渗流沿着两种不同粒径组成的土层层面带走细粒的现象。在工程上沿着两种介质界面的冲刷都属于接触冲刷,如建筑物与地基、土坝与涵管之间的接触冲刷。

渗流控制加固技术方面,除砂砾石地层水泥黏土灌浆帷幕、泥浆槽防渗墙和自凝灰浆防渗墙外,还有混凝土防渗墙（倒挂井法）、高压喷射灌浆防渗板墙及黏土防渗墙（机械造槽法、套孔冲抓法）等垂直防渗措施的加固技术和土工织物防渗排渗加固技术。

5.2.4.1　混凝土防渗墙施工技术

混凝土防渗墙是透水体防渗处理的一种有效措施。混凝土防渗墙是利用专用的造槽机械设备营造槽孔,并在槽内注满泥浆,以防孔壁坍塌,最后用导管在注满泥浆的槽孔浇筑混凝土并置换出泥浆,筑成墙体。墙体既可以做成刚性的,也可以做成塑性的、柔性的。前者主要用于工业民用建筑中基础部分的承重和挡土,后者则广泛应用于江河、湖泊、水库堤坝的防渗加固。科学调整混凝土配合比和选用新型防渗材料,可适应不同的坝体应力应变要求,而建造低弹模、塑性、柔性连续墙。

用黏土和膨润土取代普通混凝土中大部分水泥而形成的一种柔性的墙体,称为塑性混凝土防渗墙。如果说黏土混凝土防渗墙材料是黏土部分取代水泥的话,那么塑性混凝土材料是黏土和膨润土取代大部分水泥,因而墙体柔性大,更能适应土体变形,并且节约水泥,降低成本,克服了刚性混凝土防渗墙与主体弹性模量差异过大,不适应土体（地基和坝体）变形的缺点,包括产生负摩擦力、应力大、极限应变小、墙与土脱开和墙体断裂等。其和易性、稳定性均好于普通混凝土;初、终凝时间较长,对输送和浇筑有利;弹性模量与土体相近或差异不大,与土体变形协调性好;防渗性能有保证,耐久性也好;比普通混凝土、粉煤灰混凝土、黏土混凝土防渗墙都节约水泥,因而成本可大大降低。其缺点是防渗墙材料配合比试验,工艺掌握和质量控制要求很严格;凝结体的抗渗坡降有所降低,一般小于混凝土、粉煤灰混凝土、黏土混凝土防渗墙。

塑性混凝土配合比设计和施工应注意事项:按胶凝材料组成不同,塑性混凝土可分为黏土塑性混凝土、膨润土塑性混凝土、黏土 - 膨润土塑性混凝土;塑性混凝土配合比设计一般为 28 d 强度,综合考虑变形模量和抗渗指标。强度应考虑防渗墙强度增加值和保证率,由于黏土、膨胀土的性质不够均匀,所以应用较大的增加值和保证率;水泥适宜用量 80 ~ 200 kg/m。强度要求高取上限,反之用下限。当 $R_{28} > 10$ MPa 时,水泥用量为 300 kg/m 左右,水泥标号不小于 32.5 级,最好采用较高标号;黏土应采用黏粒含量不小于 25% 的无块状、无有机物的均质土,干法掺土应粉碎;用湿法掺土比较好,即先制成泥浆,然后掺入。掺量一般为水泥质量的 2.0 ~ 3.0 倍,水泥多用上限,反之用下限;弹强比小用上限,反之用下限;一般黏土的可塑性不如膨润土,可以再加膨润土取代部分黏土和改善黏土性质,双掺比单掺效果好;膨润土,一般用钠质膨润土,其性质较黏土好,但价格较贵,所以很少用膨润土塑性混凝土防渗墙,一般与黏土混合用,掺少量膨润土可以取代黏土和进一步改善性能。黏土膨润土塑性混凝土材料中,膨润土的适宜量为黏土掺量的 7% ~ 35%,变化范围较大。如希望弹模较低、弹强比较小,可多掺膨润土,但弹模应与地基和土体相近或稍大一些;如仅为改善黏土和混凝土拌和物性能,掺量可少一些,作为外加的调节剂。砂率的提高可以有效地降低弹性模量,塑性混凝土选用的砂率较大,一般大于 40%,有的可达 60%。但砂率过大,收缩性大,对抗裂也不利;正确地选择水胶比(水灰比),水胶比对混凝土的许多性能都有影响,但是水胶比增大带来的不利影响较多,有利影响较少。因此,在能满足施工机械和工艺的前提下,应尽量选择较小的水胶比,以适合搅拌机、泵送机和管道输送要求,来确定水胶比。一般要求坍落度 18 ~ 20 cm,最小坍落度 15 cm,并能保持 1 h 以上。水胶比与黏土和膨润土掺量有关,一般水胶比为 0.6 ~ 1.3。黏土和膨润土掺量少、强度和弹强比高的用较小的水胶比,反之用较大的水胶比。外加剂,一般掺木钙减水剂 0.5%,引气剂 0.2% 左右,或酌情使用其他外加剂;与黏土混凝土配合比确定方法相同,一般也用正交试验法,系统地做室内试验。正交的因素有水泥、黏土、膨润土用量、砂率和水胶比,一般做三个水平的试验。主要因素有水泥、黏土、水胶比,其他因素可以根据要求适当调整,即三因素各取三组数据组合试验后,调整其他因素,再做修正试验,即可满足要求。经过综合分析试验成果,最终确定既能满足设计要求,又能降低造价的塑性混凝土配合比。

1. 成槽技术

1)往复式射流开槽机成槽施工

往复式射流开槽机是应用最广泛的开槽机械,它适用范围较广。该设备综合运用了锯、犁和射流冲击的原理,集中了各类开槽机的优点,具有功率大、成槽速度快、整机结构紧凑、便于拆装、便于运输等优点。往复式射流开槽机最适合于砂壤土、粉土地层的作业。由于运用了锯的切割作用、犁的翻土作用、高压水(泥浆)的射流冲击作用,所以对砂壤土、粉土地层特别有效。锯、犁和射流的共同作用切开土体,由反循环抽砂泵迅速排出粗颗粒液体和沉渣,从而成槽。同时由循环水(泥浆)形成浆液,起到固壁作用。

2)链斗式开槽机成槽施工

链斗式开槽机结构较复杂,设备较繁重,操作难度比往复式射流开槽机大,设备造价也要高出近一倍。链斗式开槽机行走机构有两种形式:一种是轮式,另一种是轨道式。前者较简单方便,后者则复杂而笨重。链斗式开槽机的工作原理是利用耐磨链条带动挖斗将土体挖开,然后造浆固壁成槽。其最大优点是对黏性土、直径小于 15 cm 的砂石土层作业特别有效。

3)液压开槽机成槽施工

液压开槽机工作原理为:液压系统使液压缸的活塞杆做垂直运动,带动工作装置的刀杆做上下往复运动,刀杆上的刀排紧贴工作面切削和剥离土体,被切削和剥离的土体及切屑,由反循环排渣系统强行排出槽孔,作业中使用泥浆固壁,开槽机沿墙体轴线方向全断面切削,不断前移,从而形成一个连续规则的条形槽孔。液压开槽机主要由底盘、液压系统、工作装置、排渣系统、起重设施和电气系统组成。

液压开槽机可以在各种土层中进行连续开槽作业,负载能力 90 ~ 160 kN,最大成槽深度 45 m,开槽宽度 0.18~0.4 m,排渣粒径小于 8 cm,一般地层开槽效率 13~14 m²/h。

4)挖掘机具成槽施工

挖掘机具成槽比锯槽法造槽复杂得多。机械设备庞大,成槽宽度大,施工难度增加,造价也较高,但深度可达 40 m 以上,适用地质条件的范围也更宽。挖掘机具成槽施工必须首先修筑其辅助设施——导向槽。修筑导向槽,是挖掘机具成槽灌注地下连续墙施工的重要组成部分,是在地层表面沿地下连续墙轴线方向设置的临时构筑物。

导向槽具有导向作用、定位作用、泥浆保持作用、孔口保护作用。导向槽在挖掘机具成槽时起到导向作用,在施工过程中,槽孔始终沿导向槽的布置位置进行。筑起导向槽就能控制成槽平面位置与标高。导向槽的施工精度影响着单元槽段的施工精度,高质量的导向槽是高质量成槽的基础。挖掘机具成槽施工过程中,始终要进行泥浆循环固壁工作。槽孔顶部的导向槽,可以较好地储存泥浆,防止雨水和其他浆液混入槽孔,保证浆液质量。导向槽还可以起到保持固壁浆液液面的作用,提示槽孔内的泥浆是否满足固壁的需要。地下连续墙施工过程中,挖掘机具成槽作业易损害槽孔顶部的槽壁,造成坍塌,导向槽起着挡土墙的支撑土体作用;在钢筋笼的布放、锁口引拔、导管灌注混凝土时,槽孔易受外力侵害,而此时导向槽便起到了对外部荷载的支撑作用。

导向槽一般为现浇的钢筋混凝土结构,也有钢板的或预制的装配式结构。

导向槽施工应严格按下列要求进行:①导向槽的纵向分段与地下连续墙的分段应错开一定距离;②导向槽内墙面应垂直,而且平行于连续墙中心线,导向槽两侧墙面间距应比地下连续墙设计厚度大 40~60 mm;③导向槽轴线与连续墙轴线的距离偏差不超过 ±10 mm,两边墙间距偏差不超过 ±5 mm;④导向槽埋设深度由地基土质、墙体上部荷载、成槽方法等因素决定,一般为 1.5~2 m,导向槽顶部应保持水平并高于地面 100 mm,保证槽内泥浆液面高于地下水位 2.0 m 以上,墙厚 0.15~0.25 m,带有墙趾的,其厚度不宜小于 0.2 m;⑤导向槽顶应水平,施工段全长范围高差应不超过 ±10 mm,局部高差小于 5 mm;⑥导向槽背侧需用黏性土分层回填并夯实,防止漏浆发生;⑦现浇钢筋混凝土导向槽,拆模板后应立即在墙间加设支撑;混凝土养护期间,不得有重型设备在导向槽附近行走或作业,防止导向槽边墙开裂或位移变形。

挖掘成槽机具又称挖槽机,有冲击钻机、抓斗式成槽机、回转钻机。

2. 防渗墙混凝土施工技术

地下连续墙是在泥浆下(或水下)灌注混凝土。泥浆下灌注混凝土的施工方法主要有刚性导管法和泵送法,可根据工程条件进行选择。其中刚性导管法最为常用,要点是:泥浆下混凝土竖向顺导管下落,利用导管隔离泥浆(或环境水),导管内的混凝土依靠自重压挤下部导管出口的混凝土,并在已灌入的混凝土体内流动、扩散上升,最终置换出泥浆,保证混凝土的整体性。此处着重就刚性导管法予以叙述。

1)灌注设备及用具

泥浆下混凝土灌注施工常用的机具有吊车、灌注架、导管、储料斗及漏斗、隔水栓、测深工具等。吊车是提升混凝土料的主要设备,吊车选型主要依据混凝土灌注施工的要求,选择吊车的起重量和起吊高度等性能参数。储料斗结构形式较多,灌注量较大的连续墙施工所用的储料斗多采用大容量的溜槽形式。不论采用哪种结构形式,其容量都必须满足第一次混凝土的灌注量能将导管出口埋入混凝土内 0.5～1.0 m 的要求。漏斗一般用 2～3 mm 厚的钢板制作,多为圆锥形或棱锥形。导管是完成水下混凝土灌注的重要工具,导管能否满足工程使用上的要求,对工程质量和施工速度关系重大。常使用的导管有两种:一种是以法兰盘连接的导管,另一种是承插式丝扣连接的导管。导管投入使用前,应在地面试装并进行压力试验,确保不漏水。隔水栓在混凝土开始灌注时起隔水作用,从而减少初灌混凝土被稀释的程度。隔水栓要能被泥浆浮起,可采用木制的或橡胶的空心栓(球),也可采用混凝土预制的。空心栓(球)是一种应用最普遍的隔水栓,它隔水可靠,且上浮容易,价格低廉,是较好的隔水工具。

2)导管提升法灌注混凝土

混凝土连续墙的灌注是施工的最后一道工序,也是连续墙工程施工的主要工序,因此混凝土灌注施工必须满足下列质量要求:①外形尺寸、灌注高度、技术性能指标必须满足设计要求;②墙体要均匀、完整,不得存在夹泥浆、夹泥断墙、孔洞等严重质量缺陷;③墙段之间的连接要紧密,墙底与基岩的接触带和墙体的抗渗性能要满足设计要求。

灌注步骤如下。

Ⅰ. 灌注准备

(1)拟订合理可行的灌注方案,其内容有:①槽孔墙体的纵横剖面图、断面图;②计划灌注方量、供应强度、灌注高程;③混凝土导管等灌注器具的布置及组合;④钢筋笼下设深度、长度、分节部位,下设方法及底部形状;⑤灌注时间,开浇顺序,主要技术措施;⑥墙体材料配合比,原材料品种、用量、保存;⑦冬季、夏季、雨季的施工安排。

(2)落实岗位责任制,明确统一指挥机制,各岗位各工种密切配合、协调行动,以保证浇筑施工按预定的程序连续进行,在规定的时间内顺利完成。

(3)取得造孔、清孔、钢筋下设等工序的检验合格证。

Ⅱ. 下设导管

(1)下设前要仔细检查导管的形状、接口以及焊缝等,确保不漏水。

(2)根据下设长度,在地面上分段组装和编号;导管连接必须牢固可靠,其结构强度应能承受最大施工荷载和可能发生的各种冲击力,在 0.5 MPa 压力水作用下不得漏水。

(3)在同一槽孔内同时使用 2 根以上导管灌注时,其间距不宜大于 3.5 m;导管距灌注槽孔两端或接头管的距离不宜大于 1.5 m;当孔底高差大于 25 cm 时,导管中心应布置在该导管控制范围的最低处。

(4)导管的上部和底节管以上部位,应设置数节长度为 0.3～1 m 的短管,以备导管提升后拆卸,导管底口距孔底距离应控制在 15～25 cm 范围内。

Ⅲ. 灌注混凝土

(1)开灌前,先向导管内放入一个能被泥浆浮起的隔水栓(球),准备好水泥砂浆和足够数量的混凝土。开灌时先注少许水泥砂浆,紧接着注入混凝土,然后稍向上提升导管,提升导管前要保证导管内充满混凝土并能在隔水栓(球)被挤出后,埋住导管底部。

(2)灌注应连续进行,导管也需不断提升,若因意外事故造成混凝土灌注中断,中断时间不得超过 30 min;否则,孔内混凝土丧失流动性,灌注无法继续进行,造成断墙事故。

(3)混凝土面上升速度应大于 2 m/h,导管埋深 1～6 m,混凝土的坍落度为 18～22

cm,扩散度 35 ~ 40 cm。

（4）混凝土灌注指示图和浇筑记录,既是指导导管拆卸的依据,又是检验施工质量的重要原始资料。在灌注过程中要及时填绘灌注指示图,校对灌注方量,指导导管拆卸,对灌注施工作出详细记录。在填绘指示图的同时,核对孔内混凝土面所反映的方量与实际灌入孔内的方量是否相符。如有差异,应分析原因,及时处理。

（5）灌注过程中,若发现导管漏浆或混凝土中混入泥浆,要立即停止灌注。导管大量漏浆或混凝土中严重混浆,可根据以下几种现象判定:①经检查发现导管下埋深度不够,相差过大。②经检查发现导管不在混凝土内,且灌注了一段时间。③按实测灌注高度计算的灌注方量超过计划方量过多,且持续反常。④经检查发现导管内进浆或管内混凝土面过低。

5.2.4.2　垂直铺塑防渗加固技术

1. 施工要求

PE 土工膜的储运要符合安全规定。运至现场的土工膜应在当日用完。

PE 土工膜铺设前应做下列准备工作:

（1）检查并确认基础层已具备铺设 PE 土工膜的条件。

（2）作下料分析,画出 PE 土工膜铺设顺序和裁剪图。

（3）检查 PE 土工膜的外观质量,记录并修补已发现的机械损伤和生产创伤、孔洞、折损等缺陷。

（4）每个区、块旁边应按设计要求的规格和数量,备足过筛土料或其他过渡层、保护层用料,并在各区、块之间留出运输道路。

（5）进行现场铺设试验,确定焊接温度、速度等施工工艺参数。

PE 土工膜的铺设施工应符合以下技术要求:

（1）大捆 PE 土工膜的铺设宜采用拖拉机、卷扬机等机械;条件不具备或小捆 PE 土工膜,也可采用人工铺设。

（2）按规定顺序和方向,分区分块进行 PE 土工膜的铺设。

（3）铺设 PE 土工膜时,应适当放松,并避免人为硬折和损伤。

（4）铺设 PE 土工膜时,膜片间形成的结点,应为 T 字形,不得做成十字形。

（5）PE 土工膜焊缝搭接面,不得有污垢、砂土、积水（包括露水）等影响焊接质量的杂质存在。

（6）铺设 PE 土工膜时,应根据当地气温变化幅度和工厂产品说明书要求,预留出温度变化引起的伸缩变形量。

（7）槽孔弯曲处应使土工膜和接缝妥贴槽孔。

（8）PE 土工膜铺设完毕、未加保护层前,应在膜的边角处每隔 2 ~ 5 m 放一个 20 ~ 40 kg 的砂袋。

（9）PE 土工膜应自然松弛,与支持层贴实,不宜褶皱、悬空。特殊情况需要褶皱布置时,应另作特殊处理。

PE 土工膜的铺设应注意下列事项:

（1）铺膜过程中应随时检查膜的外观有无破损、麻点、孔眼等缺陷。

(2)发现膜面有孔眼等缺陷或损伤,应及时用新鲜母材修补,补疤处每边应超过破损部位10~20 cm。

PE土工膜现场连接应符合下列规定:

(1)焊接形式宜采用双焊缝搭焊。

(2)主要焊接工具宜采用自动调温(调速)电热楔式双道塑料热合机、热熔挤压焊接机,也可采用高温热风焊机、塑料热风焊机。

下膜施工中,幅与幅之间的搭接长度不应小于100 cm。

2. 下膜形式

垂直铺塑防渗的下膜形式有两种:一是重力沉膜法;二是膜杆铺设法。

(1)重力沉膜法。对于砂性较强的地质情况和超深成槽的情况,槽内回淤的速度会较快,槽底部高浓度浆液存量多,宜采用重力沉膜法。

(2)膜杆铺设法。首先将土工膜卷在事先备好的膜杆上,然后由下膜器沉入槽中,在开槽机的牵引下铺设土工膜。

对于一般的黏土、粉质黏土、粉砂地质情况,槽内回淤的速度会较慢,泥浆固壁条件好、效果好,可采用膜杆铺设法。采用膜杆铺设法施工过程中,要经常不断地将膜杆上下活动,使其在槽中处于自由松弛状态,防止膜杆被淤埋或卡在槽中。

垂直铺塑的最后一道工序是回填,下膜后回填一般是回淤和填土相结合。回淤即是利用开槽时砂浆泵抽出的槽中砂土料浆液进行自然淤积。由于不够满槽的回淤需要量,需另外备土补填。回填土料不应含有石块、杂草等物质,其质量应符合设计要求。

5.2.4.3 高喷灌浆技术

高喷灌浆技术是由日本于20世纪60年代末期创造出来的一种新的施工方法,当时定名单管法。70年代中期,日本又相继开发出二重管法、三重管法。80年代以来,高喷灌浆技术在国外得到迅速发展,尤其是在水利工程的防渗方面。新的施工工艺及施工设备的开发应用,极大地提高了高喷板墙的整体性和连续性,增强了高喷板墙的防渗性能。

我国是在日本之后,对高喷技术研究开发较早和应用范围较广的国家。铁道部科学研究院于1972年率先开始试验旋喷桩并获得成功,此后该项技术被广泛应用于铁路、市政、建筑工程中,取得了显著效果。80年代初,山东水利科学研究院、辽宁水利水电科学研究院通过引进提高,形成了一整套较为完善的高喷灌浆防渗技术。特别是近年来,为适应众多防渗工程的需要,我国的高喷技术有了很大进展,尤其是在堤坝防渗加固方面更为突出。据不完全统计,目前全国用该项技术处理大、中、小型防渗工程约数百项,构筑防渗板墙数百万平方米,大都取得了较好的效果。目前我国研制成功的大颗粒地层动水条件下的高喷灌浆,人工堆石体防渗新工艺,淤泥地层高喷灌浆等新技术,均走在了世界前列。

1. 高喷灌浆的形式与分类

高喷灌浆的形式有旋喷、摆喷和定喷三种。旋喷形成柱桩凝结体;摆喷形成哑铃状凝结体;定喷形成板状凝结体。高压喷射灌浆的基本种类有单管法、二管法、三管法和多管法等,它们各有所长,可视工程要求和土质条件而用。

2. 高喷灌浆技术的特点

(1)适应多种软基地层,处理深度较大。

高喷灌浆是强制性破坏原土层结构,不存在一般注浆的可灌性问题。高喷灌浆技术适用于所有高压射流能破坏的地层,如细砂、特细砂、黏性土、淤泥质土、淤泥等地层,包括有块球体和各类夹层在内的所有第四系地层。目前我国高喷灌浆处理深度可达80余 m。关键是钻孔垂直度问题,现在可控制精度在3‰左右。

(2)应用范围广。

高喷灌浆技术不仅可以用于河道堤防和水库大坝的防渗加固、围堰防渗、水工建筑物地下修补堵漏,而且可用于工民建、地铁的地基加固、防渗堵漏工程。

(3)可控性好。

该工艺不需要对地层开挖,而是在钻孔内的任何高度上,采用不同方向、不同喷射形式,可按设计要求形成不同形状的凝结体,亦可通过坝体、涵洞等建筑物对数十米下砂砾层隐患进行处理,还可在水上对水下隐患进行处理。

(4)连接可靠。

这是指高压喷射灌浆板墙自身及它与周边构筑物在上下、左右、前后能实现三维空间的连接。

(5)对施工场所的要求不高。

相对多种成槽法造墙工艺来讲,高压喷射灌浆无须护壁浆液和混凝土制作浇筑系统,对施工场所的要求不高。

因为高喷灌浆具有上述诸多优势,所以它在我国的防渗工程中得到了较普遍的应用,所完成的防渗墙面积及该项技术的创新发展都居世界前列。

3. 高喷灌浆基本原理

1)作用机理

高喷灌浆形成凝结体是多种因素作用的结果,工作条件、地层因素起主导作用。应用于工程实践时,通常借助于经验判断或进行实地试验。前面已叙述高压射流对土体的破坏作用。从理论和工程实践分析,高喷灌浆的作用机理主要有以下几个方面:

(1)冲切掺搅作用:在射流范围内,在很大的动压力和沿孔隙作用的水力劈裂力以及脉动压力和连续喷射造成的土体强度疲劳等综合作用下,土体结构破坏。在射流产生的卷吸扩散作用下,浆液与被冲切下来的土颗粒掺搅混合。

(2)升扬转换作用:通过射流冲切过程中沿孔壁产生的升扬作用,能将孔底冲切下来的土体细颗粒沿孔壁向上升扬流出孔口,同时,浆液被掺搅灌入地层,使地层组成成分产生变化。升扬转换是高喷灌浆至关重要的作用,可改善和提高浆液灌注的密实性和强度。

(3)充填挤压作用:射流束末端虽不能冲切土体,但对周围土体产生侧向挤压力,同时喷射过程中及喷射结束后,静压灌浆作用仍在进行,在灌入浆体的静压作用下,对周围土体及灌入浆液将不断地产生挤压作用,促使凝结体与两侧的土体结合得更为紧密。

(4)渗透凝结作用:喷射灌浆过程除在冲切范围内形成凝结体外,还可以向冲切范围以外产生浆液渗透作用,形成渗透凝结层。

(5)位移袱裹作用:在射流冲切掺搅过程中,若遇有大颗粒如卵漂石等,则随着自下而上冲切掺搅,在强大的冲击振动力作用下,大颗粒将产生位移,被浆液袱裹;浆液也可沿着大颗粒周围直接产生袱裹充填凝结作用,此即该法应用于卵漂石地层及堆石体的原因。

高喷灌浆过程,对浆液是如何进入地层的解释也不尽相同。如三介质喷射,过去习惯理解为浆液是在中压状态下,沿喷射方向射入地层。实际上高压射流的周侧属低压区,存在着较强的卷吸作用,浆液在低压状态下,被送至孔内,即可在卷吸作用下,沿喷射方向被挟带灌入冲切范围内,从而形成凝结体。

2)高喷灌浆防渗凝结体的形成机理

由于高压喷射流是高速集中且连续作用于土体上,压应力和冲蚀等多种因素总是同时密集在压应力区域内发生效应,因此喷射流具有冲击切割破坏土体并使浆液与土搅拌混合的功能。

单管法灌浆使用浆液做喷射流;二管法灌浆也以浆液作为喷射流,但在其外围裹着一圈空气流成为复合喷射流;三管法灌浆则以水汽为复合喷射流,并注浆填空;多管法喷射灌浆的高压水射流把土冲空并抽出地面以浆液填充置换。四者使用的浆液都随时间逐渐凝固硬化。上述四种喷射形式切割破碎土层的作用,以及切割下来的土粒与浆液搅拌混合,进而凝结、硬化和固结的机理基本相似,只是由于喷嘴运动方式的不同,致使凝结体的形状和结构有所差异。

3)高喷灌浆防渗凝结体的性能

高压喷射灌浆形成的凝结体用于防渗工程,其物理力学性能及结构稳定性等,均需通过室内或现场试验,对其各项性能指标做出正确的判断。

Ⅰ. 凝结体的物理力学性能

凝结体的物理力学性质主要取决于采用的工艺参数、灌浆材料及地层组成的颗粒成分和级配等条件。用纯水泥浆灌浆在砂砾层中,经升扬转换和掺搅形成水泥砂浆凝结体;在黏土层中,凝结体的性状相当于水泥土。用水泥黏土浆灌注在砂砾层中,形成水泥黏土砂浆凝结体;在黏土层中形成的凝结体性质也相当于水泥土。高喷灌浆形成的凝结体的组成成分是不均匀的。从横截面看,定喷凝结体主要分板体层、浆皮层、渗透凝结层,其性质有差异。

从浆液及颗粒分配上也有差异。如离喷射孔越远,颗粒越细,边缘常有硬壳层存在。在相同工作条件下,摆喷和旋喷凝结体浆液成分含量常比定喷凝结体小,因而从凝结体的防渗性能看,定喷最强,旋喷最差,摆喷介于二者之间。

Ⅱ. 凝结体的结构特性

渗透稳定性:渗透稳定性目前尚无准确的分析计算方法。显然喷射形成的凝结体,其渗透情况既不同于混凝土,也不同于黏性土;确定渗透破坏坡降时,允许产生正常渗透,以不致造成渗蚀或剥蚀为准。因为水泥中掺加土成分产生的凝结体,属于稳定性体系,较之黏性土,自身有较高的强度,不致产生剥蚀,即使在无反滤保护的情况下也不易产生渗透破坏。

结构稳定性:高喷灌浆形成的防渗凝结体虽呈连续板墙状,但其外形不像机械造槽浇筑形成混凝土防渗墙那样规则,也不像静压灌浆法浆液扩散距离远,在渗透和结构方面,有着独特的稳定性。高压喷射灌浆形成的防渗体,无论是定喷还是旋喷,多呈现复合型,具有良好的防渗和结构性,渗水先经渗透凝结层,再进入防渗性极强的浆皮层,最后才能达到呈木纹状的墙体核心,然后沿相反的层次穿过防渗体。由于是多层合体,削减渗水压力作用极为明显。高喷灌浆形成的防渗体,由于地层中的细粒成分被挟带掺入浆液中,弹性模量较低,有较强的变形适应性。混凝土弹性模量一般大于 2 万 MPa,而喷射水泥浆所形成的凝结体,弹性模量一般为 1 000 MPa;喷射黏土水泥浆所形成的凝结体弹性模量一般远小于 1 000 MPa。

4. 高喷灌浆防渗凝结体的连接方式

单孔形成的凝结体如何实现相互之间连续而紧密连接,是防渗应用的关键。通过试验得出,凝结体的连接形式有两种:一种是切割式连接,即在先期形成的凝结体强度不高时,后期喷射流可以把它冲切割开,形成插入连接;另一种是焊接式连接,即先期形成的凝结体强度高,喷射流难以将其切割,则在喷射流作用下,将其表面冲刷剥离洁净,新的浆液再与之凝结。两种连接形式都不存在所谓"接缝"问题。原因在于连接处理能量集中,切割或冲刷作用部位的凝结强度往往较其他部位更高,故在喷射作用有效距离以内,不管凝结体为何种形状,不仅桩与桩、板与板,而且桩与板间,均可牢固连接,形成严密连续的防渗凝结体,即防渗墙。在多数情况下采用单孔喷射形成的凝结体与前期形成的凝结体成切割式连接,当施工间隔时间较长时,也可以采用焊接式连接。

5.2.4.4　各种防渗技术对比分析

各种防渗技术都有各自的优势和局限性,有一定的适用条件,在防渗加固方案选择时,必须经过技术经济比较,选择最佳方案。

防渗加固综合技术:对一些多部位(坝体、覆盖层、基岩等)存在渗流破坏隐患的工程,采用单一防渗技术(高压喷射灌浆、混凝土防渗墙等)难度大,又不经济,不同部位的渗透破坏,采用不同防渗技术组合而成的综合技术加固处理方案,比采用单一防渗技术更科学、更经济。这项技术适用于多部位存在渗流破坏隐患,采用单一技术加固处理造价高、难度大的工程。

高喷灌浆技术:由于高喷灌浆具有不需要开挖,可在地上或水上对地下或水下的隐患进行处理,造价低,工效高等优点,被广泛应用于防渗加固处理工程。国内外的工程实践证明,高喷灌浆技术适用于所有高压射流能破坏的地层,如细砂、特细砂、黏性土、淤泥质土、淤泥等地层,包括有块球体和各类土夹层在内的所有第四系地层,也可用于土坝坝体防渗加固。但基础处理深度不易过大,深度过大钻孔垂直度难以保证,有可能产生开叉问题,目前我国高压喷射灌浆处理深度最大可达 80 余 m。钻孔精度可控制在 3‰左右。

振动沉模防渗板墙技术:振动沉模防渗板墙技术,是利用强力振动原理将空腹模板沉入土中,向空腹内注满浆液,边振动边拔模,浆液留于槽孔中形成单块板墙,将单板连接起来,即形成连续的板墙帷幕。该技术优点是墙体垂直连续,无接缝、无纵横向开叉等。缺陷:墙面平整,厚度均匀,帷幕完整性好,可根据需要调整浆液配比;工效高,可造墙 300 ~ 500 m²/(日·台);造价低,每平方米防渗墙造价较其他混凝土连续墙低 1/3 左右;工艺简单,机械化程度高,易于操作。缺点是空腹模板很难沉入卵石含量高的厚地层,且不能沉入基岩和大块石中。该技术可在砂、砂性土、黏性土、淤泥质土及砂砾石地层建造防渗板墙,适用于平原水库土坝(围堤)防渗加固处理。一般造墙深度可达 20 m 左右,最大造墙深度不能超过 25 m,厚度 8 ~ 25 cm,最厚处可达 30 cm。不适用于卵石含量高的厚地层防渗处理。

劈裂帷幕灌浆技术:坝体劈裂灌浆是根据坝体的几何形状和应力分布规律,利用坝体小主应力分布规律进行布孔,施加一定的灌浆压力,有计划、有控制地劈裂坝体,采用适宜的压力灌注泥浆,通过坝浆互压和坝体的湿陷固结等作用,使所有与浆脉连通的裂缝、洞穴、水平疏松层等隐患得到充填挤压密实,形成垂直连续的防渗帷幕,从而解决坝体渗透稳定和变形稳定问题。该技术具有工效高、造价低、效果好等特点。该技术适用于压实质量差、有裂缝、洞穴、水平夹砂层等隐患的土坝及结构性较强的粉细砂及土砂夹层透水地基。不适用于粗砂及卵砾石坝基,因其土层结构性差,形不成连续劈裂。

土工膜防渗技术:由于土工膜防渗技术具有造价低、工艺简单、施工速度快等优点,在国内外成功应用的工程实例屡见不鲜,目前,我国采用土工膜防渗工程实例中,只有个别工程水头高于 40 m,一般都在 30 m 以下,20 m 以内者居多。在加固工程中坝体多用于斜墙防渗。地基防渗有两种情况:一是地基透水层较薄(10 m 左右)时,多用垂直防渗墙(垂直铺塑技术)与不透水层相连形成封闭式防渗结构,防渗效果可靠。二是地基透水层较深厚时,悬挂式防渗墙效果不佳。坝体防渗多采用复合土工膜斜墙加铺盖或其他防渗结构。复合土工膜主膜渗透系数极小,可起防渗截水作用,而织物既能起到排水(气)又能起到弥补薄膜自身强度的不足和保护薄膜的作用。复合土工膜具有较大的弹性和塑性变形,可适应土体的沉降、胀缩或偶然的超载滑坡和渗漏所造成的过量位移与变形,为黏性土和混凝土防渗所不及。该技术适用于平原水库围堤或水头在 30 m 以内的低坝。

级配料灌浆技术:大量的工程实例表明,该技术较好地解决了岩溶发育和大裂隙地层灌浆量不可控制的问题,可节省大量水泥,降低了造价,而且可以在较高水位下施工。但该技术工艺较复杂,技术要求较高,进度较慢。该技术适用于喀斯特地区的溶洞、漏斗、泉眼、溶沟溶槽和地质构造中大的裂隙、节理以及其他大的岩石和接触带裂隙等渗漏隐患处理。

混凝土防渗墙技术:混凝土防渗墙技术是先在泥浆保护下造槽,然后在泥浆中用导管输送混凝土入槽成墙。该技术的优点是适应性较强,砂土、砂壤土、粉土、直径小于 10 mm 的卵砾石土层都适用,深度可达 100 m;施工条件要求宽,噪声低,振动小,可在复杂条件下昼夜施工,防渗效果比较可靠。但其缺点是工序多,工艺复杂,施工速度较慢,成本高,容易出现质量问题,尤其是在处理深度过深时,槽孔之间接头和墙体开叉问题难以彻底解决。造槽孔方法有锯槽法、挖掘法。锯槽法中往复射流式开槽机造孔应用范围较广,最适合于砂壤土、粉土地层作业(厚 20 cm、深 40 m 以内)。链斗式开槽机造孔,对黏性土、直径小于 15 cm 的卵石土层作业特别有效。液压开槽机造孔可在各种土类地层进行连续开槽作业。挖掘造孔法施工难度大、造价较高,但深度可达 40 m 以上。其中冲击钻机造孔,适合于各种土质。液压抓斗式成槽机造孔,可在坚硬的土壤和砂砾石中成槽,与冲击钻机相比,成本低,效率高(一台抓斗相当于 10~15 台冲击钻),成槽孔形好,孔壁光滑。施工时泥浆扰动小,废浆排放少。造槽深度深(最大成槽深度 80 m),适用地层广(各种不同地层)。回转钻机造孔,振动小,噪声低,可深层钻挖,孔深易于掌握,采用特殊钻头可钻挖岩石。但很难钻挖 15 cm 以上的卵石层,土层中地下水压力较大或流动时,施工困难。混凝土防渗墙技术与其他防渗技术相比,工序多,工艺复杂,施工速度较慢,成本高,常用于较高的坝。但锯槽法造价相对较低,应用较普遍。

第6章 震损水库坝水动力响应分析

6.1 简 介

土石坝作为一种基本的坝型,由于其能够就地取材,在我国相当普遍。在地震作用下,由于库水对坝体的动力作用,坝面上的作用力更为复杂,加之土石坝坝面具有透水性,其上的动水压力更显复杂,孔隙水在地震作用下的细管运动规律也比较复杂。而且,在地震达到一定的强度时,库水对大坝的安全起到了至关重要的作用,因此探究土石坝坝水相互作用机理就显得尤为必要。本节主要针对土石坝坝面上的动水压力进行详细的研究,重点是要解决坝面透水性对坝面动水压力的影响,得到更为真实的坝面动水压力,继而求得地震作用下坝体的真实应力。

6.2 基本理论

对于一般二维土石坝,假设库水为无旋小扰动液体,并忽略库水黏性,仍可以按照传统的方法,把其作为一个二维问题进行考虑,可得到可压缩性库水在求解域内的控制方程,其为二维 Helmholze 方程:

$$\nabla^2 p = \frac{1}{c^2}\ddot{p} \tag{6-1}$$

其中,∇^2 为二维 Laplace 算子;c 为水中波速,若不考虑水的可压缩性,其值将为无穷大;p 为动水压力,上标".."表示对时间的二阶导数。

坝面边界条件:由于大多土石坝表面均有砌石砂浆等防护,砌石之间存在一定的缝隙,表面仍然存在一定的透水性,本章可近似采用如下的应力连续性边界条件:

$$p_{,n} = -\rho_f \ddot{u}_n - q\dot{p} \tag{6-2}$$

其中,n 表示外法向;","表示偏导数;ρ_f 表示水体密度;$\ddot{u}_n$ 表示法向地震动加速度。

库底和岸坡边界:

$$p_{,n} = -\rho_f \ddot{v}_n - q\dot{p} \tag{6-3}$$

其中,q 表示库底和岸坡的吸收系数,根据文献(Chopra 等,1983)可知其满足如下的关系:

$$q = \frac{1}{c}\frac{1-\alpha}{1+\alpha} \tag{6-4}$$

其中,α 表示库底和岸坡的反射系数,当 $\alpha = 0$ 时,表示不考虑吸收作用,即全反射情况;当 $\alpha = 1$ 时,则代表库底和岸坡的最大吸收作用。

库区表面边界条件(忽略库区表面微幅重力波):

$$p = 0 \tag{6-5}$$

无穷远处边界条件：

$$\frac{\partial p}{\partial n} = -\frac{1}{c}\dot{p} \tag{6-6}$$

由于本书采用比例边界有限元方法，因此无穷远处的边界条件是自动满足的。

6.3　坐标变换

采用比例边界有限元方法(Song 等,1997)对库水进行离散,由于库水可以理想化为沿着坝面上游方向延伸到无穷远处,因此把比例边界有限元的相似中心放在下游无穷远处,即可以不离散库水表面和库底,这里假定了坝前水深的不变性,从而可以使问题大为简化,离散的区域只有大坝迎水面。用 $\hat{x},\hat{y}$ 表示整体坐标,局部坐标用 ξ,η 来表示,其中 ξ 表示径向方向, η 表示环向方向,这样整体坐标和局部坐标之间的转换可以用下面的公式来表示：

$$\hat{x}(\xi,\eta) = x(\eta) + \xi \tag{6-7}$$
$$\hat{y}(\xi,\eta) = y(\eta) \tag{6-8}$$

大坝迎水面用有限元的方法进行离散：

$$x(\eta) = N(\eta)x \tag{6-9}$$
$$y(\eta) = N(\eta)y \tag{6-10}$$

对于一维线单元,采用三节点的二次形函数,则可以表示为：

$$N(\eta) = [N_1(\eta), N_2(\eta), N_3(\eta)] \tag{6-11}$$

这样就可以把整体坐标转换到局部坐标,其中 Jacobian 矩阵为：

$$J = \begin{bmatrix} \hat{x}_{,\xi} & \hat{y}_{,\xi} \\ \hat{x}_{,\eta} & \hat{y}_{,\eta} \end{bmatrix} = \begin{bmatrix} 1 & 0 \\ N(\eta)_{,\eta}x & N(\eta)_{,\eta}y \end{bmatrix} \tag{6-12}$$

微分算子的局部坐标表达形式为：

$$\left\{\begin{array}{c} \partial/\partial\hat{x} \\ \partial/\partial\hat{y} \end{array}\right\} = J^{-1}\left\{\begin{array}{c} \partial/\partial\xi \\ \partial/\partial\eta \end{array}\right\} = b^1\frac{\partial}{\partial\xi} + b^2\frac{\partial}{\partial\eta} \tag{6-13}$$

其中：

$$J^{-1} = [b^1 \quad b^2] \tag{6-14}$$

因此,梯度算子可以表示为：

$$\nabla = [b^1 \quad b^2][\partial/\partial\xi \quad \partial/\partial\eta]^{\mathrm{T}} \tag{6-15}$$

单元面积为：

$$dS = |J|d\xi d\eta \tag{6-16}$$

6.4　动水压力控制方程

对控制方程式(6-1)和边界条件(6-2)、(6-3)使用加权余量方法可以得到关于动水压力的弱形式积分方程(Lin 等,2012)：

$$\int_S w^{\mathrm{T}} (\nabla^2 p - \frac{1}{c^2}\ddot{p}) \mathrm{d}V = \int_{\Gamma_s} w^{\mathrm{T}} (\frac{\partial p}{\partial n} + \rho \ddot{u}_n + q\dot{p}) \mathrm{d}\Gamma + \int_{\Gamma_b} w^{\mathrm{T}} (\frac{\partial p}{\partial n} + q\dot{p} + \rho \ddot{v}_n) \mathrm{d}\Gamma \quad (6\text{-}17)$$

其中，Γ_s 表示坝面，Γ_b 为坝体与库底的交界线，在二维情况下，二者分别退化为线和点。

$$\nabla = \begin{bmatrix} \{b^1\} & \{b^2\} \end{bmatrix} \begin{bmatrix} \dfrac{\partial}{\partial \xi} & \dfrac{\partial}{\partial \eta} \end{bmatrix}^{\mathrm{T}} \quad (6\text{-}18)$$

对方程式(6-17)进行分部积分，可得：

$$\int_S \nabla^{\mathrm{T}} w \ \nabla p \mathrm{d}S + \frac{1}{c^2} \int_S w^{\mathrm{T}} \ddot{p} \mathrm{d}S + \int_{\Gamma_s} w^{\mathrm{T}} (\rho_f \ddot{u}_n + q\dot{p}) \mathrm{d}\Gamma + \int_{\Gamma_b} w^{\mathrm{T}} (q\dot{p} + \rho_f \ddot{v}_n) \mathrm{d}\Gamma = 0 \quad (6\text{-}19)$$

$$\int_S (\{b^1\} w_{,\xi} + \{b^2\} w_{,\eta})^{\mathrm{T}} (\{b^1\} p_{,\xi} + \{b^2\} p_{,\eta}) \mathrm{d}S + \frac{1}{c^2} \int_S w^{\mathrm{T}} \ddot{p} \mathrm{d}S + $$
$$\int_{\Gamma_s} w^{\mathrm{T}} (\rho_f \ddot{u}_n + q\dot{p}) \mathrm{d}\Gamma + \int_{\Gamma_b} w^{\mathrm{T}} (q\dot{p} + \rho_f \ddot{v}_n) \mathrm{d}\Gamma = 0 \quad (6\text{-}20)$$

$$w = [N(\eta)] \{w(\xi)\} \quad (6\text{-}21)$$

$$p = [N(\eta)] \{p(\xi)\} \quad (6\text{-}22)$$

$$\int_0^\infty \int_{-1}^1 (\{b^1\} [N] \{w(\xi)\}_{,\xi} + \{b^2\} [N]_{,\eta} \{w(\xi)\})^{\mathrm{T}} (\{b^1\} [N] \{p(\xi)\}_{,\xi} $$
$$\{b^2\} [N]_{,\eta} \{p(\xi)\}) |J| \mathrm{d}\xi \mathrm{d}\eta + \frac{1}{c^2} \int_0^\infty \int_{-1}^1 \{w(\xi)\}^{\mathrm{T}} [N]^{\mathrm{T}} N \{\ddot{p}(\xi)\} $$
$$|J| \mathrm{d}\xi \mathrm{d}\eta + \int_{-1}^1 \{w(\xi)\}^{\mathrm{T}} [N]^{\mathrm{T}} [N] (\rho_f \{\ddot{u}_n(\xi)\} + q\{\dot{p}(\xi)\}) A_s \mathrm{d}\eta + $$
$$\int_0^\infty \{w(\xi)\}^{\mathrm{T}} [N]^{\mathrm{T}} [N] (q\{\dot{p}(\xi)\} + \rho_f \{\ddot{v}_n(\xi)\}) \mathrm{d}\xi = 0 \quad (6\text{-}23)$$

其中：

$$A_s = \sqrt{x_{,\eta}^2 + y_{,\eta}^2} \quad (6\text{-}24)$$

令 $[B^1] = \{b^1\} [N]$，$[B^2] = \{b^2\} [N]_{,\eta}$，代入式(6-23)，可得：

$$\int_0^\infty \int_{-1}^1 ([B^1] \{w(\xi)\}_{,\xi} + [B^2] \{w(\xi)\})^{\mathrm{T}} ([B^1] \{p(\xi)\}_{,\xi} + $$
$$[B^2] \{p(\xi)\}) |J| \mathrm{d}\xi \mathrm{d}\eta + \frac{1}{c^2} \int_0^\infty \int_{-1}^1 \{w(\xi)\}^{\mathrm{T}} [N]^{\mathrm{T}} [N] \{\ddot{p}(\xi)\} |J| \mathrm{d}\xi \mathrm{d}\eta + $$
$$\int_{-1}^1 \{w(\xi)\}^{\mathrm{T}} [N]^{\mathrm{T}} [N] (\rho_f \{\ddot{u}_n(\xi)\} + q\{\dot{p}(\xi)\}) A_s \mathrm{d}\eta + $$
$$\int_0^\infty \{w(\xi)\}^{\mathrm{T}} [N]^{\mathrm{T}} [N] (q\{\dot{p}(\xi)\} + \rho_f \{\ddot{v}_n(\xi)\}) \mathrm{d}\xi = 0 \quad (6\text{-}25)$$

把式(6-25)第一项展开，可得到：

$$\int_0^\infty \int_{-1}^1 \left(\{w(\xi)\}_{,\xi}^{\mathrm{T}} [B^1]^{\mathrm{T}} [B^1] \{p(\xi)\}_{,\xi} + \{w(\xi)\}_{,\xi}^{\mathrm{T}} [B^1]^{\mathrm{T}} [B^2] \{p(\xi)\} + \right.$$

$$\left. \{w(\xi)\}^{\mathrm{T}} [B^2]^{\mathrm{T}} [B^1] \{p(\xi)\}_{,\xi} + \{w(\xi)\}^{\mathrm{T}} [B^2]^{\mathrm{T}} [B^2] \{p(\xi)\} \right) |J| \mathrm{d}\xi \mathrm{d}\eta +$$

$$\frac{1}{c^2} \int_0^\infty \int_{-1}^1 \int_{-1}^1 \{w(\xi)\}^{\mathrm{T}} [N]^{\mathrm{T}} [N] \{\ddot{p}(\xi)\} |J| \mathrm{d}\xi \mathrm{d}\eta + \int_{-1}^1 \{w(\xi)\}^{\mathrm{T}} [N]^{\mathrm{T}} \quad (6\text{-}26)$$

$$[N] (\rho_f \{\ddot{u}_n(\xi)\} A_s + q \{\dot{p}(\xi)\}) \mathrm{d}\eta + \int_0^\infty \{w(\xi)\}^{\mathrm{T}} [N]^{\mathrm{T}} [N] (q \{\dot{p}(\xi)\} +$$

$$\rho_f \{\ddot{v}_n(\xi)\}) \mathrm{d}\xi \big|_{\Gamma = \Gamma_{bs}} = 0$$

对式(6-26)第一项的前两项分别进行分部积分,可得到:

$$\int_0^\infty \int_{-1}^1 \{w(\xi)\}_{,\xi}^{\mathrm{T}} [B^1]^{\mathrm{T}} [B^1] p(\xi)_{,\xi} |J| \mathrm{d}\xi \mathrm{d}\eta$$

$$= \int_0^\infty \{w(\xi)\}_{,\xi}^{\mathrm{T}} \left(\int_{-1}^1 [B^1]^{\mathrm{T}} [B^1] |J| \mathrm{d}\eta \right) \{p(\xi)\}_{,\xi} \mathrm{d}\xi$$

$$= \int_0^\infty \{w(\xi)\}_{,\xi}^{\mathrm{T}} [E^0] \{p(\xi)\}_{,\xi} \mathrm{d}\xi \qquad (6\text{-}27)$$

$$= \{w(\xi)\}^{\mathrm{T}} [E^0] \{p(\xi)\}_{,\xi} \big|_0^\infty - \int_0^\infty \{w(\xi)\}^{\mathrm{T}} [E^0] \{p(\xi)\}_{,\xi} \mathrm{d}\xi$$

$$\int_0^\infty \int_{-1}^1 \{w(\xi)\}_{,\xi}^{\mathrm{T}} [B^1]^{\mathrm{T}} [B^2] \{p(\xi)\} |J| \mathrm{d}\xi \mathrm{d}\eta$$

$$= \int_0^\infty \{w(\xi)\}_{,\xi}^{\mathrm{T}} \left(\int_{-1}^1 [B^1]^{\mathrm{T}} [B^2] |J| \mathrm{d}\eta \right) \{p(\xi)\} \mathrm{d}\xi$$

$$= \int_0^\infty \{w(\xi)\}_{,\xi}^{\mathrm{T}} [E^1]^{\mathrm{T}} \{p(\xi)\} \mathrm{d}\xi \qquad (6\text{-}28)$$

$$= \{w(\xi)\}^{\mathrm{T}} [E^1]^{\mathrm{T}} \{p(\xi)\} \big|_0^\infty - \int_0^\infty \{w(\xi)\}^{\mathrm{T}} [E^1]^{\mathrm{T}} \{p(\xi)\}_{,\xi} \mathrm{d}\xi$$

在这里有系数矩阵:

$$[E^0] = \int_{-1}^1 [B^1]^{\mathrm{T}} [B^1] |J| \mathrm{d}\eta \qquad\qquad [E^1] = \int_{-1}^1 [B^2]^{\mathrm{T}} [B^1] |J| \mathrm{d}\eta$$

$$[E^2] = \int_{-1}^1 [B^2]^{\mathrm{T}} [B^2] |J| \mathrm{d}\eta \qquad\qquad [M^0] = \frac{1}{c^2} \int_{-1}^1 [N]^{\mathrm{T}} [N] |J| \mathrm{d}\eta \quad (6\text{-}29)$$

$$[C^0] = [N]^{\mathrm{T}} [N] \big|_{\Gamma = \Gamma_{bs}} \qquad\qquad [M^1] = \int_{-1}^1 [N]^{\mathrm{T}} [N] A_s \mathrm{d}\eta$$

则有:

$$\{w(\xi)\}^{\mathrm{T}}[E^0]p(\xi)_{,\xi}\big|_0^\infty + \{w(\xi)\}^{\mathrm{T}}[E^1]^{\mathrm{T}}\{p(\xi)\}\big|_0^\infty -$$

$$\int_0^\infty \{w(\xi)\}^{\mathrm{T}}[E^0]\{p(\xi)\}_{,\xi\xi}\mathrm{d}\xi - \int_0^\infty \{w(\xi)\}^{\mathrm{T}}[E^1]^{\mathrm{T}}\{p(\xi)\}_{,\xi}\mathrm{d}\xi +$$

$$\int_0^\infty \{w(\xi)\}^{\mathrm{T}}([E^1]\{p(\xi)\}_{,\xi} + [E^2]\{p(\xi)\})\mathrm{d}\xi + \qquad (6\text{-}30)$$

$$\int_0^\infty \{w(\xi)\}^{\mathrm{T}}[M^0]\{\ddot{p}(\xi)\}\mathrm{d}\xi + \{w(\xi)\}^{\mathrm{T}}[M^1](\rho_f\{\ddot{u}_n(\xi)\} + q\{\dot{p}(\xi)\}) +$$

$$\int_0^\infty \{w(\xi)\}^{\mathrm{T}}[C^0](q\{\dot{p}(\xi)\} + \rho_f\{\ddot{v}_n(\xi)\})\mathrm{d}\xi = 0$$

现在仅考虑坝面上的动水压力,令:

$$\{p\} = \{p(\xi)\}_{\xi=0} \qquad (6\text{-}31)$$

则有:

$$\int_0^\infty \{w(\xi)\}^{\mathrm{T}}\begin{pmatrix}-[E^0]\{p\}_{\xi\xi} - ([E^1]^{\mathrm{T}} - [E^1])\{p\}_{,\xi} + [E^2]\{p\} + \\ [M^0]\{\ddot{p}\} - q[C^0]\{\dot{p}\} + \rho_f[C^0]\{\ddot{v}_n(\xi)\}\end{pmatrix}\mathrm{d}\xi - $$

$$\{w(\xi)\}^{\mathrm{T}}([E^0]\{p\}_{,\xi} + [E^1]^{\mathrm{T}}\{p\} - \rho_f[M^1]\{\ddot{u}_n\} - q[M^1]\{\dot{p}\})\big|_{\xi=0} = 0 \qquad (6\text{-}32)$$

由式(6-32),加上 $\{w(\xi)\}$ 的任意性,可得关于动水压力的频域控制方程及其坝面边界条件:

$$[E^0]\{p\}_{,\xi\xi} + ([E^1]^{\mathrm{T}} - [E^1])\{p\}_{,\xi} + (\omega^2[M^0] + i\omega q[C^0] - $$

$$[E^2])\{p\} - \rho_f[C^0]\{\ddot{v}_n(\xi)\} = 0 \qquad (6\text{-}33)$$

$$([E^0]\{p\}_{,\xi} + [E^1]^{\mathrm{T}}\{p\} - \rho_f[M^1]\{\ddot{u}_n\} - q[M^1]\{\dot{p}\})\big|_{\xi=0} = 0$$

6.5　算例具体参数及相关计算结果

以土石坝为例,本节选取了不同的上游倾斜坡度的坝面为研究对象。土石坝简化计算模型如图 6-1 所示。

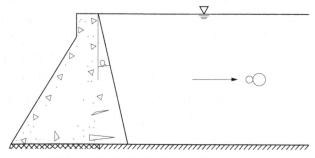

图 6-1　土石坝简化计算模型

6.5.1　黄水沟水库计算结果

黄水沟水库位于安县沸水镇沸泉村境内,距安县县城 43.6 km,大坝地理坐标为北纬

31°32′,东经104°16′,属涪江水系凯江支流秀水河,控制流域面积1.075 km²。流域形状近似掌形。黄水沟水库为年调节水库,以灌溉为主,兼有防洪、养殖等综合效益。设计灌溉面积2 000亩,实际灌溉面积5 052亩。水库枢纽工程由大坝、溢洪道及放水设施组成。该水库1956年由安县农水科设计,设计坝高10 m,当年1月动工修建,1957年3月完工。由于灌溉需要,1966年安县水电局作扩建设计,扩建方案为在原坝下游扩宽坝底,加大坝高,当年10月动工修建,1967年5月完工,建成坝高17.29 m,坝顶高程671.246 m,坝顶宽4.0 m。同年建成副坝,坝高4.0 m,坝顶长40.00 m,坝顶宽2.0 m,即达到现有规模。在本节的计算模型中,仅选取正常蓄水位进行地震动响应分析,大坝迎水面平均坡比取为1:2,坝前水深为14.75 m。计算中把倾斜坝面离散为10个三节点单元,共计21个坝面节点。在坝体受到水平方向上单位地震动激励情况下,上游坝踵处的动水压力频响曲线,采用本节计算方法如图6-2所示。

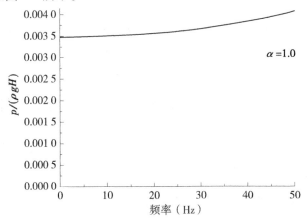

图6-2　黄水沟水库上游坝踵处动水压力频响曲线

6.5.2　白水湖水库计算结果

白水湖水库位于安县雎水镇白河村境内秀水河支流白水河上,坝址以上集水面积12 km²,是一座以灌溉为主,兼有防洪、发电、水产养殖、旅游等综合效益的中型水利工程。水库总库容1 627万m³,设计灌溉面积3.5万亩。水库枢纽工程由拦河大坝、溢洪道、灌溉放水洞、放空洞和引水二大渠等建筑物组成。工程于1956年动工修建,1958年竣工。本节计算模型中,仅选取正常蓄水位进行地震动响应分析,大坝迎水面平均坡比取为1:3.5,坝前水深为21.0 m。为了便于对比,采用与黄水沟水库相同的离散模型进行计算,得到上游坝踵处的动水压力频响曲线,如图6-3所示。

通过对图6-2和图6-3的对比可以发现,虽然白水湖水库的坝前水深较大,但由于其迎水面的坡度较缓,在较大程度上降低了作用在迎水面法向的地震动强度,因此其表面的动水压力相对于黄水沟水库降低幅度较大;此外,由于两个水库均为较低水头的挡水建筑物,水库的一阶自振频率远远大于工程所感兴趣的50 Hz,因此在整个计算频率内动水压力都处于较低的水平并随着频率的增加而不断上升。

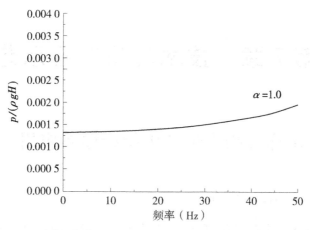

图 6-3　白水湖水库上游坝踵处动水压力频响曲线

6.6　小　结

　　本节给出了一种较为便捷的计算土石坝坝面动水压力的计算方法,不仅能够考虑库水的可压缩性的影响,而且对库底淤沙等对地震波的吸收作用也能做到一定程度的模拟,从而在一定程度上完善了整个坝水系统在地震作用下的动力响应的计算方法。与边界元的计算相比,本节算法能够达到相当的精度,而且较边界元方法使用起来更便捷。通过已经开发的计算程序,可以方便地使用在土石坝库水地震响应的计算上。

第7章　技术应用工程示范

7.1　中小型水库震损险情评价指标体系应用

7.1.1　水库震损险情综合评价方法

水库安全受到众多因素的影响和制约,其中既有定量指标,又有定性指标,定量指标可以通过统计分析、数学计算得到准确的数值,而定性指标很难用一个精确的数字来描述,具有一定的模糊性,如水闸及溢洪道安全程度等。而且水库震损险情本身具有一定的模糊性,而中小型水库震损险情综合评价指标体系又具有明确的层次性,对于这种模糊性与层次性较强的问题,可以采用层次模糊综合评价进行评判。

层次模糊综合评价法是层次分析法与模糊综合评判法的结合,它将评价指标体系分成递阶层次结构,运用层次分析法确定各指标的权重,然后分层次进行模糊综合评判,最后综合出总的评价结果,在一定程度上摒弃了单一评价法的缺点,同时也具有自己的特点。杜栋(2008)认为,对于一些复杂系统,运用模糊综合评价法时需要考虑的因素很多,主要有两个方面:一方面是因素过多,对于它们的权数分配难以确定;另一方面,即使确定了权数分配,由于需要归一化条件,每个因素的权值都很小,再经过模糊集合理论算子综合评判,也常会出现没有价值的结果。针对这种情况,我们需要采用多级(层次)模糊综合评判的方法。按照因素或指标的情况,将其分为若干层次,先进行低层次各因素的综合评价,根据其评价结果再进行高一层次的综合评价。每一层次的单因素评价都是低一层次的多因素综合评价,如此从低层向高层逐层进行。但层次模糊综合评价法仍然有不足之处,它并不能解决评价指标间相关造成的评价信息重复问题,而且隶属函数的确定还没有系统的方法。对于评价信息重叠的问题,在前面进行指标筛选的时候通过定性的方法,尽量将重复信息进行处理,选取相对独立的指标。对于指标隶属度的确定采用专家评定方法确定其隶属度。

中小型水库震损险情综合评价指标体系最终选取 6 个子系统,15 个一级指标,10 个二级指标。一级指标是子系统的主要破坏现象,二级指标是一级指标的具体表现形式,因此该评价指标体系具有明显的层次性,在运用层次模糊综合评价法对其进行评价时,每个指标影响作用程度各不相同,为了使评价更加合理,需要对每个指标进行赋权。这需运用层次分析法对各层指标计算其权重,再运用模糊综合评价法分层次进行综合评判,具体计算模型见图 7-1。

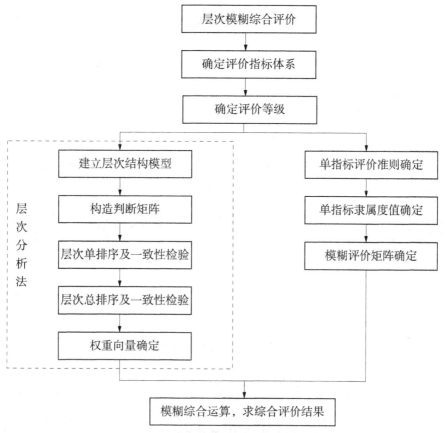

图 7-1　多层次模糊综合评价结构图

7.1.2　层次分析法确定指标权重

7.1.2.1　层次分析法

层次分析法是将决策有关的元素分解成目标、准则、指标等层次并进行定性和定量分析的决策方法,该方法可以在复杂决策问题的本质、影响因素及其内在关系等基础上进行深入分析,具有思路清晰、需要定量数据较少等优点,从而为多目标、多准则或无结构特性的复杂决策问题提供简便的决策方法。水利工程由多个不同功能建筑物组成,对其进行评价需要考虑多方面的内容,属于多目标问题。因此,层次分析法在水利工程建设管理中得到广泛应用。

1. 构建层次结构模型

本研究包括目标层、准则层、指标层。具体层次结构模型见图 7-2。

2. 构建判断矩阵

构建比较判断矩阵是邀请专家对每一层次中各因素相对重要性给出判断,这些判断根据判断矩阵标度所代表的数值(见表 7-1)表示,并写成判断矩阵。判断矩阵表示针对上一层次因素,本层次与之有关因素之间相对重要性的比较。

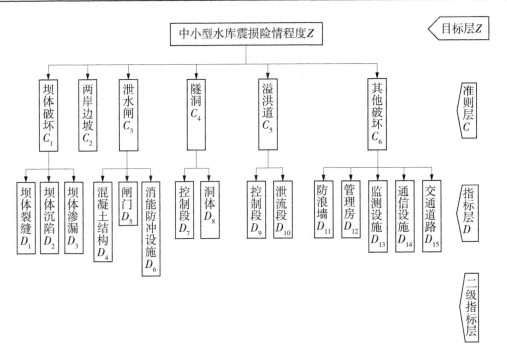

图 7-2　评价指标体系结构图

表 7-1　判断矩阵标度及其含义

序号	重要性等级	标度 C_{ij}
1	表示两个因素相比,同等重要	1
2	表示两个因素相比,前者比后者稍微重要	3
3	表示两个因素相比,前者比后者明显重要	5
4	表示两个因素相比,前者比后者强烈重要	7
5	表示两个因素相比,前者比后者极端重要	9
6	表示介于上述相邻判断的中间值	2、4、6、8
7	若指标 x_i 和 x_j 的重要性之比为 a_{ij},则指标 x_j 和 x_i 的重要性之比为 $\dfrac{1}{a_{ij}}$	倒数

3. 权重向量计算

将评价指标体系中各层指标按照表 7-2 中标度取值范围进行两两比较,构造判断矩阵 $T_{n \times n}$,将判断矩阵 $T_{n \times n}$ 中各元素按列作归一化处理,得到矩阵 Q:

$$Q = (q_{ij})_{n \times n} \tag{7-1}$$

将矩阵 Q 的元素按行相加,得到向量 α:

$$\alpha = (\alpha_1, \alpha_2, \cdots, \alpha_n)^{\mathrm{T}} \tag{7-2}$$

对向量 α 作归一化处理,得特征向量 W,即各指标权重:

$$W = (w_1, w_2, \cdots, w_n)^{\mathrm{T}} \tag{7-3}$$

求出最大特征值 $\lambda_{\max}$:

$$\lambda_{\max} = \frac{1}{n} \sum_{i=1}^{n} \frac{(TW)_i}{w_i} \tag{7-4}$$

计算随机一致性比率 CR：

$$CI = \frac{\lambda_{\max} - n}{n - 1} \tag{7-5}$$

$$CR = \frac{CI}{RI} < 0.10 \tag{7-6}$$

式中，CI 为判断矩阵的一般一致性指标；RI 为平均随机一致性指标，具体取值见表 7-2；n 为判断矩阵阶数。

当 $CR < 0.10$ 时，认为判断矩阵具有满意的一致性，否则就需要调整判断矩阵，使之具有满意的一致性。

表 7-2　随机一致性指标 RI 取值表

n	1	2	3	4	5	6	7	8	9
RI	0.00	0.00	0.58	0.90	1.12	1.24	1.32	1.41	1.45

7.1.2.2　中小型水库震损险情评价指标权重计算

根据图 7-2 所示的中小型水库震损险情综合评价指标体系，可以清晰地看到其自上而下逐层支配的关系结构。

首先构造判断矩阵，计算一致性指标（CI）和一致性比率（CR），见表 7-3～表 7-11。

（1）目标层—准则层（见表 7-3）。

表 7-3　Z—C 判断矩阵

Z	C_1	C_2	C_3	C_4	C_5	C_6	W
C_1	1	3	4	4	4	5	0.411
C_2	1/3	1	2	2	2	5	0.201
C_3	1/4	1/2	1	1	1	4	0.117
C_4	1/4	1/2	1	1	1	4	0.117
C_5	1/4	1/2	1	1	1	4	0.117
C_6	1/5	1/5	1/4	1/4	1/4	1	0.038

$CI = 0.037$，$CR = 0.030 < 0.1$，一致性检验通过。

（2）准则层—指标层。

①坝体破坏（见表 7-4）。

表 7-4　C_1—D 判断矩阵

C_1	D_1	D_2	D_3	W
D_1	1	1/2	1	0.250
D_2	2	1	2	0.500
D_3	1	1/2	1	0.250

$CI = 0.000, CR = 0.000 < 0.1$，一致性检验通过。

②泄水闸（见表7-5）。

表7-5　C_3—D 判断矩阵

C_3	D_4	D_5	D_6	W
D_4	1	1/4	2	0.2
D_5	4	1	5	0.683
D_6	1/2	1/5	1	0.117

$CI = 0.012, CR = 0.021 < 0.1$，一致性检验通过。

③隧洞（见表7-6）。

表7-6　C_4—D 判断矩阵

C_4	D_7	D_8	W
D_7	1	0.5	0.333
D_8	2	1	0.667

$CI = 0.000, CR = 0.000 < 0.1$，一致性检验通过。

④溢洪道（见表7-7）。

表7-7　C_5—D 判断矩阵

C_5	D_9	D_{10}	W
D_9	1	2	0.667
D_{10}	0.5	1	0.333

$CI = 0.000, CR = 0.000 < 0.1$，一致性检验通过。

⑤其他破坏（见表7-8）。

表7-8　C_6—D 判断矩阵

C_6	D_{11}	D_{12}	D_{13}	D_{14}	D_{15}	W
D_{11}	1	2	2	1/2	1/3	0.164
D_{12}	1/2	1	1/2	1/2	1/3	0.094
D_{13}	1/2	2	1	1	1/3	0.143
D_{14}	2	2	1	1	1/2	0.204
D_{15}	3	3	3	2	1	0.395

$CI = 0.047, CR = 0.042 < 0.1$，一致性检验通过。

（3）指标层—二级指标层。

①坝体裂缝（见表7-9）。

表 7-9　D_1—I 判断矩阵

D_1	a_1	a_2	a_3	a_4	W
a_1	1	1	1	0.5	0.2
a_2	1	1	1	0.5	0.2
a_3	1	1	1	0.5	0.2
a_4	2	2	2	1	0.4

$CI = 0.000$，$CR = 0.000 < 0.1$，一致性检验通过。

②坝体渗漏（见表 7-10）。

表 7-10　D_3—I 判断矩阵

D_3	a_5	a_6	W
a_5	1	1	0.5
a_6	1	1	0.5

$CI = 0.000$，$CR = 0.000 < 0.1$，一致性检验通过。

③控制段（隧洞与溢洪道的控制段都采用表 7-11 中的权重进行计算）。

表 7-11　D_9—I 判断矩阵

D_9	a_7	a_8	W
a_7	1	2	0.667
a_8	1/2	1	0.333

$CI = 0.000$，$CR = 0.000 < 0.1$，一致性检验通过。

7.1.3　中小型水库震损险情综合评价指标体系应用

7.1.3.1　层次模糊综合评价

确定评语集，用 $V_k = \{V_1, V_2, \cdots, V_K\}$ 表示。本评估模型所定义的评语集：

$$V = \{一般险情, 次高危险情, 高危险情, 溃坝险情\}$$

（1）权重指标集。通过专家讨论对评价指标给出相对标度，并计算出相应指标的权重。然后对专家们的权重值进行加总，求平均，确定各项评估指标的最终权重。用 $A_i = (a_{i1}, a_{i2}, \cdots, a_{ij})$ 表示，本评估模型权重详见表 7-12。

（2）模糊评判矩阵。将中小型水库震损险情评估子因素集 U_i 到评语集 V 看成一个模糊映射，可以确定模糊评判矩阵 R_i：

$$R_i = \{r_{ijk}\} \tag{7-7}$$

式中，$r_{ijk} = d_{ijk}/d$，d_{ijk} 为评估子因素集 U_i 中 ij 项评估指标被作出评语集中第 k 种评估 V_k 的专家人数，d 为参加评估的总专家数。

（3）根据 FUZZY 理论，运用模糊矩阵的合成运算，得 U_i 的综合评判向量 B_i：

表7-12　综合权重值

准则层 C	准则层权重	指标层 D	指标层权重	二级指标 I	二级指标权重	合成权重
坝体破坏 C_1	0.411	坝体裂缝 D_1	0.250	横向裂缝 a_1	0.200	0.021
				纵向裂缝 a_2	0.200	0.021
				水平裂缝 a_3	0.200	0.021
				滑坡裂缝 a_4	0.400	0.041
		坝体沉陷 D_2	0.500			0.206
		坝体渗漏 D_3	0.250	坝基渗漏 a_5	0.500	0.051
				绕坝渗漏 a_6	0.500	0.051
两岸边坡 C_2	0.201					0.201
泄水闸 C_3	0.117	上游连接段混凝土结构 D_4	0.200			0.023
		闸门 D_5	0.683			0.080
		消能防冲设施 D_6	0.117			0.014
隧洞 C_4	0.117	控制段 D_7	0.333	闸门 a_7	0.667	0.026
				启闭设施 a_8	0.333	0.013
		洞体 D_8	0.667			0.078
溢洪道 C_5	0.117	控制段 D_9	0.667	闸门 a_9	0.667	0.052
				启闭设施 a_{10}	0.333	0.026
		泄流段 D_{10}	0.333			0.039
其他破坏 C_6	0.038	防浪墙 D_{11}	0.164			0.006
		管理房 D_{12}	0.094			0.004
		监测设施 D_{13}	0.143			0.005
		通信设施 D_{14}	0.204			0.008
		交通道路 D_{15}	0.395			0.015

$$B_i = A \circ R_i = (b_{i1}, b_{i2}, \cdots, b_{i4}) \tag{7-8}$$

（4）进行二级评判，将每个子因素集 U_i 看作一个因素，用 B_i 作为单因素评判，即得到上级因素集 U 到评语集 V 是一个模糊映射，$\tilde{U} = \{U_1, U_2, \cdots, U_s\}$。

将每个 U_i 作为 U 的一部分，可以按它们的重要性给出权重 $A = (a_1, a_2, \cdots, a_s)$，所以二级综合评判为：$B = A \circ R = (b_1, b_2, \cdots, b_m)$，对评判结果作归一化，按最大隶属原则得：$B_K = \text{Max}(b_1, b_2, \cdots, b_m)$，则得出 FUZZY 综合评判为 V_k。对于本研究评价指标体系需要进行三级评判，评判方法及原理同二级评判。

7.1.3.2　四川省白水湖水库震损概况

安县白水湖水库位于四川盆地西北部边缘，龙门山主山脉地质断裂带东侧，属中型水库，距"5·12"特大地震震中汶川县70 km。水库处于正常蓄水位时遭受汶川大地震突袭，产生一系列的震损，地震发生后立即加强了对大坝枢纽的监测，主要震损情况如下。

1. 大坝坝体

经检查和观测，安县白水湖水库在"5·12"地震中造成水库大坝坝顶、内坡和右坝肩出现了纵向裂缝7条、横向裂缝8条，裂缝长度310 m，列宽1~6.5 cm，局部出现隆起或塌陷变形。大量细沙从干砌预制混凝土块缝中溢出,反滤料遭到破坏;护坡及下游排水设施破坏;经观察大坝及坝肩地震后渗漏量有所增加。

2. 大坝上游左右岸岸坡

大坝上游左右岸坡,坡度较陡,局部已震损坍塌。上游坡右岸为风化严重的泥岩,长210 m,上游坡左岸为易风化的泥岩,长110 m,本次大地震造成两岸边坡分段出现大面积垮塌和裂缝,8 月、9 月几次暴雨后,裂缝和垮塌加剧,直接威胁工程安全。

3. 溢洪道

溢洪道靠近大坝,同时山上有道路及管理设施,局部已震损坍塌裂缝、变形;通过震后对左坝肩的观测,在溢洪道闸室段和泄水明渠段均出现局部渗漏现象。

本次大地震造成溢洪道启闭设施破坏,一扇工作闸门严重变形,不能正常运行,无法止水。

4. 输水设施

输水设施包括放水洞及放空洞,此次地震震损较为严重,出现裂缝及坍塌,渗流量加大,影响运用。放水洞及放空洞各一扇工作闸门在地震中扭曲变形,不能使用。

5. 管理房屋

左坝肩综合楼($580 \ m^2$)出现不同程度变形,其他水库管理房 $620 \ m^2$ 垮塌,水库管理房 $798 \ m^2$ 部分垮塌,已成危房。

经有关鉴定意见:水库管理房 $1\ 200 \ m^2$ 垮塌,需拆除重建;$798 \ m^2$ 已成危房,可加固后使用。

7.1.3.3　四川省白水湖水库震损险情程度模糊综合评价

根据上文所建立的中小型水库震损险情评价指标体系,以白水湖水库震损情况为例,对该评价指标体系进行验证,本次研究邀请 10 位专家对白水湖水库实际震损情况进行分析。

按上述层次模糊评判模型对中小型水库震损险情综合评价指标体系指标层 D 以及二级指标层 I 中各指标进行评判,得出如下模糊评判矩阵:

（1）坝体破坏 C_1。

①坝体裂缝 D_1:

$$R_{D1} = \begin{bmatrix} 1/10 & 4/10 & 3/10 & 2/10 \\ 0 & 3/10 & 5/10 & 2/10 \\ 1/10 & 6/10 & 2/10 & 1/10 \\ 0 & 2/10 & 6/10 & 2/10 \end{bmatrix}$$

$$D_1 = A_{D1} \circ R_{D1} = (0.02 \quad 0.34 \quad 0.44 \quad 0.18)$$

②坝体沉陷 D_2:

$$D_2 = R_{D2} = (0.00 \quad 0.20 \quad 0.50 \quad 0.30)$$

③坝体渗漏 D_3:

$$R_{D3} = \begin{bmatrix} 0 & 5/10 & 3/10 & 2/10 \\ 1/10 & 6/10 & 3/10 & 1/10 \end{bmatrix}$$

$$D_3 = A_{D3} \circ R_{D3} = (0.05 \quad 0.55 \quad 0.30 \quad 0.15)$$

做二级评判得出上级指标坝体破坏指标的模糊矩阵 R_{C1}：

$$R_{C1} = \begin{bmatrix} D_1 \\ D_2 \\ D_3 \end{bmatrix} = \begin{bmatrix} 0.02 & 0.34 & 0.44 & 0.18 \\ 0.00 & 0.20 & 0.50 & 0.30 \\ 0.05 & 0.55 & 0.30 & 0.15 \end{bmatrix}$$

（2）隧洞 C_4。

①控制段 D_7：

$$R_{D7} = \begin{bmatrix} 1/10 & 2/10 & 5/10 & 2/10 \\ 2/10 & 4/10 & 3/10 & 1/10 \end{bmatrix}$$

$$D_7 = A_{D7} \circ R_{D7} = (0.133 \quad 0.267 \quad 0.433 \quad 0.167)$$

②洞体 D_8：

$$D_8 = R_{D8} = (0.00 \quad 0.20 \quad 0.50 \quad 0.30)$$

做二级评判得上级指标隧洞的模糊判断矩阵 R_{C4}：

$$R_{C4} = \begin{bmatrix} D_7 \\ D_8 \end{bmatrix} = \begin{bmatrix} 0.133 & 0.267 & 0.433 & 0.167 \\ 0.00 & 0.20 & 0.50 & 0.30 \end{bmatrix}$$

（3）溢洪道 C_5。

计算方法同隧洞，得出溢洪道模糊判断矩阵 R_{C5}：

$$R_{C5} = \begin{bmatrix} D_9 \\ D_{10} \end{bmatrix} = \begin{bmatrix} 0.033 & 0.333 & 0.500 & 0.133 \\ 0.000 & 0.300 & 0.400 & 0.300 \end{bmatrix}$$

（4）准则层 C—指标层 D 模糊判断矩阵如下：

$$R_{C1} = \begin{bmatrix} D_1 \\ D_2 \\ D_3 \end{bmatrix} = \begin{bmatrix} 0.02 & 0.34 & 0.44 & 0.18 \\ 0.00 & 0.20 & 0.50 & 0.30 \\ 0.05 & 0.55 & 0.30 & 0.15 \end{bmatrix}$$

$$R_{C2} = \begin{bmatrix} 0.00 & 0.30 & 0.50 & 0.20 \end{bmatrix}$$

$$R_{C3} = \begin{bmatrix} 0.00 & 0.40 & 0.50 & 0.10 \\ 0.00 & 0.50 & 0.30 & 0.20 \\ 0.10 & 0.40 & 0.30 & 0.20 \end{bmatrix}$$

$$R_{C4} = \begin{bmatrix} D_7 \\ D_8 \end{bmatrix} = \begin{bmatrix} 0.133 & 0.267 & 0.433 & 0.167 \\ 0.00 & 0.20 & 0.50 & 0.30 \end{bmatrix}$$

$$R_{C5} = \begin{bmatrix} D_9 \\ D_{10} \end{bmatrix} = \begin{bmatrix} 0.033 & 0.333 & 0.500 & 0.133 \\ 0.000 & 0.300 & 0.400 & 0.300 \end{bmatrix}$$

$$R_{C6} = \begin{bmatrix} 0.0 & 0.5 & 0.4 & 0.1 \\ 0.0 & 0.2 & 0.5 & 0.3 \\ 0.2 & 0.4 & 0.3 & 0.1 \\ 0.0 & 0.5 & 0.2 & 0.1 \\ 0.0 & 0.4 & 0.3 & 0.3 \end{bmatrix}$$

$$C_1 = A_{C1} \circ R_{C1} = (0.018 \quad 0.300 \quad 0.458 \quad 0.238)$$
$$C_2 = A_{C2} \circ R_{C2} = (0.000 \quad 0.500 \quad 0.300 \quad 0.200)$$
$$C_3 = A_{C3} \circ R_{C3} = (0.012 \quad 0.183 \quad 0.625 \quad 0.180)$$
$$C_4 = A_{C4} \circ R_{C4} = (0.044 \quad 0.244 \quad 0.456 \quad 0.256)$$
$$C_5 = A_{C5} \circ R_{C5} = (0.022 \quad 0.233 \quad 0.556 \quad 0.189)$$
$$C_6 = A_{C6} \circ R_{C6} = (0.086 \quad 0.308 \quad 0.408 \quad 0.198)$$

进行三级评判,得出结论:

$$R = \begin{bmatrix} C_1 \\ C_2 \\ C_3 \\ C_4 \\ C_5 \\ C_6 \end{bmatrix} = \begin{bmatrix} 0.018 & 0.300 & 0.458 & 0.238 \\ 0.000 & 0.500 & 0.300 & 0.200 \\ 0.012 & 0.183 & 0.625 & 0.180 \\ 0.044 & 0.244 & 0.456 & 0.256 \\ 0.022 & 0.233 & 0.556 & 0.189 \\ 0.086 & 0.308 & 0.408 & 0.198 \end{bmatrix}$$

$$B = A \circ R = (0.019 \quad 0.388 \quad 0.381 \quad 0.216)$$

该矩阵具有较好的归一性,无须进行归一化,可直接按最大隶属度原则得:

$B = \text{Max}(0.019 \quad 0.388 \quad 0.381 \quad 0.216) = 0.388$,可以看出,评估结果对评语集中次高危险情隶属度最大,因此判断该水库震损险情为次高危险情。该水库震损险情等级当时即被评为次高危险情,因此可以看出,该评级指标体系切实可行。

(5)水库各部位损坏程度评价。

本研究在请专家根据表 3-8 ~ 表 3-26 评价标准对各指标损坏情况确定隶属度的同时对各指标进行打分,打分标准参照表 3-7,并将专家对评价指标量化分值 q_i 代入公式(7-9),计算各指标综合评分值,再根据表 7-13 所给出指标险情级别区间范围确定各指标损坏程度。

表 7-13　指标险情级别区间范围

指标层	综合值 T	一般险情	次高危险情	高危险情	溃坝险情
横向裂缝 a_1	0.082	[0 ~ 0.041)	[0.041 ~ 0.103)	[0.103 ~ 0.164)	[0.164 ~ 0.206]
纵向裂缝 a_2	0.123	[0 ~ 0.041)	[0.041 ~ 0.103)	[0.103 ~ 0.164)	[0.164 ~ 0.206]
水平裂缝 a_3	0.082	[0 ~ 0.041)	[0.041 ~ 0.103)	[0.103 ~ 0.164)	[0.164 ~ 0.206]
滑坡裂缝 a_4	0.206	[0 ~ 0.082)	[0.082 ~ 0.206)	[0.206 ~ 0.329)	[0.329 ~ 0.411]
坝体沉陷 D_2	0.822	[0 ~ 0.411)	[0.411 ~ 1.028)	[1.028 ~ 1.644)	[1.644 ~ 2.055]
坝基渗漏 a_5	0.231	[0 ~ 0.103)	[0.103 ~ 0.257)	[0.257 ~ 0.411)	[0.411 ~ 0.514]
绕坝渗漏 a_6	0.308	[0 ~ 0.103)	[0.103 ~ 0.257)	[0.257 ~ 0.411)	[0.411 ~ 0.514]
两岸边坡 C_2	1.206	[0 ~ 0.402)	[0.402 ~ 1.005)	[1.005 ~ 1.608)	[1.608 ~ 2.010]
Z 上游连接段混凝土结构 D_4	0.105	[0 ~ 0.047)	[0.047 ~ 0.117)	[0.117 ~ 0.187)	[0.187 ~ 0.234]
Z 闸门 D_5	0.400	[0 ~ 0.160)	[0.160 ~ 0.400)	[0.400 ~ 0.639)	[0.639 ~ 0.799]

续表 7-13

指标层	综合值 T	一般险情	次高危险情	高危险情	溃坝险情
Z 消能防冲设施 D_6	0.055	[0 ~ 0.027)	[0.027 ~ 0.068)	[0.068 ~ 0.110)	[0.110 ~ 0.137]
S 闸门 a_7	0.156	[0 ~ 0.052)	[0.052 ~ 0.130)	[0.130 ~ 0.208)	[0.208 ~ 0.260]
S 启闭设施 a_8	0.058	[0 ~ 0.026)	[0.026 ~ 0.065)	[0.065 ~ 0.104)	[0.104 ~ 0.130]
S 洞体 D_8	0.468	[0 ~ 0.156)	[0.156 ~ 0.390)	[0.390 ~ 0.624)	[0.624 ~ 0.780]
Y 闸门 a_9	0.312	[0 ~ 0.104)	[0.104 ~ 0.260)	[0.260 ~ 0.416)	[0.416 ~ 0.521]
Y 启闭设施 a_{10}	0.130	[0 ~ 0.052)	[0.052 ~ 0.130)	[0.130 ~ 0.208)	[0.208 ~ 0.260]
Y 泄流段 D_{10}	0.214	[0 ~ 0.078)	[0.078 ~ 0.195)	[0.195 ~ 0.312)	[0.312 ~ 0.390]
防浪墙 D_{11}	0.028	[0 ~ 0.012)	[0.012 ~ 0.031)	[0.031 ~ 0.050)	[0.050 ~ 0.062]
管理房 D_{12}	0.021	[0 ~ 0.007)	[0.007 ~ 0.018)	[0.018 ~ 0.029)	[0.029 ~ 0.036]
监测设施 D_{13}	0.027	[0 ~ 0.011)	[0.011 ~ 0.027)	[0.027 ~ 0.043)	[0.043 ~ 0.054]
通信设施 D_{14}	0.031	[0 ~ 0.016)	[0.016 ~ 0.039)	[0.039 ~ 0.062)	[0.062 ~ 0.078]
交通道路 D_{15}	0.075	[0 ~ 0.030)	[0.030 ~ 0.075)	[0.075 ~ 0.120)	[0.120 ~ 0.150]

$$T_i = q_i H_i \tag{7-9}$$

式中，T_i 为指标综合评分值，详见表 7-14；H_i 为各指标合成权重；q_i 为指标量化分值。

将 10 位专家对白水湖水库险情评价指标损坏程度进行量化打分和平均计算，结果列入表 7-15 中。

表 7-14　指标综合评分值 T_i

指标	a_1	a_2	a_3	a_4	D_2	a_5	a_6	C_2	D_4	D_5	D_6
综合评分	0.082	0.123	0.082	0.206	0.822	0.231	0.308	1.206	0.105	0.400	0.055
指标	a_7	a_8	D_8	a_9	a_{10}	D_{10}	D_{11}	D_{12}	D_{13}	D_{14}	D_{15}
综合评分	0.156	0.058	0.468	0.312	0.130	0.214	0.028	0.021	0.027	0.031	0.075

表 7-15　指标量化分值 q_i

指标	a_1	a_2	a_3	a_4	D_2	a_5	a_6	C_2	D_4	D_5	D_6
量化分值	4	6	4	5	4	4.5	6	6	4.5	5	4
指标	a_7	a_8	D_8	a_9	a_{10}	D_{10}	D_{11}	D_{12}	D_{13}	D_{14}	D_{15}
量化分值	6	4.5	6	6	5	5.5	4.5	6	5	4	5

7.1.3.4 评价结果分析

采用层次模糊综合评判法评价四川省白水湖水库震损险情等级得出结果与该水库当时安全鉴定结论一致，即该水库震损险情为次高危险情。同时，根据公式(7-9)计算各指标险情级别的区间取值范围见表 7-13，从表中可以看出各指标都没有达到溃坝险情，但是有 13 个指标达到高危险情，其数量同样很多，仍然无法判断险情程度，下面将 13 个指标排序,利用公式(7-10)计算危险系数 K,K 值越接近于 0,说明该指标越危险。

$$K = \frac{B - T}{B - A} \tag{7-10}$$

式中,K 为危险系数,越接近于 0,越危险,计算结果见表 7-16;A 为高危险情取值区间下限值;B 为高危险情取值区间上限值;T 为指标综合得分值。

表 7-16 危险系数 K

破坏部位	综合得分值 T	高危险情		危险系数 K	排序
		A	B		
纵向裂缝 a_2	0.123	0.103	0.164	0.672	2
滑坡裂缝 a_4	0.206	0.206	0.329	1.000	6
绕坝渗漏 a_6	0.308	0.257	0.411	0.669	3
两岸边坡 C_2	1.206	1.005	1.608	0.667	1
Z 闸门 D_5	0.4	0.4	0.639	1.000	6
S 闸门 a_7	0.156	0.13	0.208	0.667	1
S 洞体 D_8	0.468	0.39	0.624	0.667	1
Y 闸门 a_9	0.312	0.26	0.416	0.667	1
Y 启闭设施 a_{10}	0.13	0.13	0.208	1.000	6
Y 泄流段 D_{10}	0.214	0.195	0.312	0.838	5
管理房 D_{12}	0.021	0.018	0.029	0.727	4
监测设施 D_{13}	0.027	0.027	0.043	1.000	6
交通道路 D_{15}	0.075	0.075	0.12	1.000	6

由表 7-16 可知,表中 13 个指标危险系数 K 相差不大,其中两岸边坡、隧洞的闸门、洞体以及溢洪道的闸门、启闭设施、泄流段最接近高危险情的上限值,其次是坝体纵向裂缝以及绕坝渗漏。由于除险加固施工受多种因素制约,不能按照危险排序进行施工,因此对处于较高险情级别的多个指标进行排序,对除险加固次序安排仅提供参考。

7.1.3.5 黄水沟水库震损概况

黄水沟水库位于安县沸水镇沸泉村境内,距安县县城 43.6 km,大坝地理位置北纬 31°32′,东经 104°16′。水库总库容 100.23 万 m³,灌溉面积 5 052 亩,正常蓄水位 668.40 m,是一座以灌溉为主,兼有养鱼等综合效益的小(1)型水库工程,枢纽区由主坝、副坝、溢洪道和放水系统构成。

主坝为均质土坝,坝顶长度 106.0 m,坝顶宽度 6.0 m,坝底最大宽度 88.9 m,坝顶高程 671.25 m,最大坝高 17.6 m;水库处于正常蓄水位时遭受"5·12"汶川大地震突袭,在主坝坝体中产生了一系列的震生裂缝,其中平行于坝轴方向规模最大的纵向主裂缝长达 67 m,呈断续状延伸,主裂缝宽度 3 ~ 12 cm,深度一般为 0.7 ~ 1.6 m,局部深达 3 m 以上;垂直于坝轴方向较为密集的横裂缝长度一般为 3 ~ 6 m,最长为 10 ~ 15 m,缝宽 1 ~ 4 cm;裂缝两侧的坝坡土体已具明显的蠕动变形。主坝坝顶混凝土砌块多处开裂,裂缝长度 1.2 ~ 1.6 m,缝宽 3 ~ 8 mm;迎水面干砌块石护坡起伏变形、明显错位;坝前水位标尺裂开 3 ~ 8 mm。

邻近主坝左岸的水保站管理用房严重受损,基础梁和墙周多处拉裂,缝长 1.3 ~ 1.8 m,缝宽 0.3 ~ 1.5 cm。

溢洪道受"5·12"地震震损破坏较轻微,建议采用加固消力池及溢道道的侧墙衬砌,对堰底进行抗冲刷的护底处理。

7.1.3.6　四川省黄水沟水库震损险情程度模糊综合评价

运用层次模糊综合评判法对小(1)型黄水沟水库进行震损险情综合评价,由于黄水沟水库具有主坝与副坝两座挡水坝,因此将中小型水库震损险情综合评价指标体系中坝体破坏分为主坝破坏及副坝破坏。这样准则层—目标层的权重需重新计算,运用层次分析法计算,略去详细步骤,将各指标权重及合成权重列入表 7-17 中。

表 7-17　综合权重值

准则层 C	准则层权重	指标层 D	指标层权重	二级指标 I	二级指标权重	合成权重
主坝破坏 C_1	0.334	坝体裂缝 D_1	0.25	横向裂缝 a_1	0.2	0.017
				纵向裂缝 a_2	0.2	0.017
				水平裂缝 a_3	0.2	0.017
				滑坡裂缝 a_4	0.4	0.033
		坝体沉陷 D_2	0.5			0.167
		坝体渗漏 D_3	0.25	坝基渗漏 a_5	0.5	0.042
				绕坝渗漏 a_6	0.5	0.042
副坝破坏 C_2	0.221	坝体裂缝 D_4	0.25	横向裂缝 a_7	0.2	0.011
				纵向裂缝 a_8	0.2	0.011
				水平裂缝 a_9	0.2	0.011
				滑坡裂缝 a_{10}	0.4	0.022
		坝体沉陷 D_5	0.5			0.111
		坝体渗漏 D_6	0.25	坝基渗漏 a_{11}	0.5	0.028
				绕坝渗漏 a_{12}	0.5	0.028
两岸边坡 C_3	0.149					0.149
泄水闸 C_4	0.088	上游连接段混凝土结构 D_7	0.2			0.018
		闸门 D_8	0.683			0.060
		消能防冲设施 D_9	0.117			0.010
隧洞 C_5	0.088	控制段 D_{10}	0.333	闸门 a_{13}	0.667	0.020
				启闭设施 a_{14}	0.333	0.010
		洞体 D_{11}	0.667			0.059
溢洪道 C_6	0.088	控制段 D_{12}	0.667	闸门 a_{15}	0.667	0.039
				启闭设施 a_{16}	0.333	0.020
		泄流段 D_{13}	0.333			0.029
其他破坏 C_7	0.032	防浪墙 D_{14}	0.164			0.005
		管理房 D_{15}	0.094			0.003
		监测设施 D_{16}	0.143			0.005
		通信设施 D_{17}	0.204			0.007
		交通道路 D_{18}	0.395			0.013

再次邀请 10 位专家对小（1）型黄水沟水库震损情况进行分析，按上述层次模糊评判模型对中小型水库震损险情综合评价指标体系指标层 D 以及二级指标层 I 中各指标进行评判，得出如下模糊评判矩阵：

（1）主坝破坏 C_1。

①坝体裂缝 D_1：

$$R_{D1} = \begin{bmatrix} 0 & 3/10 & 5/10 & 2/10 \\ 0 & 2/10 & 6/10 & 2/10 \\ 1/10 & 6/10 & 2/10 & 1/10 \\ 0 & 5/10 & 3/10 & 2/10 \end{bmatrix}$$

$$D_1 = A_{D1} \circ R_{D1} = (0.02 \quad 0.42 \quad 0.38 \quad 0.18)$$

②坝体沉陷 D_2：

$$D_2 = R_{D2} = (0.00 \quad 0.40 \quad 0.30 \quad 0.30)$$

③坝体渗漏 D_3：

$$R_{D3} = \begin{bmatrix} 0 & 3/10 & 5/10 & 2/10 \\ 1/10 & 4/10 & 3/10 & 2/10 \end{bmatrix}$$

$$D_3 = A_{D3} \circ R_{D3} = (0.05 \quad 0.35 \quad 0.40 \quad 0.20)$$

做二级评判得出上级指标坝体破坏指标的模糊矩阵 R_{C1}：

$$R_{C1} = \begin{bmatrix} D_1 \\ D_2 \\ D_3 \end{bmatrix} = \begin{bmatrix} 0.02 & 0.42 & 0.38 & 0.18 \\ 0.00 & 0.40 & 0.30 & 0.30 \\ 0.05 & 0.35 & 0.40 & 0.20 \end{bmatrix}$$

（2）副坝破坏 C_2。

①坝体裂缝 D_4：

$$R_{D4} = \begin{bmatrix} 0 & 3/10 & 5/10 & 2/10 \\ 0 & 4/10 & 5/10 & 1/10 \\ 1/10 & 5/10 & 3/10 & 1/10 \\ 0 & 5/10 & 3/10 & 2/10 \end{bmatrix}$$

$$D_4 = A_{D4} \circ R_{D4} = (0.02 \quad 0.44 \quad 0.38 \quad 0.16)$$

②坝体沉陷 D_5：

$$D_5 = R_{D5} = \begin{bmatrix} 0.00 & 0.40 & 0.30 & 0.30 \end{bmatrix}$$

③坝体渗漏 D_6：

$$R_{D6} = \begin{bmatrix} 0 & 3/10 & 5/10 & 2/10 \\ 1/10 & 4/10 & 3/10 & 2/10 \end{bmatrix}$$

$$D_6 = A_{D6} \circ R_{D6} = (0.05 \quad 0.35 \quad 0.40 \quad 0.20)$$

做二级评判得出上级指标坝体破坏指标的模糊矩阵 R_{C2}：

$$R_{C2} = \begin{bmatrix} D_4 \\ D_5 \\ D_6 \end{bmatrix} = \begin{bmatrix} 0.02 & 0.44 & 0.38 & 0.16 \\ 0.00 & 0.40 & 0.30 & 0.30 \\ 0.05 & 0.35 & 0.40 & 0.20 \end{bmatrix}$$

（3）隧洞 C_5。

①控制段 D_{10}：

$$R_{D10} = \begin{bmatrix} 1/10 & 3/10 & 4/10 & 2/10 \\ 2/10 & 4/10 & 3/10 & 1/10 \end{bmatrix}$$

$$D_{10} = A_{D10} \circ R_{D10} = (0.133 \quad 0.333 \quad 0.367 \quad 0.167)$$

②洞体 D_{11}：

$$D_{11} = R_{D11} = (0.00 \quad 0.50 \quad 0.40 \quad 0.10)$$

做二级评判得上级指标隧洞的模糊判断矩阵 R_{C5}：

$$R_{C5} = \begin{bmatrix} D_{10} \\ D_{11} \end{bmatrix} = \begin{bmatrix} 0.133 & 0.333 & 0.367 & 0.167 \\ 0.00 & 0.50 & 0.40 & 0.10 \end{bmatrix}$$

（4）溢洪道 C_6。

计算方法同隧洞，得出溢洪道模糊判断矩阵 R_{C6}：

$$R_{C6} = \begin{bmatrix} D_{12} \\ D_{13} \end{bmatrix} = \begin{bmatrix} 0.133 & 0.40 & 0.30 & 0.167 \\ 0.00 & 0.50 & 0.40 & 0.10 \end{bmatrix}$$

准则层 C—指标层 D 模糊判断矩阵如下：

$$R_{C1} = \begin{bmatrix} D_1 \\ D_2 \\ D_3 \end{bmatrix} = \begin{bmatrix} 0.02 & 0.42 & 0.38 & 0.18 \\ 0.00 & 0.40 & 0.30 & 0.30 \\ 0.05 & 0.35 & 0.40 & 0.20 \end{bmatrix}$$

$$R_{C2} = \begin{bmatrix} D_4 \\ D_5 \\ D_6 \end{bmatrix} = \begin{bmatrix} 0.02 & 0.44 & 0.38 & 0.16 \\ 0.00 & 0.40 & 0.30 & 0.30 \\ 0.05 & 0.35 & 0.40 & 0.20 \end{bmatrix}$$

$$R_{C3} = \begin{bmatrix} 0.00 & 0.50 & 0.30 & 0.20 \end{bmatrix}$$

$$R_{C4} = \begin{bmatrix} 0.00 & 0.50 & 0.40 & 0.10 \\ 0.00 & 0.40 & 0.50 & 0.10 \\ 0.10 & 0.40 & 0.30 & 0.20 \end{bmatrix}$$

$$R_{C5} = \begin{bmatrix} D_{10} \\ D_{11} \end{bmatrix} = \begin{bmatrix} 0.133 & 0.333 & 0.367 & 0.167 \\ 0.00 & 0.50 & 0.40 & 0.10 \end{bmatrix}$$

$$R_{C6} = \begin{bmatrix} D_{12} \\ D_{13} \end{bmatrix} = \begin{bmatrix} 0.133 & 0.40 & 0.30 & 0.167 \\ 0.00 & 0.50 & 0.40 & 0.10 \end{bmatrix}$$

$$R_{C7} = \begin{bmatrix} 0.1 & 0.4 & 0.4 & 0.1 \\ 0 & 0.5 & 0.2 & 0.3 \\ 0.2 & 0.3 & 0.4 & 0.1 \\ 0.2 & 0.5 & 0.2 & 0.1 \\ 0 & 0.4 & 0.3 & 0.3 \end{bmatrix}$$

$$C_1 = A_{C1} \circ R_{C1} = (0.018 \quad 0.393 \quad 0.345 \quad 0.245)$$

$$C_2 = A_{C2} \circ R_{C2} = (0.018 \quad 0.398 \quad 0.345 \quad 0.240)$$

$$C_3 = A_{C3} \circ R_{C3} = (0.000 \quad 0.075 \quad 0.045 \quad 0.030)$$
$$C_4 = A_{C4} \circ R_{C4} = (0.012 \quad 0.420 \quad 0.457 \quad 0.112)$$
$$C_5 = A_{C5} \circ R_{C5} = (0.044 \quad 0.444 \quad 0.389 \quad 0.122)$$
$$C_6 = A_{C6} \circ R_{C6} = (0.089 \quad 0.433 \quad 0.333 \quad 0.144)$$
$$C_7 = A_{C7} \circ R_{C7} = (0.086 \quad 0.416 \quad 0.301 \quad 0.198)$$

进行三级评判,得出结论:

$$R = \begin{bmatrix} C_1 \\ C_2 \\ C_3 \\ C_4 \\ C_5 \\ C_6 \\ C_7 \end{bmatrix} = \begin{bmatrix} 0.018 & 0.393 & 0.345 & 0.245 \\ 0.018 & 0.398 & 0.345 & 0.240 \\ 0.000 & 0.075 & 0.045 & 0.030 \\ 0.012 & 0.420 & 0.457 & 0.112 \\ 0.044 & 0.444 & 0.389 & 0.122 \\ 0.089 & 0.433 & 0.333 & 0.144 \\ 0.086 & 0.416 & 0.301 & 0.198 \end{bmatrix}$$

$$B = A \circ R = (0.025 \quad 0.358 \quad 0.311 \quad 0.179)$$

该矩阵具有较好的归一性,无须进行归一化,可直接按最大隶属度原则得:

$B = \mathrm{Max}(0.025 \quad 0.358 \quad 0.311 \quad 0.179) = 0.358$,可以看出,评估结果对评语集中次高危险情隶属度最大,因此判断该水库震损险情为次高危险情。该水库震损险情等级当时即被评为次高危险情,因此可以看出,该评级指标体系切实可行。

(5)水库各部位损坏程度评价。

运用公式(7-9)并根据专家对评价指标量化分值 q_i(见表7-18)计算各指标综合评分值,列入表7-19中,再根据表7-20所给出指标险情级别区间范围确定各指标损坏程度。

表7-18 指标量化分值 q_i

指标	a_1	a_2	a_3	a_4	D_2	a_5	a_6	a_7	a_8	a_9	a_{10}
量化分值	5	6	4	5.5	4.5	5	4	4.5	5.5	4	5
指标	D_5	a_{11}	a_{12}	C_3	D_7	D_8	D_9	a_{13}	a_{14}	D_{11}	a_{15}
量化分值	5.5	4.5	4	5.5	5	5.5	4.5	5.5	4	5	4
指标	a_{16}	D_{13}	D_{14}	D_{15}	D_{16}	D_{17}	D_{18}				
量化分值	4.5	4	4.5	6	5	4	5				

表7-19 指标综合评分值 T_i

指标	a_1	a_2	a_3	a_4	D_2	a_5	a_6	a_7	a_8	a_9	a_{10}
综合评分	0.084	0.100	0.067	0.184	0.752	0.209	0.167	0.050	0.061	0.044	0.111
指标	D_5	a_{11}	a_{12}	C_3	D_7	D_8	D_9	a_{13}	a_{14}	D_{11}	a_{15}
综合评分	0.608	0.124	0.111	0.820	0.088	0.331	0.046	0.108	0.039	0.293	0.157
指标	a_{16}	D_{13}	D_{14}	D_{15}	D_{16}	D_{17}	D_{18}				
综合评分	0.088	0.117	0.024	0.018	0.023	0.026	0.063				

表 7-20　指标险情级别区间范围

指标层	综合值 T	一般险情	次高危险情	高危险情	溃坝险情
横向裂缝 a_1	0.084	[0 ~ 0.033)	[0.033 ~ 0.084)	[0.084 ~ 0.134)	[0.134 ~ 0.167]
纵向裂缝 a_2	0.100	[0 ~ 0.033)	[0.033 ~ 0.084)	[0.084 ~ 0.134)	[0.134 ~ 0.167]
水平裂缝 a_3	0.067	[0 ~ 0.033)	[0.033 ~ 0.084)	[0.084 ~ 0.134)	[0.134 ~ 0.167]
滑坡裂缝 a_4	0.184	[0 ~ 0.067)	[0.067 ~ 0.167)	[0.167 ~ 0.267)	[0.267 ~ 0.334]
坝体沉陷 D_2	0.752	[0 ~ 0.334)	[0.334 ~ 0.835)	[0.835 ~ 1.336)	[1.336 ~ 1.670]
坝基渗漏 a_5	0.209	[0 ~ 0.084)	[0.084 ~ 0.209)	[0.209 ~ 0.334)	[0.334 ~ 0.418]
绕坝渗漏 a_6	0.167	[0 ~ 0.084)	[0.084 ~ 0.209)	[0.209 ~ 0.334)	[0.334 ~ 0.418]
横向裂缝 a_7	0.050	[0 ~ 0.022)	[0.022 ~ 0.055)	[0.055 ~ 0.088)	[0.088 ~ 0.111]
纵向裂缝 a_8	0.061	[0 ~ 0.022)	[0.022 ~ 0.055)	[0.055 ~ 0.088)	[0.088 ~ 0.111]
水平裂缝 a_9	0.044	[0 ~ 0.022)	[0.022 ~ 0.055)	[0.055 ~ 0.088)	[0.088 ~ 0.111]
滑坡裂缝 a_{10}	0.111	[0 ~ 0.044)	[0.044 ~ 0.111)	[0.111 ~ 0.177)	[0.177 ~ 0.221]
坝体沉陷 D_5	0.608	[0 ~ 0.221)	[0.221 ~ 0.553)	[0.553 ~ 0.884)	[0.884 ~ 1.105]
坝基渗漏 a_{11}	0.124	[0 ~ 0.055)	[0.055 ~ 0.138)	[0.138 ~ 0.221)	[0.221 ~ 0.276]
绕坝渗漏 a_{12}	0.111	[0 ~ 0.055)	[0.055 ~ 0.138)	[0.138 ~ 0.221)	[0.221 ~ 0.276]
两岸边坡 C_3	0.820	[0 ~ 0.298)	[0.298 ~ 0.745)	[0.745 ~ 1.192)	[1.192 ~ 1.490]
Z 上游连接段混凝土结构 D_7	0.088	[0 ~ 0.035)	[0.035 ~ 0.088)	[0.088 ~ 0.141)	[0.141 ~ 0.176]
Z 闸门 D_8	0.331	[0 ~ 0.120)	[0.120 ~ 0.301)	[0.301 ~ 0.481)	[0.481 ~ 0.601]
Z 消能防冲设施 D_9	0.046	[0 ~ 0.021)	[0.021 ~ 0.051)	[0.051 ~ 0.082)	[0.082 ~ 0.103]
S 闸门 a_{13}	0.108	[0 ~ 0.039)	[0.039 ~ 0.098)	[0.098 ~ 0.156)	[0.156 ~ 0.195]
S 启闭设施 a_{14}	0.039	[0 ~ 0.020)	[0.020 ~ 0.049)	[0.049 ~ 0.078)	[0.078 ~ 0.098]
S 洞体 D_{11}	0.293	[0 ~ 0.117)	[0.117 ~ 0.293)	[0.293 ~ 0.470)	[0.470 ~ 0.587]
Y 闸门 a_{15}	0.157	[0 ~ 0.078)	[0.078 ~ 0.196)	[0.196 ~ 0.313)	[0.313 ~ 0.392]
Y 启闭设施 a_{16}	0.088	[0 ~ 0.039)	[0.039 ~ 0.098)	[0.098 ~ 0.156)	[0.156 ~ 0.195]
Y 泄流段 D_{13}	0.117	[0 ~ 0.059)	[0.059 ~ 0.147)	[0.147 ~ 0.234)	[0.234 ~ 0.293]
防浪墙 D_{14}	0.024	[0 ~ 0.010)	[0.010 ~ 0.026)	[0.026 ~ 0.042)	[0.042 ~ 0.052]
管理房 D_{15}	0.018	[0 ~ 0.006)	[0.006 ~ 0.015)	[0.015 ~ 0.024)	[0.024 ~ 0.030]
监测设施 D_{16}	0.023	[0 ~ 0.009)	[0.009 ~ 0.023)	[0.023 ~ 0.037)	[0.037 ~ 0.046]
通信设施 D_{17}	0.026	[0 ~ 0.013)	[0.013 ~ 0.033)	[0.033 ~ 0.052)	[0.052 ~ 0.065]
交通道路 D_{18}	0.063	[0 ~ 0.025)	[0.025 ~ 0.063)	[0.063 ~ 0.101)	[0.101 ~ 0.126]

7.1.3.7　评价结果分析

　　根据公式(7-9)计算各指标险情级别的区间取值范围见表 7-20,从表中可以看出各指标都没有达到溃坝险情,但是有 15 个指标达到高危险情,其数量同样很多,同样无法判断除险加固的先后次序,下面利用公式(7-10)计算危险系数 K,并将 15 个指标排序。

　　由表 7-21 可知,管理房危险系数最小,其次是主坝的纵向裂缝。黄水沟水库的管理房严重受损,基础梁和墙周围多处拉裂,缝长 1.3 ~ 1.8 m,有坍塌的趋势:①主坝纵向裂缝长度达到主坝总长的 2/3,宽达 12 cm。②副坝的纵向裂缝以及隧洞的闸门危险系数较小。③水库的两岸边坡以及泄水闸的闸门损坏也较严重,应抓紧修复,以免险情恶化。

表 7-21　危险系数 K

| 破坏部位 | 综合得分值 T | 高危险情 | | 危险系数 K | 排序 |
		A	B		
横向裂缝 a_1	0.084	0.084	0.134	1.000	9
纵向裂缝 a_2	0.100	0.084	0.134	0.680	2
滑坡裂缝 a_4	0.184	0.167	0.267	0.830	5
坝基渗漏 a_5	0.209	0.209	0.334	1.000	9
纵向裂缝 a_8	0.061	0.055	0.088	0.818	3
滑坡裂缝 a_{10}	0.111	0.111	0.177	1.000	9
坝体沉陷 D_5	0.608	0.553	0.884	0.834	8
两岸边坡 C_3	0.820	0.745	1.192	0.832	6
Z 上游连接段混凝土结构 D_7	0.088	0.088	0.141	1.000	9
Z 闸门 D_8	0.331	0.301	0.481	0.833	7
S 闸门 a_{13}	0.108	0.098	0.156	0.828	4
S 洞体 D_{11}	0.293	0.293	0.470	1.000	9
管理房 D_{15}	0.018	0.015	0.024	0.667	1
监测设施 D_{16}	0.023	0.023	0.037	1.000	9
交通道路 D_{18}	0.063	0.063	0.101	1.000	9

7.1.4　小　结

通过查阅大量国内外相关文献,采用定性与定量相结合的方法构建一套相对直观的、科学的评价指标体系。以四川省白水湖水库(中型)以及黄水沟水库(小型)为例,对其震损险情程度进行评价,得出以下结论:

(1)统计 65 座四川省中小型震损水库破坏情况,分析影响水库震损程度的因素,主要有地震等级、震源深度、地质分布等外部因素,以及筑坝类型、坝体设计、工程建设以及运行管理等内部因素。

(2)通过对 65 座中小型震损水库破坏情况进行总结与分析,初步建立水库主要破损部位以及各部位损坏形式为指标的评价指标体系,采用定性与定量相结合的方法对初步建立的评价指标体系进行筛选与优化,最终确定 1 个目标、6 个准则层指标、15 个一级指标、10 个二级指标的中小型震损水库险情综合评价指标体系,其中两岸边坡既是一级指标,又是末级指标,并对末级指标建立评价标准。该评价指标体系包括水库的主要组成部位,对震损水库进行评价是能够很直观地看到水库各部位损坏程度。

(3)采用层次模糊综合评价法对四川省白水湖水库(中型)在"5·12"汶川地震所造成的险情程度进行综合评价,结论与实际评价结果一致,属于次高危险情。

(4)采用同样的评价方法对黄水沟水库(小型)进行震损险情综合评价,由于该水库具有主坝、副坝两座挡水坝,因此在考虑副坝的情况下,将中小型水库震损险情综合评价指标体系应用到该水库中,得到的结论与实际结果一致,属于次高危险情。

(5)引入线性加权法将指标权重与专家打分进行结合,得出各部位的损坏级别以及哪些部位对水库安全造成的影响较大,应首先进行除险加固。

7.2　溃坝风险分析工程应用实例

7.2.1　单座小型水库溃坝风险分析实例

曹家水库位于雎水镇青云村,地理坐标东经 104.26°,北纬 31.51°,距离安县 20 km,距雎水镇 4 km,属涪江水系凯江支流的雎水河。枢纽工程由大坝、输水洞、溢洪道及引水渠道组成,是一座以灌溉为主,兼有养鱼等综合效益的小(1)型水库,工程于 1959 年 10 月动工修建,1963 年底建成。挡水坝为均质土坝,坝高 16.56 m,坝顶高程 666.73 m,坝轴长 192.6 m,坝顶宽 3.8 m。设计洪水 50 年一遇,校核洪水 500 年一遇,正常蓄水位 663.92 m,总库容 138 万 m³。曹家水库的部分特性表见表 7-22。

表 7-22　曹家水库特性表(部分)

序号	名称	单位	现状
一	水库水位		
1	校核洪水位	m	664.42
2	设计洪水位	m	664.26
3	正常蓄水位	m	663.92
4	汛期限制水位	m	663.92
5	死水位		652.0
二	主要建筑物		
1	大坝		
1.1	坝型		均质土坝
1.2	设防烈度	度	7
1.3	顶部高程	m	666.77
1.4	最大坝高	m	16.56
1.5	坝顶宽	m	3.8
2	溢洪道		
2.1	型式		宽顶堰
2.2	堰顶高程	m	663.92

大坝工程投入运行以来曾发生过坝体、坝基及坝肩异常渗漏,大坝内坡滑坡、白蚁危害等病害问题。水库曾针对病因进行了加固处理,收到了一定效果,消除了一些隐患。

目前,水库枢纽工程存在的问题有以下几点:

(1)大坝边坡稳定安全系数严重偏小,不符合规范要求。

（2）坝基的淤泥软弱层未清除彻底，大坝存在严重不安全隐患。

（3）大坝白蚁危害严重，应尽快安排治理。

（4）水库处于正常蓄水位时遭受"5·12"汶川大地震突袭，在坝体中产生了一系列的震生裂缝，造成坝体局部变形。

7.2.1.1　破坏模式分析

1. 筛选初始事件

导致水库大坝破坏的初始事件筛选标准见表7-23。

表7-23　大坝破坏初始事件筛选标准

初始破坏事件	筛选标准	说明	破坏路径分析中相继事件
雪崩	事件在大坝附近不可能发生	无	
交通事故	事件在大坝附近不可能发生	无主要的公共交通路，无大型机动车能破坏大坝，溢洪道事故可能引起短暂破坏	
火山活动	事件在大坝附近不可能发生	无	
陨石撞击	与其他事件相比，事件发生的频率极低且不确定，后果也无其他事件严重		
火灾	事件对大坝影响不大	未对大坝造成影响	
冰雹	事件对大坝影响不大	未对大坝造成影响	
冰	事件对大坝影响不大	未对大坝造成影响	
闪电	事件对大坝影响不大	未对大坝造成影响	输电网/水力发电供电中断
气温	事件对大坝影响不大	未对大坝造成影响	
故意破坏	事件对大坝影响不大	输水工程或闸门失事	
风	事件对大坝影响不大	护坡	
人为失误	非初始事件	在操作、监测和EAP（应急行动计划）方面出现人为失误	不遵守水库管理制度，破坏初始事件前后采取措施，溢洪道闸门操作失误
白蚁		根据现场具体情况研究确定	穿坝漏水
地震		在烈度为7度的地震作用下，大坝上、下游坝坡均不满足抗震稳定安全规范要求	坝体裂缝，塌陷，管涌
水文、洪水		根据现场具体情况研究确定	高库水位，溢洪道堵塞，闸门打不开，滑坡引起浪涌，风浪，大坝及边坡破坏，溢洪道混凝土路面卷起，管涌，淘刷

如表 7-23 所示，导致曹家水库大坝破坏的初始事件很多，经筛选标准分析，除了洪水、地震、白蚁初始破坏事件，其他初始破坏事件均为"事件对大坝影响不大"或"事件发生频率极低"，故在此不做分析。因此，只需要对地震、洪水、白蚁进行下一步分析。

2. 要素定义

曹家水库大坝作为一个主系统，包括大坝、溢洪道、输水洞 3 个子系统。对于输水洞来说，它对大坝安全的影响作用较小，在此不对它进行分析。每个子系统又分为主要素和子要素（详见表 7-24），然后对每一个要素进行破坏模式评估。

表 7-24　大坝要素定义

子系统	要素	编号	子要素	主要功能	次要功能
大坝	坝基	1	砂砾层、基岩	控制渗流，支撑上部结构	
	上游护坡	2	干砌块石、反滤层	防止波浪冲刷	
	下游护坡	3	草皮、预制混凝土块	防止雨水冲刷	
	坝脚抗震平台及反滤层	4	堆石、反滤层	防止冲刷坝脚，防止管涌	
	下游排水沟	5	干砌块石排水沟	排水	
	坝顶	6	砂砾层	通道	防雨水
	坝顶混凝土路面	7	钢筋混凝土	保护坝顶	防止雨水下渗
溢洪道	底板	1			
	边墙	2			
	闸门	3		挡水	
	堰底	4			
	驱动杆	5	杆、接头、轴承		
	控制室	6	过载探测仪、电流接触器、指示器、控制室、断路器、外电保护、接地保护	控制保护装置	
	泄水陡坡	7	混凝土、底板止水、锚、排水沟		
输水洞	进口	1	拦污栅、控制闸门		
	洞体	2	钢筋混凝土、基础	引水发电	
	卧管	3			
	泄水渠道	4			
	消力池	5			
	卧管	6			
水库	岸坡	1	土壤、岩石、植被	蓄水	
水情预报系统	雨量站	1	雨量计、通信系统	提供数据	
	水文站	2	雨量计、通信系统	提供数据	
	洪水模型	3	信息、模型	提供水情预报	

3. 破坏模式和影响分析

具体情况见表 7-25。

表 7-25　大坝破坏模式识别

子系统	危险/事件	大坝破坏模式	大坝破坏原因/机理
大坝	地震	漫顶	滑坡引起波浪
			沉降裂缝
		管涌	上游坡破坏
			下游坡破坏
			基础接触面有孔隙
	人为失误	依赖初始事件	未采取措施
	洪水	漫顶	高水位/降雨引起边坡破坏,进而引起坝顶破坏
			大坝渗漏
		管涌	心墙开裂
			白蚁
	正常	管涌	心墙开裂,水库蓄水
			孔隙水压力增大,下游坡破坏
溢洪道	地震	闸门破坏	剪切破坏锚杆
	人为失误	取决于初始事件	没有采取措施或者没有正确操作闸门,包括决策过程和采取措施所需时间
	洪水	翼墙管涌	翼墙弯曲,渗流增大
	正常	翼墙管涌	翼墙弯曲,渗流增大
输水洞	正常	管涌	涵洞裂缝渗漏

7.2.1.2　破坏路径分析

根据初始事件、破坏模式和破坏原因或机理,建立正常事件、洪水事件和地震事件破坏路径,进而构成事件树,见表 7-26。

表 7-26　大坝破坏路径

初始事件	破坏路径	破坏模式
开始渗漏	坝体	
	坝基	
	溢洪道翼墙	
	继续小的渗漏	
	干预	
	发展	
	边坡饱和	
	边坡破坏	漫顶
	继续大的渗漏	
	干预	
	发展	
	落水洞	漫顶
	显著放大	管涌
	继续	

续表 7-26

初始事件	破坏路径	破坏模式
坝顶开始滑坡	干预 发展 继续	漫顶
坝顶滑坡后开始发生管涌	干预 发展	管涌

7.2.1.3　溃坝概率分析

搜集曹家水库的有关资料,利用多种风险分析方法相结合,计算出曹家水库的溃坝概率 P_f,具体见表 7-27。

表 7-27　加固前曹家水库各种破坏模式下的溃决概率估算表

地震烈度	该烈度地震出现的频率	高程(m)	水位出险的概率	坝体滑坡	溢洪道阻水	坝高不足	漫顶	坝体渗漏	坝体冲刷	干预无效	水库溃坝	概率 P	总概率 P_f
<7 度	0.64	—	—	0.2	1	0.05	0.1	0.6	0.3	0.1	1	0.000 011 52	
≥7 度	0.36	—	—	0.3	1	0.1	0.15	0.7	0.3	0.2	1	0.000 068 04	
—	—	663.92	0.8	0.6	1	0.1	0.3	0.3	0.4	0.5	1	0.000 864	0.001 208 52
—	—	664.26	0.02	0.7		0.1	0.8	0.3	0.8	0.6	1	0.000 161 28	
—	—	664.42	0.002	0.8		0.2	0.9	0.5	0.8		1	0.000 103 68	

经计算,曹家水库的溃坝概率 $P_f = 0.001\ 208\ 52$,$P_f < 0.01$,按照定性与定量对照表,曹家水库基本不会溃坝。

7.2.1.4　计算生命损失

第一步:计算 PAR。水库下游 7 km 处即为秀水镇,15.5 km 处为塔水镇,秀水、塔水两镇人口约 10 万人。第二步:确定 W_T。查表,结合曹家水库自身水库设施,确定报警时间为 1 h(王雪冬,2013)。曹家水库位于山区,大坝坝高较高且边坡较陡,取 $F_C = 1$。根据式(4-14)计算生命损失(沈照伟等,2013),并计算其严重程度,结果见表 7-28。

表 7-28　曹家水库溃坝生命损失计算结果

名称	W_T	PAR(人)	LOL(人)	Z_1
曹家水库	1 h	100 000	107	0.913 8

7.2.1.5　溃坝经济损失及其严重系数

曹家水库水库下游的经济损失具体情况见表 7-29。

表 7-29 曹家水库溃坝经济损失计算结果

名称	经济损失(万元)	Z_2
曹家水库	50 000	0.886 4

7.2.1.6 溃坝社会及环境影响及其严重系数

曹家水库是以灌溉为主,兼有养鱼等综合效益的水库。根据水库的实际情况确定: $R = 2.1$、$C = 1.6$、$S = 1.8$、$X = 1.0$、$H = 1.0$、$Q = 1.0$、$J = 1.0$、$W = 1.0$,所以 $Z = 6.048$, $Z_3 = 0.195 4$。

7.2.1.7 曹家水库溃坝后果综合评价

由式(4-21)计算出曹家水库的溃坝后果综合评价系数 $L = 0.797 4$,应属于特别重大伤亡事故。

7.2.2 小型震损水库群风险分析实例

四川省绵阳市安县 5 座小(1)型震损水库的基本分布见图7-3,基本情况见表 7-30,部分特性表见表 7-31。

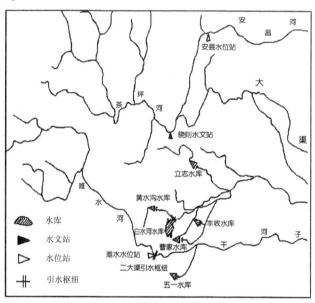

图 7-3 四川安县 5 座小(1)型水库的分布情况

7.2.2.1 溃坝总概率的计算

针对每个水库的受损情况,进行溃坝模式和溃坝路径的识别,沿着溃坝路径对每一个环节进行专家赋值,再对照定性与定量的转换表,计算出各个水库的溃坝概率成果,见表 7-32。

7.2.2.2 溃坝后果计算

利用公式(4-7),计算水库溃坝所带来的后果,具体结果见表 7-33。

表7-30 四川安县5座小(1)型水库的基本情况

编号	名称	库容(万m³)	坝型	坝高(m)	村庄(个)	长度(km)	灌溉面积(hm²)	人口(万人)	主要问题
1	立志水库	150	均质土坝	20	2	1	74	10	1. 坝体顶部出现纵向裂缝,长达87 m,属贯穿裂缝,宽8~15 cm,深1~1.6 m; 2. 坝体两端产生横向裂缝,长3~5 m,宽1~3 cm; 3. 防浪墙多处断裂坍塌,放水竖井浆砌石条块拉裂、变形,影响正常运用; 4. 溢洪道消力池侧墙损坏、坍塌
2	丰收水库	196	均质土坝	20	1	34.49	34.49	4.5	坝体顶部有大量裂缝产生,其中纵向裂缝有3条,一条贯穿坝体,宽约0.5 m,下游坝坡裂缝较多,局部隆起,长3~4 m,宽0.3~0.5 m,拱起高度约15 cm
3	五一水库	100	均质土坝	23.67	2	43	87.23	7	1. 坝顶产生纵向裂缝3条,长81 m,宽40~50 cm; 2. 坝顶及上、下游坝坡产生大量横向裂缝,较严重的有19条,最长横向主裂缝邻近纵向主裂缝的两端,其长度可达坝顶以下7~8 m; 顶及上、下游坝坡,深度可达坝顶以下7~8 m; 3. 坝顶混凝土块碎裂、变形严重,最大沉陷量为0.46 m; 4. 上游坝坡局部凹陷变形,邻近坝顶的下游坝坡局部凹陷变形; 5. 管理房墙体损坏严重,有些全部倒塌; 6. 坝肩渗漏,有2~8 cm宽裂缝,局部断裂,坍塌成碎块,坝后排水设施堵基; 7. 溢洪道出口局部坍塌

续表 7-30

编号	名称	库容 （万 m³）	坝型	坝高 （m）	村庄 （个）	长度 （km）	灌溉面积 （hm²）	人口 （万人）	主要问题
4	黄水沟水库	100.23	均质土坝	18	2	43.6	50.52	10	1. 坝体顶部出现大量裂缝，其中纵向裂缝长达 67 m，基本连续，宽 3～12 cm，深 0.7～1.6 m； 2. 横向裂缝长 6～15 m，宽 1～4 cm； 3. 坝坡出现滑动变形，混凝土砌块多处开裂，长 1.2～1.6 m，宽 0.3～0.8 cm； 4. 上游坝坡起伏状变形，错位明显； 5. 管理房严重受损，墙体及基础梁多处断裂
5	曹家水库	138	均质土坝	16.56	2	20	14.82	10	1. 坝体顶部出现大量裂缝，其中横向裂缝最长 12～15 m，宽 1～4 cm； 2. 纵向裂缝长 133 m，贯穿坝体，宽约 12 cm，深最大值达 3 m； 3. 上、下游坝坡土体出现蠕动现象，多处混凝土砌块开裂、坍塌

表 7-31 四川安县 5 座小(1)型水库特性表(部分)

序号	名称	单位	水库现状				
			立志水库	丰收水库	五一水库	黄水沟水库	曹家水库
一	水库水位						
1	校核洪水位	m	(500年)622.82	(500年)636.05	(500年)683.69	(500年)670.24	(500年)664.42
2	设计洪水位	m	(50年)621.99	(30年)635.59	(50年)683.39	(50年)669.8	(50年)664.26
3	正常蓄水位	m	619.90	634.84	682.6	668.4	663.92
4	汛期限制水位	m	619.90	634.84	682.6	668.4	663.92
5	死水位	m	608.70	623.15	666.951	656.35	652.0
二	主要建筑物						
1	大坝						
1.1	坝型		均质土坝	均质土坝	均质土坝	均质土坝	均质土坝
1.2	设防烈度	度	7	7	7	7	7
1.3	顶部高程	m	624.86	637	684.491	671.65	666.77
1.4	最大坝高	m	20	20	23.67	18	16.56
1.5	坝顶宽	m	4.6	6	5	6	3.8
2	溢洪道						
2.1	型式		开敞式	宽顶堰	宽顶堰	宽顶堰	宽顶堰
2.2	堰顶高程	m	619.90	635.86	682.6	668.4	663.92

表 7-32　四川安县 5 座小 (1) 型水库溃坝模式、溃坝路径及溃坝概率分析计算表

水库编号	水库名称	破坏因子 地震频率	洪水频率	坝体滑坡	坝高不足	漫顶	坝体渗漏	放水洞渗漏	渗流破环	坝体冲刷	干预无效	大坝溃决	溃坝概率	溃坝总概率
1	立志水库	(<7度)0.64	—	0.3	0.05	0.1	0.6	0.4	0.5	0.4	0.4	1	0.000 018 432	
		(≥7度)0.36	—	0.4	0.1	0.15	0.6	0.5	0.6	0.5	0.5	1	0.000 097 2	0.001 729 2
		—	0.8	0.6	0.2	0.3	0.5	0.5	0.6	0.6	0.5	1	0.001 296	
		—	0.02	0.7	0.3	0.4	0.6	0.7	0.7	0.7	0.6	1	0.000 207 446	
		—	0.002	0.8	0.4	0.6	0.8	0.8	0.8	0.8	0.7	1	0.000 110 1	
2	丰收水库	(<7度)0.64	—	0.2	0.05	0.1	0.6	—	—	0.2	0.2	1	0.000 015 36	
		(≥7度)0.36	—	0.3	0.1	0.15	0.7	—	—	0.2	0.3	1	0.000 068 04	0.001 422 688
		—	0.8	0.6	0.1	0.2	0.5	—	—	0.5	0.4	1	0.000 96	
		—	0.03	0.7	0.1	0.5	0.7	—	—	0.6	0.6	1	0.000 264 6	
		—	0.002	0.8	0.2	0.7	0.8	—	—	0.8	0.8	1	0.000 114 688	
3	五一水库	(<7度)0.64	—	0.3	0.05	0.15	0.6	0.5	0.5	0.4	0.4	1	0.000 034 56	
		(≥7度)0.36	—	0.4	0.1	0.15	0.6	0.6	0.6	0.5	0.5	1	0.000 116 64	0.001 692 1
		—	0.8	0.6	0.2	0.3	0.6	0.5	0.6	0.6	0.4	1	0.001 244 16	
		—	0.02	0.7	0.3	0.4	0.7	0.6	0.7	0.7	0.5	1	0.000 172 872	
		—	0.002	0.8	0.4	0.6	0.8	0.7	0.9	0.8	0.8	1	0.000 123 863	
4	黄水沟水库	(<7度)0.64	—	0.3	0.05	0.1	0.5	—	0.4	0.4	0.2	1	0.000 015 36	
		(≥7度)0.36	—	0.4	0.1	0.15	0.5	—	0.5	0.5	0.3	1	0.000 081	0.001 541 3
		—	0.8	0.6	0.1	0.3	0.6	—	0.5	0.5	0.5	1	0.001 08	
		—	0.02	0.7	0.2	0.5	0.7	—	0.7	0.6	0.6	1	0.000 246 96	
		—	0.002	0.8	0.3	0.6	0.8	—	0.8	0.8	0.8	1	0.000 117 965	
5	曹家水库	(<7度)0.64	—	0.2	0.05	0.1	0.6	—	—	0.3	0.1	1	0.000 011 52	
		(≥7度)0.36	—	0.3	0.1	0.15	0.7	—	—	0.3	0.2	1	0.000 068 04	0.001 208 52
		—	0.8	0.6	0.1	0.3	0.3	—	—	0.4	0.5	1	0.000 864	
		—	0.02	0.7	0.1	0.8	0.3	—	—	0.8	0.6	1	0.000 161 28	
		—	0.002	0.8	0.2	0.9	0.5	—	—	0.8	0.9	1	0.000 103 68	

表 7-33　溃坝后果分步计算统计表

水库编号	水库名称	PAR (万人)	LOL (人)	Z_1	S(亿元)	Z_2	Z_3	溃坝后果严重程度系数
1	立志水库	10	224	0.927 3	5	0.886 4	0.216 7	0.810 7
2	丰收水库	4.5	33	0.887 7	2.25	0.852 2	0.171 7	0.770 8
3	五一水库	7	87	0.909 6	3.5	0.871 3	0.171 7	0.789 0
4	黄水沟水库	10	107	0.913 8	5	0.886 4	0.222 0	0.801 6
5	曹家水库	10	107	0.913 8	5	0.886 4	0.195 4	0.797 4

注：PAR 为风险人口；LOL 为生命损失；Z_1 为生命损失严重程度系数；S 为经济损失；Z_2 为经济损失严重程度系数；Z_3 为社会及环境影响严重程度系数。

7.2.2.3　风险指数的计算

将计算出的溃坝概率与溃坝后果相乘，结果再扩大 10^3 倍，得出 R_0，详细结果见表 7-34。

表 7-34　风险指数 R_0 数值及排序表

水库名称	立志水库	丰收水库	五一水库	黄水沟水库	曹家水库
风险指数	1.401 862 44	1.096 607 910 4	1.335 066 9	1.235 506 08	0.963 673 848
风险排序	1	4	2	3	5

7.2.2.4　综合评价及建议

对 5 座小（1）型水库进行风险指数 R_0 分析，其结果如下：

（1）存在风险指数 $R_0 \in (1.0, \infty)$ 的水库有立志、五一、黄水沟、丰收 4 座水库，存在风险大，且风险大小依次为立志水库 > 五一水库 > 黄水沟水库 > 丰收水库，所以必须马上对这些水库进行加固处理。

（2）存在风险指数 $R_0 \in [0.1, 1.0]$ 的水库有曹家水库，风险不可忽略，但可暂缓处理。

7.3　应急除险及修复技术工程应用示范

"5·12"特大地震造成四川省安县 1 座中型水库、6 座小（1）型水库、21 座小（2）型水库均遭受了不同程度的损毁，其中有溃坝危险的水库 6 座，高危水库 7 座，次高危水库 15座，本章主要针对"5·12"汶川大地震受灾较严重的四川省绵阳市安县（辽宁省对口援建县）水库（丰收水库、立志水库、五一水库、曹家水库、黄水沟水库、白水湖水库）大坝震损除险加固措施进行技术汇编和总结。

在上述 6 座水库中，从库容上看，前 5 座水库（丰收、立志、五一、曹家、黄水沟）均属于小（1）型水库，在震损水库中库容较大，而白水湖属于中型水库；从震损程度上看，五一水库、丰收水库属于溃坝，立志水库属于高危，曹家水库、黄水沟水库、白水湖水库属于次高危。中型水库白水湖水库属于次高危水库。具有代表性，故选择上述 6 座水库。

7.3.1　丰收水库

7.3.1.1　水库概况

该水库位于东经 104.17°,北纬 31.30°,地处安县秀水镇红桂村境内,水库大坝位于老罐窝。坝址海拔 615 ~ 650 m,水库来水一部分为坝址以上集雨面积 0.8 km² 的当地径流,另一部分通过二大渠从睢水河引水,设计总库容 196.0 万 m³,为年调节水库,是一座以灌溉为主,兼有养鱼综合效益的水库工程。设计灌溉面积 2 800 亩,实际灌溉面积 3 449 亩。水库枢纽工程由大坝、放水设施、溢洪道及引水渠道组成。

水库大坝于 1960 年 9 月由顺河、路平、汉昌三个公社组织动工修建,至次年 4 月建至坝高 4 m 即停工。以后几年又陆续动工修建,至 1970 年 4 月建成现规模,即坝高 15.23 m,坝顶高程 637.00 m,坝轴长 230 m,坝宽 9.1 m。

由于大坝枢纽工程在建设过程中,对工程质量不够重视,清基不彻底,两坝肩接触透水带未进行处理,上坝土料控制不严,碾压不实,因此工程质量差,大坝建成后留下了隐患,成为久治不愈的病害水库。

7.3.1.2　震损情况

2008 年"5·12"汶川大地震造成丰收水库受损情况如下:

(1)大坝:大坝坝顶及下游坝坡纵向裂缝,裂缝与坝轴线基本平行,坝顶裂缝 3 条,其中 1 条基本贯穿大坝,裂缝长约 200 m,最大宽约 50 cm,下游坝坡裂缝较多,但裂缝张开宽度小,在两坝肩有横向裂缝,但规格较小。

(2)其他:大坝中部距下游坝脚约 3 m 处,下游坝坡有 3 处局部隆起,长 3 ~ 4 m,宽 30 ~ 50 cm,凸出高度 15 cm。

丰收水库险情分类为溃坝,危及下游 40 000 人安全。

7.3.1.3　除险加固措施

1. 应急情况

(1)停止向水库充水,开启放水涵降低库水位至高程 628 ~ 629 m,放水时水位下降速度每天不宜大于 30 cm,水库保持在高程 628 ~ 629 m 低水位运行。

(2)对于坝顶裂缝宽度大于 5 cm 的纵向裂缝处理方法为:①在缝内用高塑性土挤压充填;②沿裂缝方向两侧对称开挖梯形槽,梯形槽底部宽度 50 cm,顶宽 80 cm,深度 50 cm,然后对槽底进行夯实处理;③在槽内回填高塑性土后分层夯实,铺层厚度不大于 20 cm,直至完全将开挖槽回填平整;④在夯实回填的槽顶再铺一层厚 15 cm 的较高塑性的土,夯实处理成龟背形。

(3)对于下游坝坡裂缝宽度大于 5 cm 的纵向裂缝处理方法为:①在缝内用高塑性土挤压充填;②沿裂缝进行夯实处理;③裂缝夯实处理后,在坡面填高塑性土夯实补欠,处理后的部位与坡面齐平。

(4)坝顶和下游坝坡上裂缝宽度小于 5 cm 的纵向裂缝处理:①沿裂缝进行夯实处理;②夯实处理完后再在表面铺一层塑性较高的土,坝顶夯实处理成龟背形,下游坝坡上与坡面齐平。

(5)横缝处理方法为:①沿裂缝方向在两侧对称开挖梯形槽,深 50 cm,梯形槽底宽不小于30 cm,边坡坡比为1:1,然后对槽底进行夯实处理;②在槽内回填塑性较高的土,铺层厚度不大于15 cm的塑性较高的土,夯实处理成龟背形。

(6)坝顶纵向裂缝封填处理完成后,在坝顶用复合土工膜进行完全覆盖,复合土工膜两侧固定并封闭密实,复合土工膜采用一布一膜,布上膜下放置,PE膜、PVC膜均可,采用针刺无纺布,规格为100 g/m²,在复合土工膜上适量铺土覆盖保护。

(7)下游坝坡纵向裂缝封填处理完成后,在夯实回填后的坡面上用复合土工膜沿裂缝进行条带覆盖,复合土工膜规格同上,复合土工膜宽度100 cm,在复合土工膜上适量铺土覆盖保护。

(8)所有横缝封填处理完成后,用复合土工膜进行完全覆盖,复合土工膜两侧固定并封闭密实,复合土工膜规格同上,在复合土工膜上适量铺土覆盖保护。

(9)左岸溢洪道下游渠道疏通。

2. 除险加固情况

本次除险加固对挡水坝拆除重建,并清除坝基淤泥及淤泥质粉质黏土。新建坝体为均质土坝,坝顶宽6 m,上游护坡采用C20混凝土板,下游护坡采用混凝土网格草皮护坡。排水体采用水平排水和棱体排水相结合的方式,两坝肩采用帷幕灌浆防渗。

输水洞更换闸门及启闭设备,对竖井及洞身局部缺陷进行补强防渗处理。

溢洪道新增堰体后浆砌石护坡。

1)主坝

根据主坝拆除及新建工程的工作内容及分布情况,以施工干扰小、前后工序衔接紧密、施工强度均衡、便于管理为原则,确定主要施工顺序为:原有坝体拆除→坝基清淤→下游坝脚碎石排水体施工→坝体土方填筑压实→帷幕灌浆钻孔→帷幕灌浆→坝顶混凝土路面施工,下游坡草皮护坡可以在坝体填筑完成后一次性施工完成。原有坝体拆除的同时进行岸坡清理施工,坝体土方填筑的高度每上升5 m施工一次上游坝坡混凝土板护坡。

主坝拆除前应利用输水洞将库水完全放空,输水洞进口底高程623.15 m。主坝坝体拆除必须按照自坝顶至坝基依次分层施工的顺序进行,拆除使用1.0 m³挖掘机开挖、装车,能够利用的土料使用10 t自卸汽车运输至坝下暂时堆存,平均运距0.5 km,不能利用的弃渣使用10 t自卸汽车平均运输1.0 km至2#土料场开采坑堆存。坝基清淤使用74 kW推土机推土,平均推运距离20 m,1.0 m³挖掘机装车,使用10 t自卸汽车平均运输1.0 km至2#土料场开采坑堆存。岸坡清理使用1.0 m³挖掘机开挖、装车,10 t自卸汽车平均运输1.0 km至2#土料场开采坑堆存。干砌石拆除使用人工施工,拆除出的块石使用人工装车,1 t机动翻斗车运输100 m,暂时堆存在左右坝头上游侧的围堰内侧,用作上游水平铺盖的干砌石砌筑料。

上游水平铺盖及坝坡施工:水平铺盖的干砌石挡墙砌筑使用的块石使用1 t机动翻斗车平均运输100 m,人工砌筑。为了减少施工干扰,主坝每升高5.0 m时暂停已施工上游坝坡混凝土护坡工程。上游坝坡混凝土板施工采用0.4 m³混凝土搅拌机生产混凝土,1 t机动翻斗车运输,平均运距100 m,溜槽入仓,人工平仓。

坝体施工:坝体土方填筑所需的大部分土料利用堆存在坝下的原有坝体开挖料,使用1.0 m³挖掘机装10 t自卸汽车运输上坝,平均运距0.5 km,使用74 kW拖拉机压实,局部采用人工平整,2.8 kW 蛙式打夯机补夯。不足部分来自 2# 土料场,土料使用 1.0 m³ 挖掘机开挖,装 10 t 自卸汽车运输上坝,平均运距 1.0 km。所有的填筑料必须严格控制含水量以保证施工质量,当含水量大于施工要求时,应在暂存料场采取翻晒的方式调整含水量,然后再运到工作面填筑。填筑应采取铺土、碾压、取样等快速连续作业。

坝顶混凝土路面采用 0.4 m³ 混凝土搅拌机生产混凝土,1 t 机动翻斗车运输,平均运距 100 m,平板式振捣器振捣,人工洒水养护。

下游坝坡及碎石排水体施工:碎石排水体采用人工整平、修坡,人工铺设土工网和土工布。人工铺设草皮护坡。混凝土网格的混凝土采用 0.4 m³ 混凝土搅拌机生产混凝土,1 t 机动翻斗车运输,平均运距 100 m,溜槽入仓,人工平仓。

2)输水隧洞

输水洞进行洞身补强处理,人工进入洞内查找缺陷并进行补强处理。

3)溢洪道

溢洪道工程主要工程量为土方开挖 2 239 m³,浆砌石砌筑 200 m³。土方开挖使用 1.0 m³ 挖掘机开挖、装车,10 t 自卸汽车运至左岸 2# 土料场开采坑堆存,平均运距 1.0 km。浆砌石砌筑采用 0.4 m³ 砂浆搅拌机生产砂浆,1 t 机动翻斗车平均运输 100 m,人工砌筑。

3. 设计变更

根据工程实际施工中出现的具体情况,本工程主要设计变更为大坝坝顶宽 5 m,上游坡在 630.0 m 设 3 m 宽马道,马道以上边坡为 1∶2.5,马道以下边坡为 1∶3.0;下游坡在 630.0 m 设 3 m 宽马道,马道以上边坡为 1∶2.5,马道以下边坡为 1∶3.0。大坝下游坝脚设排水棱体,排水棱体顶高程为 624.0 m,宽度为 1 m,上游坡为 1∶1.5,下游坡为 1∶2.5;在排水棱体前部设 10 m 长水平排水,厚度为 1 m。

变更原因是在坝体施工过程中,将大坝上游基础开挖至 617.1 m 高程(设计高程为 617.0 m),发现坝体基础存在有初步设计阶段地质勘察报告描述的前后贯通性粉质淤泥黏土,厚 0.3~1.9 m,顺坝轴线长 110 m,对坝体安全带来隐患。为此,设计单位重新进行了大坝稳定计算,专家进行复核,确定了上面的设计变更方案,并获得绵阳市水务局的批准。

7.3.2　立志水库

7.3.2.1　水库概况

立志水库位于安县秀水镇水井村境内,主坝为均质土坝,总库容 121.5 万 m³,坝顶长度 115.0 m,坝顶宽度 5.0 m,坝底最大宽度 129.1 m,坝顶高程 624.86 m,最大坝高 21.7 m。立志水库建有副坝一座,位于库首左岸单薄分水岭处,坝长度约 135.3 m,坝顶高程 623.73 m,坝顶宽度 2.2~3.8 m。主、副坝基础类型均为土基。主坝上游迎水面为草皮护坡,两坝端正常蓄水位以下为干砌卵石护坡,坡比 1∶3.0,下游坝坡上部为草皮,坡比 1∶3.15,坝脚处为排水棱体,排水棱体结构形式为干砌条块石(砾岩),排水棱体坡比 1∶1.3。本次勘察过程中,在主坝下游邻近坝脚的坝坡面上,见有规模不大的少许浸润湿地;竖井闸门的防水墙体四周漏水;副坝坝基强风化基岩中裂隙较发育,砾岩中发育溶孔及埋藏溶洞,溶洞大者洞径为 1.0 m。长期以来存在库首左岸的渗漏问题,经多次整治,均未有效根治。勘察期间在副坝一带的下游谷坡与谷底,亦见有多处细小渗流与浸润湿地,副坝坝基岩石中存在库水向下游邻谷的渗漏问题。溢洪道位于大坝左岸库首,垂直于岸坡明挖砌筑而成,溢洪道进口设置为5孔,每孔宽4.6 m,两孔之间为0.9 m宽的浆砌条石墩,墩长3.6 m,进口之后呈集中泄洪。溢洪道底板由浆砌卵石砌筑及混凝土护底,中墩和侧墙为浆砌条石。

7.3.2.2　震损情况

"5·12"地震时,立志水库处于正常蓄水位运行状态,"5·12"地震发生后,在坝体中产生了一系列的震生裂缝,其中平行于坝轴方向规模最大的纵向主裂缝长达87 m,基本上已贯通整个坝体长度,主裂缝宽度8~15 cm,深度一般1~1.6 m,局部深达3 m以上(竹竿未探到底);另有两条裂缝呈断续延伸,总长度分别为36 m、42 m。垂直于坝轴方向较为密集的横裂缝长度一般为3~5 m,缝宽1~3 cm,坝顶上游防浪墙多处被拉裂断开。上游坝坡凹陷变形与开裂,裂缝长度3~8 m,缝宽5~15 cm。溢洪道消力池侧墙受损,裂缝长0.5~0.8 m,缝宽1~8 mm。立志水库是采用竖井深式钢闸门放水,放水竖井设置于主坝左端,深式钢闸门置于基岩之中。受"5·12"地震影响,竖井四周基座的浆砌条石被拉裂,形成长度2~3.5 m、缝宽0.5~3 cm的震生裂缝,缝的两侧浆砌条石明显变形错位;竖井闸门的防水墙体四周漏水。该水库由当地群众自主修建,地质资料缺乏,施工质量低下,抗御能力差,"5·12"地震的突袭使之深受重创。水库按险情分类属高危,若不能及时整治,具有朝着溃坝方向发展的可能。

7.3.2.3　除险加固措施

1. 应急措施

灾情发生后,为了防止溃坝造成灾难性后果,及时排放库水,使之降低4.16 m至现有水位(615.74 m),坝顶与坡面裂缝用黏土实施夯填,坝顶以塑料布覆盖防水。

2. 除险加固情况

1) 主坝

对上游护坡采用人工清理,将弃渣清理到坝脚,用汽车将弃渣运至弃渣场;对坝体进行土方开挖回填;采用人工对上游砂砾石、片石及粗砂垫层进行铺筑;浆砌石挡墙砌筑、下游浆砌石排水沟护砌、浆砌条石压顶,均使用0.4 m³砂浆搅拌机拌制水泥砂浆,人工手推胶轮车运至工作面,人工砌筑;上游混凝土护坡浇筑,混凝土拌和采用0.4 m³混凝土搅拌机,混凝土水平运输使用1 t机动翻斗车,经溜槽入仓,人工平仓;充填灌浆使用泥浆搅拌机拌制泥浆,150型地质钻机钻孔,中压泥浆灌浆泵灌入水泥黏土浆液;混凝土路面,使用0.4 m³混凝土搅拌机拌制,1 t机动翻斗车运输混凝土料,人工入仓、平仓。

2) 副坝

清除表层土及拆除原浆砌卵石;人工铺筑上游砂砾石及粗砂垫层;人工砌筑浆砌石挡墙;坝体土方回填;浇筑上游混凝土护坡;泥结石路面,使用8 t自卸汽车运输物料,12~15 t内燃压路机压实路面;人工铺筑草皮护坡。

3) 溢洪道

拆除消力池底板及边墙浆砌石及凿除控制段及泄槽段底板混凝土,土方开挖、回填,消力池及溢洪道混凝土浇筑,消力池及海漫浆砌石砌筑、海漫干砌石砌筑、海漫碎石垫层、防冲槽抛石,尾水渠堤防填筑。

3. 设计变更

主要设计变更包括:①消力池浆砌石挡墙抹灰;②副坝上游挡墙抹灰;③溢洪道人行桥镀锌钢管栏杆;④主副坝浆砌石挡墙基础淤泥开挖;⑤消力池下游人行桥;⑥副坝道路两侧浆砌石挡墙;⑦消力池下游新增浆砌石;⑧副坝坝顶混凝土路面($h = 20$ cm);⑨副坝片石垫层;⑩消力池下游淤泥开挖转移。

7.3.3　五一水库

7.3.3.1　水库概况

五一水库位于绵阳市安县雎水镇光明村境内,水库大坝位于雎水河邓家沟上,坝址以上流域面积 0.415 km^2,水库总库容 100 万 m^3,有效库容 85.38 万 m^3,是一座以灌溉为主,兼有养鱼等综合效益的水库工程。设计灌溉面积 4 806 亩,实际灌溉面积 8 723 亩。枢纽工程由大坝、放水设施、溢洪道及引水渠道组成。大坝为均质土坝,1956 年 3 月 14 日动工修建,至 1965 年 5 月完工,建成坝高 23.67 m,坝顶高程 684.491 m,轴线 180 m,坝顶宽5 m。溢洪道位于大坝左侧 50 m 处,进口堰型为宽顶堰,净宽 4 m,堰顶高程 682.60 m。按 50 年一遇洪水设计,500 年一遇洪水校核,相应于 $P = 2\%$ 和 $P = 0.2\%$ 的设计洪水下泄流量和校核洪水下泄流量分别为 3.24 m^3/s 和 6.9 m^3/s。放水设备建在大坝左侧 40 m处,为单排卧管放水,坝下涵洞输水。放水孔直径 0.27 m,最大放水流量 0.34 m^3/s,底坎高程 666.95 m。

7.3.3.2　震损情况

水库处于正常蓄水位时遭受"5·12"汶川大地震突袭,在坝体中产生了一系列的震生裂缝;坝顶偏下游侧平行于坝轴方向的纵裂缝较密集,延伸长度较大的有 3 条,2 条长度分别为 12 m 和 63 m,纵向主裂缝长达 81 m;裂缝最大张开度为 40 ~ 50 cm。在坝顶及上、下游坝坡还产生了一系列垂直于坝轴方向的横裂缝,主要有 19 条,最长的 2 条横向主裂缝邻近纵向主裂缝的两端,其长度横贯坝顶及上、下游坝坡,深度可达坝顶以下 7 ~ 8m;在平面上,纵、横向主裂缝相交构成了近于"工"字形的不利组合。坝顶混凝土砌块碎裂,坝顶严重变形,最大沉陷变形量为 0.46 m;迎水面坝坡略具凹陷变形,坝前水位标尺已断裂为数截;邻近坝顶的下游坝坡局部已具小规模的凹陷变形;右坝房处的变压器房墙倒房损;左坝肩石梯破损严重,见有 2 ~ 8 cm 宽的裂缝,局部断裂、坍塌呈碎块。邻近大坝的水保站管理用房全部倒塌。溢洪道浆砌条石侧墙中见有长度 0.8 ~ 1.2 m 的震损裂缝,缝宽 1 ~ 3 mm,呈不规则状。

7.3.3.3　除险加固措施

1. 应急措施

施工抢险队伍绵阳永强建筑工程有限公司根据长江水利委员会长江勘测规划设计研究院提出的应急设计方案,对水库进行了如下加固处理:

(1)开启左涵降低水位至高程 672 ~ 673 m,放水时水位下降速度每天不宜大于 30cm,水库保持在高程 672 ~ 673 m 低水位运行。

(2)对于坝顶裂缝宽度大于 5 cm 的纵向裂缝处理方法为:①在缝内用高塑性土挤压

充填;②沿裂缝方向两侧对称开挖梯形槽,梯形槽底部宽度50 cm,顶宽80 cm,深度50 cm,然后对槽底进行夯实处理;③在槽内回填高塑性土后分层夯实,铺层厚度不大于20 cm,直至完全将开挖槽回填平整;④在夯实回填的槽顶再铺一层厚15 cm的高塑性土,夯实处理成龟背形。

(3)对于下游坝坡上裂缝宽度大于5 cm的纵向裂缝处理方法为:①在缝内用高塑性土挤压回填;②沿裂缝进行夯实处理;③裂缝夯实处理后,在坡面填高塑性土夯实补欠,处理后的部位与坡面齐平。

(4)坝顶和下游坝坡裂缝宽度小于5 cm的纵向裂缝处理:①沿裂缝进行夯实处理;②夯实处理完后再在表面铺一层高塑性土,坝顶夯实处理成龟背形,下游坝坡与坡面齐平。

(5)横缝处理方法为:①沿裂缝方向在两侧对称开挖梯形槽,深50 cm,梯形槽底宽不小于30 cm,边坡坡比为1:1,然后对槽底进行夯实处理;②在槽内回填塑性较高的土,铺层厚度不大于15 cm,人工夯实,回填平整或与坝坡齐平;③坝顶在夯实回填后再铺一层厚15 cm的塑性较高的土,夯实处理成龟背形。

(6)坝体纵向裂缝封填处理完成后,在坝顶用土工膜进行完全覆盖,土工膜两侧固定并封闭密实,土工膜采用一布一膜,布上膜下放置,膜厚0.2 mm,采用针织无纺布,规格为100 g/m²,在土工膜上适量铺土覆盖保护。

(7)坝坡纵向裂缝和所有横缝封填处理完成后,在夯实回填后的坡面上用土工膜沿裂缝进行条带覆盖,土工膜规格同上,宽度100 cm,在土工膜上适时铺土覆盖保护。

(8)溢洪道渠道疏通,凿除进水口混凝土土坎,清挖溢洪道内杂草、淤泥、碎石等所有杂物。

2. 除险加固情况

1)拦河坝工程

(1)护坡干砌石拆除。

护坡干砌块石采用人工拆除。其中一半被利用到下游干砌石排水棱体,拆除后采用1 m³挖掘机装8 t自卸汽车运到下游坝后暂存,平均运距1 km以内;另外一半拆除后不能重新利用,采用1 m³挖掘机装8 t自卸汽车运往弃渣场。弃渣场位于水库下游右岸壕沟内,平均运距3 km。

(2)坝体土方开挖。

根据地勘报告分析,原坝体填筑时坝体填筑料源取自于当地丘顶的冰水堆积黏土与沟谷坡地的残坡积、坡洪积黏土;上坝土料未经分选,岩块与卵石等硬杂质含量较多。坝体开挖料不宜利用做填筑料。采用1 m³挖掘机装8 t自卸汽车运往弃渣场,平均运距3 km。

(3)基础清理及库底清淤。

待库内积水沥干排尽后,采用2 m³挖掘机装15 t自卸汽车运往弃渣场,平均运距3 km。

由于库底清理工程为淤泥,施工时应注意机械和人工的沉陷问题。施工前,要充分沥水控干。施工中,要及时开挖排水沟排水,同时尽量仅干地施工。

筑坝土料在料场翻晒后,采用 1 m³ 挖掘机装 8 t 自卸汽车直接上坝,拖拉机配合轮胎碾压实,刨毛机刨毛。平均运距 1 km。

（4）砂砾垫层、粗砂垫层填筑。

砂砾垫层、粗砂垫层材料从安县河清镇约 4.5 km 处的绵远河漫滩购买,运距约 25 km。采用 1 m³ 挖掘机装 8 t 自卸汽车运输砂砾料至施工现场,人工摊铺砂砾料,2.8 kW 蛙式打夯机夯实,人工刨毛。

（5）上游护坡混凝土。

采用 0.8 m³ 搅拌机拌制混凝土,1 t 机动翻斗车运输混凝土至坝顶,30 m³/h 混凝土泵入仓,平板振动器振捣。平均运距 200 m。

（6）坝顶混凝土路面。

混凝土采用 0.8 m³ 搅拌机拌制混凝土,1 t 机动翻斗车运输混凝土至坝顶,直接入仓、人工摊铺,平板振动器振捣。平均运距 100 m。

（7）坝体灌浆。

坝体灌浆布置在坝面上。待坝坡修整完毕后,搭设水平灌浆平台。150 型地质钻机钻孔,中压泥浆泵灌浆。

（8）下游护坡草皮。

人工种植。

2）溢洪道

（1）原溢洪道消力池混凝土、浆砌石拆除。

拆除工程全部采用人工凿除。消力池段工程在山坡上,拆除后弃渣需用溜槽溜到山坡下公路边,用 1 m³ 挖掘机装 8 t 自卸汽车运输,运往临时堆渣场。溜槽长度约为 350 m。弃渣运输距离为 3 km。

（2）土方开挖。

土方开挖采用 1 m³ 挖掘机装 8 t 自卸汽车运输,运往临时堆渣场,留待溢洪道回填时使用。运输距离为 1 km 以内。

（3）石方开挖。

石方开挖采用手持式风钻钻孔爆破,88 kW 推土机集渣,1 m³ 挖掘机装 8 t 自卸汽车运往弃渣场。弃渣运输距离为 3 km。

（4）混凝土浇筑。

采用 0.8 m³ 搅拌机拌制混凝土,1 t 机动翻斗车运输混凝土,30 m³/h 混凝土泵入仓。平均运距 100 m。

（5）土方回填。

土方回填采用 1 m³ 挖掘机装 8 t 自卸汽车运输土料至回填施工现场,74 kW 推土机摊平、压实。运输距离为 1 km 以内。

（6）缺欠修补。

人工施工。

3）放水设施(包括卧管、输水涵洞)

（1）混凝土拆除。

采用人工凿除,1 m³挖掘机装 8 t 自卸汽车运输,运往临时堆渣场。弃渣运输距离为 3 km。

（2）土方开挖。

土方开挖采用 1 m³挖掘机装 8 t 自卸汽车运输,运往临时堆渣场,留待溢洪道回填时使用。运输距离为 1 km 以内。

（3）混凝土浇筑。

采用 0.8 m³搅拌机拌制混凝土,1 t 机动翻斗车运输混凝土,30 m³/h 混凝土泵入仓。平均运距 100 m。

（4）土方回填。

土方回填采用 1 m³挖掘机装 8 t 自卸汽车运输土料至回填施工现场,74 kW 推土机摊平、压实。运输距离为 1 km 以内。

（5）回填灌浆。

回填灌浆在输水涵洞内进行,涵洞断面较小。采用手持式水电钻钻孔,中压泥浆泵灌浆。泥浆泵布置在洞口外。

（6）修补。

人工施工。

3. 设计变更

经过施工现场坝体开挖,发现老坝体填筑质量一般,为保证工程质量和大坝安全,参考绵阳市水务局的建议,将坝体断面进行了修改。大坝坝顶宽 5 m,上游坡在 674.65 m 设 5 m 宽马道,马道以上边坡为 1∶2.5,马道以下边坡为 1∶3.0,下游坡在 672.1 m 设 13 m 宽马道,马道以上边坡为 1∶2.5,马道以下边坡为 1∶3.0。大坝下游坝脚设排水棱体,棱体上游坡为 1∶1,下游坡为 1∶1.5,排水棱体顶高程为 667.14 m,宽度为 2 m。经过验算,这种设计是安全的,也经过了竣工验收。

7.3.4　曹家水库

7.3.4.1　水库概况

曹家水库大坝位于睢水镇青云村,距离安县 20 km,距睢水镇 4 km,属涪江水系凯江支流的睢水河。枢纽工程由大坝、放水设施、溢洪道及引水渠道组成。正常蓄水位663.92 m,总库容 138 万 m³,是一座以灌溉为主,兼有养鱼等综合效益的小(1)型水库工程。

水库挡水坝为均质土坝,坝顶长度 192.6 m,坝顶宽度 3.8 m,最大坝高 16.56 m;溢洪道位于大坝左侧与朱家桥水库邻谷处,进口堰型为宽顶堰,堰顶高程 663.92 m,净宽 5.2 m。放水设施建在大坝左侧 50 m 处,为双排卧管放水,放水孔直径 0.3 m,最大放水流量0.4 m³/s。配套建有从二大渠夏家沟处分水的引水渠道。曹家水库引水渠从夏家沟至水库全长 1.3 km,设计引水流量 1 m³/s。

7.3.4.2　震损情况

"5·12"地震时,曹家水库处于正常蓄水位运行状态,"5·12"地震发生后,在坝体中产生了一系列的震生裂缝,其中平行于坝轴方向规模最大的纵向主裂缝长达 133 m,呈断续状延伸,基本上已贯通整个坝体长度,主裂缝宽度 6 ~ 12 cm,深度一般 0.9 ~ 1.8 m,局部深达 3 m 以上(竹竿未探到底);另有三条呈断续延伸的裂缝总长度分别为 55 m、79 m、83 m;垂直于坝轴方向较为密集的横裂缝长度一般 4 ~ 6 m,最长为 12 ~ 15 m,缝宽 1 ~ 4 cm;裂缝两侧的坝坡土体已具明显的蠕动变形。坝顶混凝土砌块多处裂开具有长度 1.5 ~ 3 m,宽 1 ~ 1.5 cm 的裂缝,且局部坍塌呈碎块;上游坝坡开裂,裂缝长度 2.6 ~ 8 m,缝宽 2 ~ 8 cm;迎水面马道被拉裂并具有 1 ~ 3 cm 的凹陷与错位变形。邻近大坝左岸的水保站管理用房严重损坏,局部倒塌。

7.3.4.3　除险加固措施

1. 应急措施

施工抢险队伍对水库进行了如下加固处理:

(1)为了防止震险加剧、险情扩大,及时排放库水,使之降低 2.93 m 至现有水位(660.99 m)。

(2)对于坝顶裂缝宽度大于 5 cm 的纵向裂缝处理方法为:①在缝内用高塑性土挤压充填;②沿裂缝方向两侧对称开挖梯形槽,梯形槽底部宽度 50 cm,顶宽 80 cm,深度 50 cm,然后对槽底进行夯实处理;③在槽内回填高塑性土后分层夯实,铺层厚度不大于 20 cm,直至完全将开挖槽回填平整;④在夯实回填的槽顶再铺一层厚 15 cm 的高塑性土,夯实处理成龟背形。

(3)对于下游坝坡上裂缝宽度大于 5 cm 的纵向裂缝处理方法为:①在缝内用高塑性土挤压回填;②沿裂缝进行夯实处理;③裂缝夯实处理后,在坡面填高塑性土夯实补欠,处理后的部位与坡面齐平。

(4)坝顶和下游坝坡裂缝宽度小于 5 cm 的纵向裂缝处理:①沿裂缝进行夯实处理;②夯实处理完后再在表面铺一层高塑性土,坝顶夯实处理成龟背形,下游坝坡与坡面齐平。

(5)横缝处理方法为:①沿裂缝方向在两侧对称开挖梯形槽,深 50 cm,梯形槽底宽不小于 30 cm,边坡坡比为 1∶1,然后对槽底进行夯实处理;②在槽内回填塑性较高的土,铺层厚度不大于 15 cm,人工夯实,回填平整或与坝坡齐平;③坝顶在夯实回填后再铺一层厚 15 cm 的塑性较高的土,夯实处理成龟背形。

(6)坝体纵向裂缝封填处理完成后,在坝顶用土工膜进行完全覆盖,土工膜两侧固定并封闭密实。

(7)坝坡纵向裂缝和所有横缝封填处理完成后,在夯实回填后的坡面上用土工膜沿裂缝进行条带覆盖。

(8)修建进库道路。

2. 除险加固情况

1)主坝

(1)上游坝坡。

上游坝坡采用 10 cm 厚混凝土板防护,混凝土板尺寸为 50 cm × 50 cm(长 × 宽),板下铺设 15 cm 厚砂砾石垫层。砂砾垫层 864 m³,混凝土护坡 787 m³。

砂砾石垫层采用人推胶轮车运输砂砾料,人工铺筑。

混凝土板施工采用 0.4 m³ 混凝土搅拌机拌和混凝土,1 t 机动翻斗车水平运输,平均运距 100 m;垂直运输采用溜槽入仓,人工平仓,插入式振动器(1.1 kW)振捣。

(2)下游坝坡。

下游坝坡除险加固主要工程量:削坡工程量 2 400 m³,淤泥清除 4 320 m³,堆石体拆除 6 400 m³,坝体土方填筑 2 400 m³,堆石体填筑 6 400 m³,石渣回填 4 320 m³,草皮护坡 2 429 m²。

二级马道及堆石体进行削坡,坡比 1:10,坝坡削坡采用 1.0 m³ 挖掘机开挖、装车,8 t 自卸汽车平均运输至临时堆渣场,以便在坝体回填时使用,运距 1.0 km。土方填筑采用 1.0 m³ 挖掘机装 8 t 自卸汽车运输土料至回填工作面,74 kW 推土机摊铺,74 kW 拖拉机压实,料源来自临时堆渣场,为坝体拆除料的重新利用。草皮护坡采用人工铺设。

淤泥清除及坝体堆石体拆除采用 1.0 m³ 挖掘机开挖、装车,8 t 自卸汽车平均运输,淤泥运至弃渣场,运距 2.0 km;堆石体运输至临时堆渣场,以便在坝体回填时使用,运距 1.0 km。

石渣回填及堆石料回填采用 1.0 m³ 挖掘机装 8 t 自卸汽车运输石渣至回填工作面,74 kW 推土机摊铺,振动碾(13~14 t)压实,料源来自临时堆渣场,为坝体拆除料的重新利用。

由于坝体存在白蚁危害,故在大坝与山体结合部顺坡脚设毒土沟,沟深 1 m、宽 0.8 m,开挖工程量 220 m³,采用人工开挖;开挖成型后沟底两侧用 30 mm 钢钎打孔,孔深 0.5 m,孔距 1 m,两排交错,孔内注满灭蚁药水,并遍洒沟底后人工回填夯实,回填土分层厚度为 20~30 mm,先夯实再洒药水直至坝面。

(3)坝体裂缝灌浆。

坝体地震裂缝回填灌浆 2 400 m,坝肩及坝体帷幕灌浆 1 080 m。

①纵缝灌浆。

在坝体开裂处采用表层开挖回填,单排深层灌浆,开挖回填与灌浆相结合。先人工开挖 1.0 m 深后立即回填黏土并逐层夯实,然后在回填面上打孔进行灌浆,灌浆方式采用自下而上灌浆法,地质钻机(150 型)钻孔,人推胶轮车运输材料,泥浆搅拌机搅拌水泥黏土浆液,灌浆泵(中压泥浆)灌浆。

灌浆浆液为水泥黏土混合浆液,终浆比例采用 1:1,灌浆孔间距为 2 m,灌浆压力由现场试验确定,灌浆深度为进入坝基黏土层内 2 m。

②横缝灌浆。

开挖及灌浆方式与纵缝灌浆处理方法相同,灌浆排距为 2 m,孔间距亦为 2 m。

③坝体及坝肩帷幕灌浆。

坝体帷幕灌浆采用循环钻灌法,地质钻机(300 型)钻孔,人推胶轮车运输材料,泥浆搅拌机搅拌水泥黏土浆液,灌浆泵(中压泥浆)灌浆。

灌浆浆液为水泥黏土混合浆液,终浆比例采用 1:1,灌浆孔间距为 2 m,灌浆压力由现场试验确定。

(4)坝顶路面、挡墙。

大坝坝顶交通路现状没有路面,本次设计采用铺筑混凝土路面的处理方案,路面宽度为 4.5 m,工程量为 880 m²。

处理路面时,首先对基层压实,采用内燃压路机(12～15 t);然后铺设 25 cm 水泥稳定砂砾,采用 8 t 自卸汽车运输砂砾料,人工摊铺;最后浇筑 20 cm 厚混凝土路面,采用 0.4 m³ 混凝土搅拌机拌和混凝土,1 t 机动翻斗车水平运输,人工平仓,插入式振动器(1.1 kW)振捣。

坝顶挡墙拆除及重建部分工程量为 12 m³。

坝顶挡墙采用人工拆除,水泥罩面破损部分采用人工清理,新挡墙采用人工砌筑。

2)溢洪道

溢洪道改建工程主要工程量为混凝土底板拆除 9.3 m³,混凝土浇筑 11.5 m³,侧墙裂缝进行勾缝处理。

底板混凝土采用人工拆除,人工装车,8 t 自卸汽车运输至弃渣场,运距 2 km;混凝土板施工采用 0.4 m³ 混凝土搅拌机拌和混凝土,1 t 机动翻斗车水平运输,平均运距 100 m;垂直运输采用溜槽入仓,人工平仓,插入式振动器(1.1 kW)振捣。

3)公路及管理房

主要工程量为原有管理房屋拆除 380 m²,新建管理房屋 380 m²,泥结石路面铺筑 4 500 m²。

原有房屋拆除采用人工拆除,1.0 m³ 挖掘机配合,拆除物采用 1.0 m³ 挖掘机装 8 t 自卸汽车运至弃渣场,平均运距 2 km。

泥结石路面铺筑采用人工铺料,内燃压路机(12～15 t)压实。

7.3.5 黄水沟水库

7.3.5.1 水库概况

黄水沟水库位于安县沸水镇沸泉村境内,距安县县城 43.6 km,大坝地理位置北纬 31°32′,东经 104°16′,属涪江水系凯江支流秀水河,控制流域面积 1.075 km²。流域形状近似掌形。水库为年调节水库,以灌溉为主,兼有防洪、养殖等综合效益。设计灌溉面积 2 000 亩,实际灌溉面积 5 052 亩。水库枢纽工程由大坝、溢洪道及放水设施组成。

该水库 1956 年由安县农水科设计,设计坝高 10 m,当年 1 月动工修建,1957 年 3 月完工。由于灌溉需要,1966 年安县水电局作扩建设计,扩建方案采用在原坝下游扩宽坝底,增加坝高,当年 10 月动工修建,1967 年 5 月完工,建成坝高 17.29 m,坝顶高程 671.246 m,坝顶宽 4.0 m。同年建成副坝坝高 4.0 m,坝顶长 40.00 m,坝顶宽 2.0 m,即达到现有规模。

7.3.5.2 震损情况

"5·12"地震时,黄水沟水库处于正常蓄水位运行状态,"5·12"地震发生后,在主坝坝体中产生了一系列的震生裂缝,其中平行于坝轴方向规模最大的纵向主裂缝长达 67 m,呈断续状延伸,主裂缝宽度 3～12 cm,深度一般 0.7～1.6 m,局部深达 3 m 以上(竹竿未探到底);另有两条呈断续延伸的裂缝总长度分别为 38 m、46 m;垂直于坝轴方向较为密集的横裂缝长度一般 3～6 m,最长为 10～15 m,缝宽 1～4 cm;裂缝两侧的坝坡土体已具明显的蠕动变形。

主坝坝顶混凝土砌块多处开裂,裂缝长度 1.2 ~ 1.6 m,缝宽 3 ~ 8 mm;迎水面干砌块石护坡起伏变形、明显错位;坝前水位标尺裂开 3 ~ 8 mm;邻近主坝左岸的水保站管理用房严重受损,基础梁和墙周多处拉裂,缝长 1.3 ~ 1.8 m,缝宽 0.3 ~ 1.5 cm。

受"5·12"地震影响,溢洪道侧墙具一定程度受损,多处可见长 0.5 ~ 1.2 m 的裂缝,缝宽 1 ~ 6 mm,条石砌缝破裂并相对错位 0.5 ~ 1 cm;在进口之前 12 m 长的喇叭口段,其干砌块石护坡中见有明显的凹陷变形。

水库下游 5 km 处即为秀水镇,12 km 处为塔水镇,秀水、塔水两镇人口约 10 万人,水库的安全直接关系着下游人民的生命财产安全。

7.3.5.3　除险加固措施

1. 应急措施

灾情发生后,为了防止震险加剧、险情扩大,及时排放库水,使之降低 3.19 m 至现有水位(665.21 m),黏土夯填坝体裂缝等应急措施。

2. 除险加固情况

(1)主坝坝体进行清除表层 3 ~ 5 m,重新填筑坝体,以及坝体进行充填灌浆防渗处理。

(2)主坝上游设置 0.1 m 厚钢筋混凝土护坡;下游坡草皮护坡,设置浆砌石马道及排水沟。

(3)副坝加宽、培厚,迎水坡正常高以上采用 0.1 m 厚钢筋混凝土护坡,正常高以下采用贴坡墙护坡防渗;下游坡为草皮护坡。

(4)主坝坝肩两侧设置钢筋混凝土护坡,进行复合防渗土工膜防渗处理。

(5)主坝坝顶土石路面改为 C20 混凝土路面,副坝坝顶设置泥结石路面。

(6)溢洪道控制段、陡槽段底板和边墙钢筋混凝土护面,重建消力池;整修 100 m 长下游尾水渠道。

(7)重修放水设施启闭室、竖井上部,进行竖井和洞体维修,更换启闭设备。

(8)建立完善的大坝观测系统。

7.3.6　白水湖水库

7.3.6.1　水库概况

水库位于安县雎水镇白河村境内秀水河支流白水河上,坝址以上集水面积 12 km^2,是一座以灌溉为主,兼有防洪、发电、水产养殖、旅游等综合效益的中型水利工程。水库总库容 1 627 万 m^3。水库于 1958 年完建。

水库枢纽工程由拦河大坝、溢洪道、灌溉放水洞、放空洞、防汛路等建筑物组成。

水库挡水坝为均质土坝,大坝坝顶高程 664.40 m,坝顶宽 6.5 m,最大坝高 24.4 m,坝顶长 170 m。

溢洪道布置在距左坝肩 85 m 处,由进口闸室、陡槽段、消能护坦段、尾渠等组成。总长度 259.07 m。出口与下游小溪沟相接。

放空隧洞位于大坝右岸约 260 m 处的山体内,隧洞长 243 m,进口底板高程 646.5 m,进口设闸门。洞断面为宽 2.0 m、高 2.5 m 的城门形浆砌条石结构,设计放空流量 8

m^3/s。

灌溉放水隧洞位于大坝右岸约 60 m 山体内,洞身长 165.2 m,进口设闸门,进水底板高程 646.5 m,闸门井内设拦污栅、工作闸门、检修闸门。洞内设 1.4 m 的压力钢管,设计放水流量 8 m^3/s。

白水湖水库在"5·12"地震前已按国家规定的建设程序,完成了安全鉴定、初步设计阶段的工作,同时按审查批准的"初步设计"界定的内容完成了工程建设施工,只待竣工验收。2008 年"5·12"地震后,该水库被列入震损名单,为次高危水库,同年 5 ～ 8 月,进行了应急抢险工程。

7.3.6.2　震损情况

1. 大坝坝体

经检查和观测,安县白水湖水库在"5·12"地震中造成水库大坝顶、内坡和右坝肩出现纵向裂缝 7 条、横向裂缝 8 条,裂缝长度 310 m,列宽 1 ～ 6.5 cm,最长一条裂缝在坝顶 0 + 041 ～ 0 + 110 段平行坝轴线紧邻防浪墙位置,长 69 m,大坝内坡干砌预制混凝土块护坡 20 + 017 ～ 0 + 146.5 段在 660.00 m 高程整体下滑距离 1.5 ～ 607 cm,1 + 048 ～ 0 + 108 段内坡变形严重,局部出现隆起或塌陷变形,大量细沙从干砌预制混凝土块缝中溢出,反滤料遭到破坏;护坡及下游排水设施破坏;经观察大坝及坝肩地震后渗漏量有所增加。

2. 大坝上游左右岸岸坡

大坝上游左右岸岸坡,坡度较陡,局部已震损坍塌。上游坡右岸为风化严重的泥岩,长 210 m,自然边坡为 1∶0.2 ～ 1∶0.7,一边临湖,一边靠山,中间为 4 m 宽的沿湖公路(至放水洞、放空洞的唯一道路)。上游坡左岸为易风化的泥岩,长 110 m,自然边坡为 1∶0.1 ～ 1∶0.5,一边临湖,一边临溢洪道泄槽,坝肩单薄(最薄处 15 m,最厚处 29 m),中间为 5 m 宽的公路(进入溢洪道、大坝的唯一通道)。本次大地震造成该公路部分段出现大面积垮塌和裂缝,8 月、9 月几次暴雨后,裂缝和垮塌加剧,造成公路及放水洞工作桥基础失稳,左坝肩稳定受到影响,直接威胁工程安全。

3. 溢洪道

溢洪道布置在左坝肩砂岩、泥岩分布区,溢洪道右岸山坡坡度较陡,坡度在 1∶0.3 ～ 1∶0.7。靠近大坝,同时山上有道路及管理设施,局部已震损坍塌裂缝、变形;右岸 0 + 020 ～ 0 + 200 段 180 m 护坡垮塌,对大坝安全和管理设施造成危害。通过震后对左坝肩的观测,在溢洪道闸室段和泄水明渠段均出现局部渗漏现象。

本次大地震造成溢洪道启闭设施破坏,一扇工作闸门严重变形,不能正常运行,无法止水。

4. 输水设施

输水设施包括放水洞及放空洞,其放水洞及放空洞出口尾渠为 20 世纪 70 年代修筑的三合土渠道,此次地震震损较为严重,出现裂缝及坍塌,渗流量加大,影响运用。

放水洞及放空洞各一扇工作闸门在地震中扭曲变形,不能使用。

5. 管理房屋

左坝肩综合楼(580 m^2)出现不同程度变形,其他水库管理房 620 m^2 垮塌,水库管理房 798 m^2 部分垮塌,已成危房。

有关部门鉴定意见为:水库管理房屋 1 200 m² 垮塌,需拆除重建;798 m² 已成危房,可加固后使用。

7.3.6.3　除险加固措施

1. 应急措施

白水湖水库震后应急处理工程主要有以下项目:

(1)对坝体裂缝进行修复,其余裂缝开挖回填处理。

(2)坝体充填灌浆(修复裂缝)和左坝肩帷幕灌浆(防止渗透)。

(3)拆除坝体塌陷变形的预制混凝土块,清除被破坏的反滤料,重新铺筑反滤料和预制混凝土块(护坡)。

2. 除险加固情况

经复核计算,坝顶高程、坝体渗透及边坡稳定等满足安全稳定条件,本次设计对震损裂缝、上游护坡、下游排水体、上游左右岸坡防护等部位进行加固处理,对大坝观测设备进行改造。

1)上游护坡加固

由于大坝内坡局部整体下滑、变形,局部出现隆起和塌陷。对其坝坡、护坡进行修复和新建,其加固处理内容及结构为:

(1)对现状边坡清理,拆除 660.0 m 高程以下混凝土板及坝坡预制混凝土护坡块,并对边坡进行清理整平。拆除的混凝土护坡块按 80% 重新利用。

(2)660.0 m 至 551 m 以下设置护坡,形式同原结构,为预制混凝土护坡块,厚 12 cm,尺寸为 0.5 m×0.5 m;设 15 cm 厚找平砂砾料垫层。为满足护坡构造稳定要求,边坡处设浆砌石基础,尺寸为 0.5 m×0.6 m。

2)下游排水体加固

由于下游排水体局部出现变形、隆起和塌陷,对其修复和加固处理为:对下游坡进行清理,加设 20 cm 厚找平卵石垫层,外加 20 cm 厚干砌石。

3)坝体充填灌浆及左坝肩帷幕灌浆处理

(1)充填灌浆。

根据坝顶 0+040～0+112 灌浆试验资料,分析坝体内应存在内部裂缝。本次设计在沿坝轴线向上游侧偏移 1.5 m 位置(距坝顶纵向裂缝 1.5 m),全坝线灌浆在 0+010～0+160 段布设单排灌浆孔,共 76 孔,孔底伸入相对隔水层以下不小于 1.5 m,对该段坝体进行充填式灌浆,使浆液充填裂缝,同时挤密裂缝周围的坝体填土,达到堵塞裂缝加固坝体的目的。灌浆材料采用水泥黏土浆(质量比,水泥∶黏土 =1∶3),稠度 1.3～1.1,灌浆压力不大于 0.05 MPa。

充填灌浆孔距均为 2 m,分为 2 序灌浆(按逐序加密原则),即按Ⅰ、Ⅱ序孔钻灌,Ⅰ序孔孔距 4.0 m、Ⅱ序孔孔距为 2.0 m。为保证细小裂缝能够灌入浆液,并减小体积收缩,应先灌稀浆后灌浓浆,以提高灌浆质量。

(2)左坝肩帷幕灌浆。

根据左坝肩综合楼至溢洪道闸室段山体渗漏情况及钻孔简易压水试验资料,在坝左肩综合楼至溢洪道首部段(0-053～0-085 段)布设单排灌浆孔,共 17 孔,孔底伸入相对隔水层以下不小于 5 m,对该区域正常蓄水位(661.0 m)以下岩体进行帷幕灌浆,将浆液灌入岩体裂隙形成阻水幕以减小渗漏。灌浆材料为纯水泥浆,灌浆压力 0.2~0.4 MPa。

帷幕灌浆孔距均为 2 m,分为 2 序灌浆(按逐序加密原则),即按Ⅰ、Ⅱ序孔钻灌,Ⅰ序孔孔距 4.0 m、Ⅱ序孔孔距为 2.0 m。为保证细小裂缝能够灌入浆液,并减小体积收缩,应先灌稀浆后灌浓浆,以提高灌浆质量。

4)上游左右岸坡防护

上游坡右岸为风化严重的泥岩,长 210 m,自然边坡为 1:0.2~1:0.7,一边临湖,一边靠山,中间为 4 m 宽的沿湖公路(至放水洞、放空洞的唯一道路)。上游坡左岸为易风化的泥岩,长 110 m,自然边坡为 1:0.1~1:0.5,一边临湖,一边临溢洪道泄槽,坝肩单薄(最薄处 15 m,最厚处 29 m)。经分析,计划对上游坡左右岸在原边坡上进行现浇毛石混凝土分级护坡。本次设计进行防护处理。防护采用锚喷防护措施,防止山体继续风化、坍塌。

(1)处理范围。

根据实际地形,处理范围右岸长 210 m,左岸长 110 m。底高程均为 642.0 m,各至山顶。

(2)锚喷防护结构。

首先进行山体削坡,做成 1:0.75 稳定边坡;喷射混凝土(C20)厚度 12 cm;锚杆采用 φ20 钢筋,长 3 m,间距 2 m×2 m,梅花形布置;挂网钢筋为 φ8,间距 25 cm。

5)大坝观测设备改造

结合水库管理自动化系统的实现,对大坝观测设备进行改造,形成观测自动化。本次设计对渗流观测进行改造,增加坝上连接 MDU 箱、信号连接和输出电缆、管理软件、电脑等设备,实现在中控室监控渗流观测。

7.3.7　双石桥水库

7.3.7.1　震损情况

(1)大坝裂缝:大坝坝顶及下游坝坡纵向裂缝,纵向裂缝与坝轴线基本平行,其中坝顶 1 条,裂缝长约 170 m,宽约 15 cm,下游坝坡纵向裂缝较多,裂缝最大长约 100 m,最大宽 2.0~3.0 cm。

(2)大坝上游护坡开裂,局部垮塌,右坝段挡墙断裂,错位。

该水库还存在以下问题:坝体单薄,上游浪蚀严重,上、下游坝坡较陡,左坝肩结合部位渗水严重,坝后无排水设施;溢洪道边坡垮塌淤积,未衬砌;放水涵卧管变形堵塞。

7.3.7.2　除险加固措施

1. 应急措施

(1)停止向水库充水,降低水位至死水位。

(2)对于坝顶裂缝宽度大于 5 cm 的纵向裂缝处理方法为:①在缝内用高塑性土挤压充填;②沿裂缝方向两侧对称开挖梯形槽,梯形槽底部宽度 50 cm,顶宽 80 cm,深度 50 cm,然后对槽底进行夯实处理;③在槽内回填高塑性土后分层夯实,铺层厚度不大于 20 cm,直至完全将开挖槽回填平整;④在夯实回填的槽顶再铺一层厚 15 cm 的高塑性土,夯实处理成龟背形。

（3）对于下游坝坡裂缝宽度大于 5 cm 的纵向裂缝处理方法为：①在缝内用高塑性土挤压充填；②沿裂缝进行夯实处理；③裂缝夯实处理后，在坡面填高塑性土夯实补欠，处理后的部位与坡面齐平。

（4）坝顶和下游坝坡上裂缝宽度小于 5 cm 的纵向裂缝处理：①沿裂缝进行夯实处理；②夯实处理完后再在表面铺一层高塑性土，坝顶夯实处理成龟背形，下游坝坡上与坡面齐平。

（5）坝顶纵向裂缝封填处理完成后，在坝顶用土工膜进行完全覆盖，土工膜两侧固定并封闭密实，土工膜采用一布一膜，布上膜下放置，膜厚 0.2 mm，采用针织无纺布，规格为 100 g/m²，在土工膜上适量铺土覆盖保护。

（6）下游坝坡纵向裂缝封填处理完成后，在夯实回填后的坡面上用土工膜沿裂缝进行条带覆盖，土工膜规格同上，宽度 100 cm，在土工膜上适量铺土覆盖保护。

（7）疏通溢洪道，恢复泄洪能力。

2. 除险加固情况

完成水库大坝削坡减载、培厚放缓、新建排水棱体的大坝加固方案，同时还需改造溢洪道，改建放水设施，改造防洪抢险道路与新建管理用房等。

7.3.8　韦家沟水库

7.3.8.1　震损情况

大坝：坝顶及上游坝坡有纵向裂缝，纵向裂缝与坝轴线基本平行。其中，坝顶裂缝 2 条，最大长约 20 m，宽约 15 cm，深约 1.5 m，且 1 条裂缝前、后坝坝顶错位 10 cm。上游坝坡裂缝 1 条，长约 90 m，宽 3 cm，深约 2 m。

该水库还存在以下问题：上游坝坡较陡，回填土料土质较差，坝后存在渗漏现象，坝后排水设施不规则；溢洪道堵塞严重，无衬砌；放水设施老化。

7.3.8.2　除险加固措施

1. 应急措施

（1）停止向水库充水，降低水位至死水位。

（2）对于坝顶裂缝宽度大于 5 cm 的纵向裂缝处理方法为：①在缝内用高塑性土挤压充填；②沿裂缝方向两侧对称开挖梯形槽，梯形槽底部宽度 50 cm，顶宽 80 cm，深度 50 cm，然后对槽底进行夯实处理；③在槽内回填高塑性土后分层夯实，铺层厚度不大于 15 cm，直至完全将开挖槽回填平整；④在夯实回填的槽顶再铺一层厚 15 cm 的高塑性土，夯实处理成龟背形。

（3）坝顶和下游坝坡上裂缝宽度小于 5 cm 的纵向裂缝处理：①沿裂缝进行夯实处理；②夯实处理完后再在表面铺一层高塑性土，坝顶夯实处理成龟背形，下游坝坡与坡面齐平。

（4）坝顶裂缝封填处理完成后，在坝顶用土工膜进行完全覆盖，土工膜覆盖范围设警戒线，限制行人、车辆通行，土工膜两侧固定并封闭密实，土工膜采用一布一膜，布上膜下放置，膜厚 0.2 mm，采用针织无纺布，规格为 100 g/m²，在土工膜上适量铺土覆盖保护。

（5）降低溢洪道底板高程，增加泄洪能力。

2. 除险加固情况

完成水库大坝削坡减载,培厚放缓,新建排水棱体的大坝加固方案,同时还需改造放水设施,整治溢洪道工程,改造防洪抢险道路与新建管理用房等。

7.3.9　大松树水库

7.3.9.1　震损情况

大坝:地震后,大坝坝顶及上游坝坡裂缝严重,较大裂缝4条,其中,坝顶2条,1条长约70 m,宽约35 cm,另1条长约20 m,宽约5 cm;上游坝坡2条,1条长约20 m,宽约12 cm,另1条长约20 m,宽约5 cm,裂缝与坝轴线近似平行,裂缝均呈锯齿状,其特征显示为张性,并伴有塌陷变形。

该水库还存在以下问题:上、下游坝坡较陡,上游坝坡浪蚀严重,坝后存在渗漏现象,坝后无排水设施;无溢洪道;放水设施老化,有漏水现象,需改造。

7.3.9.2　除险加固措施

1. 应急措施

(1)停止向水库充水,降低水位至死水位。

(2)将距坝顶1 m范围内的上游坡按1:2的坡比进行削方。

(3)在上游水边打略倾向下游的木桩,木桩桩径不小于8 cm,桩下部削尖,桩间距不大于50 cm,长度不小于2 m,锤击伸入坝体内长度90~100 cm。

(4)将削方的土装入编织袋抛入木桩与坝坡之间压脚。

(5)对于坝顶裂缝宽度大于5 cm的纵向裂缝处理方法为:①在缝内用黏性较高的土挤压充填;②沿裂缝方向两侧对称开挖梯形槽,梯形槽底部宽度50 cm,顶宽80 cm,深度50 cm,然后对槽底进行夯实处理;③在槽内回填黏性较高的土后分层夯实,铺层厚度不大于20 cm,直至完全将开挖槽回填平整;④在夯实回填的槽顶再铺一层厚15 cm的黏性较高的土,夯实处理成龟背形。

(6)对于上游坝坡上裂缝宽度大于5 cm的纵向裂缝处理方法为:①在缝内用黏性较高的土挤压充填;②沿裂缝进行夯实处理;③裂缝夯实处理后,在坡面填黏性较高的土夯实补欠,处理后的部位与坡面齐平。

(7)坝顶和上游坝坡裂缝宽度小于5 cm的纵向裂缝处理:①沿裂缝进行夯实处理;②夯实处理完后再在表面铺一层黏性较高的土,坝顶夯实处理成龟背形,上、下游坝坡与坡面齐平。

(8)在左岸坝肩以外开槽作为临时度汛泄洪通道。

2. 除险加固情况

完成水库大坝削坡减载,培厚放缓,新建排水棱体的大坝加固方案,同时还需新建溢洪道,改建放水设施,改造防洪抢险道路与新建管理用房等。

7.3.10　蒋家祠水库

7.3.10.1　震损情况

大坝:大坝坝顶及上、下游坝坡均有较多纵向裂缝,较大裂缝6条,其中,坝顶1条,长约 50 m,宽约 15 cm;上游坝坡 2 条,长约 30 m,宽 10 cm;下游坝坡 4 条,长约 30 m,宽 10 ~ 15 cm。大坝两端有较多贯穿性横向裂缝,左坝肩裂缝间距 1 ~ 1.5 m,宽 1.0 ~ 2.0 cm;右坝肩裂缝间距 1.5 ~ 2.0 m,宽 1.0 ~ 2.0 cm。

该水库还存在以下问题:上、下游坝坡较陡,上游坝坡浪蚀严重,坝后存在渗漏现象,坝后无排水设施;无溢洪道;放水设施老化,有漏水现象,需改造。

7.3.10.2　除险加固措施

1. 应急措施

(1)降低水位至死水位。

(2)对于坝顶裂缝宽度大于 5 cm 的纵向裂缝处理方法为:①在缝内用黏性较高的土挤压充填;②沿裂缝方向两侧对称开挖梯形槽,梯形槽底部宽度 50 cm,顶宽 80 cm,深度 50 cm,然后对槽底进行夯实处理;③在槽内回填黏性较高的土后分层夯实,铺层厚度不大于 15 cm,直至完全将开挖槽回填平整;④在夯实回填的槽顶再铺一层厚 15 cm 的黏性较高的土,夯实处理成龟背形。

(3)对于上、下游坝坡上裂缝宽度大于 5 cm 的纵向裂缝处理方法为:①在缝内用黏性较高的土挤压充填;②沿裂缝进行夯实处理;③裂缝夯实处理后,在坡面填黏性较高的土夯实补欠,处理后的部位与坡面齐平。

(4)坝顶和上、下游坝坡裂缝宽度小于 5 cm 的纵向裂缝处理:①沿裂缝进行夯实处理;②夯实处理完后再在表面铺一层黏性较高的土,坝顶夯实处理成龟背形,上、下游坝坡与坡面齐平。

(5)横缝处理方法为:①沿裂缝方向在两侧对称开挖梯形槽,深 50 cm,梯形槽底宽不小于 30 cm,边坡坡比为 1∶1,然后对槽底进行夯实处理;②在槽内回填塑性较高的土,铺层厚度不大于 15 cm,人工夯实,回填平整或与坝坡齐平;③填平后再铺一层厚 15 cm 的塑性较高的土,夯实处理成龟背形。

(6)将泄洪涵打开并清理疏通过水断面。

2. 除险加固情况

完成水库大坝削坡减载、培厚放缓、新建排水棱体的大坝加固方案,同时还需新建溢洪道,改建放水设施,改造防洪抢险道路与新建管理用房等。

7.3.11　朱家桥水库

7.3.11.1　震损情况

坝顶有 1 条纵向裂缝,纵向裂缝与坝轴线基本平行,裂缝长约 100 m,最大宽约 5.0 cm。水库管理房震损严重。坝体单薄,内外坝坡较陡,前坝浪蚀严重,坝后无排水设施;溢洪道建设标准低,堵塞严重,未衬砌;放水设施老化,漏水严重。

7.3.11.2　除险加固措施

1. 应急措施

(1)开启放水涵管,降低水位。

(2)清理坝面,对坝体危险性进行检查,在应急处理措施实施前采用塑料膜临时覆盖坝体裂缝。

（3）对主坝坝体纵、横向裂缝进行封填处理。

（4）坝体汛期覆盖保护。

（5）拆除泄洪渠进口混凝土坎,清理渠道。

（6）沿裂缝进行夯实处理。

（7）夯实处理完后再在表面铺一层高塑性土,夯实处理成龟背形。

（8）坝顶纵向裂缝封填处理完成后,在坝顶用土工膜进行完全覆盖,土工膜两侧固定并封闭密实,土工膜采用一布一膜,布上膜下放置,膜厚 0.2 mm,采用针织无纺布,规格为 100 g/m²,在土工膜上适量铺土覆盖保护。

（9）拆除泄洪渠进口处混凝土坎,并疏通渠道。

2. 除险加固情况

需完成水库大坝削坡减载、培厚放缓、新建排水棱体的大坝加固方案,同时还需改造放水设施,整治溢洪道工程,改造防洪抢险道路与新建管理用房等。

7.3.12 高峰水库

7.3.12.1 震损情况

主坝:坝体及上、下游坝坡有较多的纵向裂缝,其中,坝顶 1 条,长约 25 m,宽 2.0～6.0 cm,上游坝坡 2 条,长约 10 m,宽 5.0～10.0 cm,下游坝体 1 条,长约 5 m,宽 5.0～10.0 cm。右坝肩有 3 条贯穿性横向裂缝,裂缝宽约 4.0 cm。坝体单薄,内外坡较陡,左侧坝体与坝肩中部渗漏严重,坝后无排水设施;溢洪道淤塞严重,未衬砌;涵卧管有漏水现象。

7.3.12.2 除险加固措施

1. 应急措施

（1）开启放水涵管,降低水位。

（2）对于坝顶裂缝宽度大于 5 cm 的纵向裂缝处理方法为:①在缝内用高塑性土挤压充填;②沿裂缝方向两侧对称开挖梯形槽,梯形槽底部宽度 50 cm,顶宽 80 cm,深度 50 cm,然后对槽底进行夯实处理;③在槽内回填高塑性土后分层夯实,铺层厚度不大于 20 cm,直至完全将开挖槽回填平整;④在夯实回填的槽顶再铺一层厚 15 cm 的高塑性土,夯实处理成龟背形。

（3）对于上、下游坝坡上裂缝宽度大于 5 cm 的纵向裂缝处理方法为:①在缝内用高塑性土挤压充填;②沿裂缝进行夯实处理;③裂缝夯实处理后,在坡面填高塑性土夯实补欠,处理后的部位与坡面齐平。

（4）坝顶和上、下游坝坡裂缝宽度小于 5 cm 的纵向裂缝处理:①沿裂缝进行夯实处理;②夯实处理完后再在表面铺一层塑性土,坝顶夯实处理成龟背形,上、下游坝坡与坡面齐平。

（5）横缝处理方法为:①沿裂缝方向在两侧对称开挖梯形槽,深 50 cm,梯形槽底宽不小于 30 cm,边坡坡比为 1:1,然后对槽底进行夯实处理;②在槽内回填塑性较高的土,铺层厚度不大于 15 cm,人工夯实,回填平整或与坝坡齐平;③填平后再铺一层厚 15 cm 的塑性较高的土,夯实处理成龟背形。

(6)溢洪道修复。

2. 除险加固情况

完成水库大坝削坡减载、培厚放缓、新建排水棱体的大坝加固方案,同时还需改造溢洪道,改建放水设施,改造防洪抢险道路与新建管理用房等。

7.3.13　伍家碑水库

7.3.13.1　震损情况

大坝顶部(兼作机耕道)共形成 11 条裂缝,缝宽 30～50 mm,其中右坝端坝顶 6 条横向裂缝,4 条纵向裂缝(长度 40 m);左坝端坝顶 1 条横向裂缝。提灌站渡槽断裂倒塌。上、下游坝坡较陡,左侧坝肩渗漏,放水竖井变形,启闭困难。

7.3.13.2　除险加固措施

1. 应急措施

(1)汛前将水库现有水位降至 592.00 m。

(2)对坝顶纵、横向裂缝,沿缝长度开 1.0 m 宽的槽,深度以裂缝深度以下 0.3 m 为止;采用黏土按 0.3 m 厚分层夯填密实;在距坝顶路面 0.3 m 以下铺一层土工膜(大坝上下游面露出坝面,采用彩条布),防止雨水浸入,搭接长度 0.5 m,并做好纵向封闭。

(3)疏通溢洪道,保证最大泄洪能力 q_{max} = 5.66 m³/s,溢洪水深 H_{max} = 0.96 m,堰口宽度 B = 4.0 m,溢洪道墙顶高程 598.027 m,做好边墙和底板浆砌条石修复,确保达到泄洪能力。

(4)对放水设施结构和机电设备进行维修,更换报废设备或零件,保证达到设计放水流量。

2. 除险加固情况

完成水库大坝削坡减载、培厚放缓、整治排水棱体的大坝加固方案,改建放水设施,改造防洪抢险道路与新建管理用房等。

7.3.14　余家沟水库

7.3.14.1　震损情况

坝顶浆砌石纵向裂缝 150 m,坝顶 2.5 m 处沉陷,纵向裂缝 40 m,宽 10 cm,内坡滑坡。溢洪道淤积严重。外坝坡下部右坝肩漏水。下游坝坡较陡,坝体中部渗漏。

7.3.14.2　除险加固措施

1. 应急措施

(1)汛前将水库现有水位降至 592.00 m。

(2)对坝顶纵、横向裂缝,沿缝长度开 1.0 m 宽的槽,深度以裂缝深度以下 0.3 m 为止;采用黏土按 0.3 m 厚分层夯填密实;在距坝顶路面 0.3 m 以下铺一层土工膜(大坝上下游面露出坝面,采用彩条布),防止雨水浸入,搭接长度 0.5 m,并做好纵向封闭。

(3)疏通溢洪道,确保达到泄洪能力。

2. 除险加固情况

完成水库大坝削坡减载、培厚放缓、整治排水棱体的大坝加固方案,同时还需改造溢洪道,改建放水设施,改造防洪抢险道路与新建管理用房等。

7.3.15　吊脚楼水库

7.3.15.1　**震损情况**

有横裂缝 6 条,内坡塌,外坡凸,坝下部有渗漏。溢洪道堵塞严重。上、下游坝坡较陡,坝下排水棱体渗漏。

7.3.15.2　**除险加固措施**

1. 应急措施

汛前将水库现有水位降至 592.00 m;对坝顶纵、横向裂缝,沿缝长度开 1.0 m 宽的槽,深度以裂缝深度以下 0.3 m 为止;采用黏土按 0.3 m 厚分层夯填密实;在距坝顶路面 0.3 m 以下铺一层土工膜(大坝上下游面露出坝面,采用彩条布),防止雨水浸入,搭接长度 0.5 m,并做好纵向封闭。疏通溢洪道,确保达到泄洪能力。

2. 除险加固情况

完成水库大坝削坡减载、培厚放缓、整治排水棱体的大坝加固方案,同时还需改造溢洪道,改造防洪抢险道路与新建管理用房等。

7.3.16　红星水库

7.3.16.1　**震损情况**

大坝纵向裂缝长 70 余 m,宽 5 cm,左坝肩横向裂缝,有外滑坡迹象。溢洪道垮塌堵塞。上、下游坝坡较陡,坝下部渗漏严重。

7.3.16.2　**除险加固措施**

1. 应急措施

汛前将水库现有水位降至 592.00 m;对坝顶纵、横向裂缝,沿缝长度开 1.0 m 宽的槽,深度以裂缝深度以下 0.3 m 为止;采用黏土按 0.3 m 厚分层夯填密实;在距坝顶路面 0.3 m 以下铺一层土工膜(大坝上下游面露出坝面,采用彩条布),防止雨水浸入,搭接长度 0.5 m,并做好纵向封闭。疏通溢洪道,确保达到泄洪能力。

2. 除险加固情况

完成水库大坝削坡减载、培厚放缓、整治排水棱体的大坝加固方案,同时还需改造溢洪道,改建放水设施,改造防洪抢险道路与新建管理用房等。

第8章　震损水库安全复核

8.1　概述

8.1.1　研究背景和意义

　　地震是一种破坏力极强的自然灾害,强烈的地震会造成大量的人员伤亡以及建筑物的破坏。目前,大坝安全为公共安全的重大问题,受到世界各国普遍关注。多次大地震中大坝发生的震害使大坝抗震安全成为关注的重点之一。水工建筑物等大型结构在地震中的破坏还可能引发次生灾害,进一步威胁人民的生命财产安全,因此大型结构的抗震安全问题至关重要。

　　大坝抗震安全对我国更具有特殊重要的意义。我国受世界上两大活跃地震带的影响,东濒环太平洋地震带,西部和西南则邻近欧亚地震带,是世界上地震活动频繁的地区。我国是一个多地震的国家,地震区域广阔而分散,地震频繁而强烈。据统计,20世纪以来,8级或8级以上的大地震就发生过9次之多,其中发生于人口稠密地区的造成了极为惨重的损失。1920年宁夏海原地震(8.5级),死亡20多万人,伤者不计其数;1976年河北唐山地震(7.8级),死亡24万多人,强震区的房屋、工业厂房与设备、城市建设、交通运输、水电设施等受到极其严重的破坏,邻近的水利工程震害严重。新中国成立以来,除唐山地震外,发生的7级以上的地震就有几十次;而新中国成立以来随着国民经济的发展,我国修建了大量的水利工程,因而水利工程的震害也较为广泛。其中,1966年河北邢台地震、1970年云南通海地震、1975年辽宁海城地震、1976年河北唐山地震都产生了较大的震害。

　　汶川特大地震影响波及全国,震中所在的岷江流域上游及周边地区灾情十分严重,人民生命财产遭受了巨大损失,交通、能源、通信、市政、房屋等基本设施受到严重破坏。

　　"5·12"四川汶川大地震不仅造成了巨大的人员伤亡和经济损失,而且产生了巨大的地质灾害。大坝作为水利枢纽中的重要挡水建筑物,在地震中可能引发的破损及其危害主要表现在以下几个方面:地震过程中的地面晃动引起大坝附属建筑物及相关设施的振动;断层运动导致位于其上的大坝发生结构变形破坏;断层运动导致水库底部结构发生破坏造成渗漏;大坝、水库等结构的破坏引发次生灾害。

　　据统计,在汶川地震当中,全省有1 803座坝受到不同程度的震损。但是,其中大多数坝(约95%)是用于供水和灌溉的小型土坝,其库容不到500万m^3。这些坝体的主要震害表现为开裂、边坡滑移、坝顶沉降或出现裂缝、泄洪设施损坏等。

　　大量水利工程的震害表明,设计和施工质量对水利工程的抗震能力和震害程度的影响不容忽视。调查发现,在建造时没有考虑或很少考虑抗震问题,以至于没有采取必要的抗震结构和工程措施的水利工程产生的震害是比较严重的。

近年在水利工程中对土力学及土工问题的研究工作可能有两个偏向:其一是偏向于大型工程,其二是偏向于计算研究。而我国还有一些量大面广的小型工程,建于 20 世纪 50 年代末和 60 年代初,以及"文化大革命"时期,未能按常规要求进行抗震设计,有些在正常运行工况下就属于病险库,因而震害风险较大。但对于量大面广和实际存在的中小型水利工程(大都用于农用)技术问题往往重视不够,没有投入必要的研究力量。凡能获得国家资助的列入国家重大科研项目的,大都偏向于高坝大库等重大工程,致使其长期处于较低水平。

土石坝作为人类最早建造的坝型,具有悠久的发展历史,在世界各国使用极为普遍。据国际大坝组织统计,全球目前有水坝 800 000 余座,其中土石坝所占比例约为 83%。

近几十年来,因地震造成大量水坝震损的事件在世界范围内多次发生,例如 1976 年的中国唐山地震中,约 430 座水坝震损;1995 年日本的 Hyogo – Ken Nanbu 地震中,1 362 座水库震损;1999 年的中国台湾省集集地震中,石岗水库大坝被断层错断全毁,鲤鱼潭、日月潭水坝震损;2001 年印度的 Bhuj 地震中,约 240 座水坝震损;中国汶川 2008 年 5 月 12 日里氏 8.0 级地震,全国共有 2 666 座水坝在此次地震中受损,其中 69 座属溃坝险情水库大坝,均为土石坝。土石坝在地震灾害中作为承灾体,一方面引起大量土石坝的震害,坝体本身受到地震作用的破坏,造成直接经济损失;另一方面,还可能演变成为危险的次生灾害源,引发次生水灾威胁下游生命财产安全,同时在地震后还常常因水坝无法正常发挥水利设施功能,使灾后恢复生产、生活面临重重困难,造成了巨大的经济损失和人员伤亡。

随着科技的进步,特别是计算机计算技术的快速发展,以及对不断出现的土石坝震害现象的深入调查研究的开展,各种基于坝体静力和动力有限元计算的土石坝抗震稳定分析评价的方法也得到了迅速发展。

综上所述,我国水库以小型水库为主,小型水库建库时间早,设计水准低,工程质量较差,资料不全,经多年运行存在问题较多,遇到地震往往更容易出现问题。汶川地震后,我国对这一批受震害的小型水库进行了除险加固工作,但对于位于地震高发区的水利工程来说,抗震设计与抗震安全评价是非常重要的,所以水库除险加固后的抗震能力仍需进一步复核。

8.1.2 国内外研究现状

近年来地震频发,导致大量水库遭受震损,严重威胁着广大人民群众的生命财产安全,制约着水库效益的充分发挥。震损水库位于地震高发地区,虽进行除险加固,但其安全性仍需进一步复核。

8.1.2.1 国外研究现状

在国外,大坝的抗震设计计算大致可分为静力设计与动力设计两个阶段。20 世纪 60 年代以前基本上采用拟静力的设计方法,即震度法;1915 年佐野利器提出按水平惯性力考虑地震作用;1925 年物部长穗提出按震度法进行重力坝的抗震设计,建议的水平震度(地震系数)为 0.1 ~ 0.2,以后在各国大坝抗震设计中得到普遍应用;1933 年 Westergaard

提出了地震动水压力的计算公式,发展成为各国普遍采用的大坝地震动水压力的附加质量法。1934年以后,震度法也推广在土石坝坝坡抗震稳定的核算上。20世纪50年代末以后,各国先后制定了大坝抗震设计准则;Seed等提出了等价线性化的计算方法,并通过试验取得砂土和黏土的等效剪切模量和阻尼比随应变变化的经验关系,在工程中得到广泛应用,直至今日仍然是土石坝抗震分析的基本方法。至20世纪80年代,动力分析方法已逐渐在混凝土坝抗震分析中得到应用并推广。大坝的动力分析要解决结构离散、边界条件处理、地面运动输入、动水压力、阻尼、非线性等一系列问题。

坝体离散化目前大都采用有限元法,以便容易处理比较复杂的几何形状、材料设置与边界条件。如英国在土木工程协会下设有一专门委员会,曾对坝体有限元分析进行过系统研究。到现在,对各种重力坝、拱坝、肋墩坝都用有限元法进行过动力分析,其中包括用二维、三维方法处理。

20世纪80年代以后,按两级设防的大坝设计准则在美国、欧洲和加拿大等一些国家和地区的抗震设计规范中得到体现。

美国大坝安全委员会2005年出版了新的《联邦大坝安全导则:大坝抗震分析与设计》。欧洲地震活动性总体上看不是很强,但全欧大坝会议工作小组总结分析了欧盟5个国家(奥地利、意大利、瑞士、罗马尼亚、英国)近期先后完成的大坝抗震安全评价导则,指出其中强地震活动区、中强地震活动区与低强地震活动区导则的内容与特点,供有关国家参考。日本大坝委员会大坝抗震安全分委员会总结分析了1984年长野县西部地震、1995年兵库县南部地震(即阪神地震)和2000年鸟取县西部地震等有关地震中大坝的表现,提出了"已建大坝抗震安全评价方法的现状与课题"的报告,为修订现行大坝抗震安全评价导则做准备。印度总结分析了2001年古吉拉特邦强烈地震(7.7级)造成的大量中、小土坝的震害,于2005年编制完成了土坝与土堤抗震设计导则。其他如加拿大、新西兰、瑞士等国都于近期制定了大坝抗震安全设计导则或规程。

8.1.2.2　国内研究现状

在结构抗震理论的发展过程中,主要出现了三种计算理论:静力理论、拟静力理论和动力理论。

1. 静力理论

静力理论比较简单,将地基假设成一个连续的均质弹性体,建筑物结构看作刚体。地震计算时假定建筑物各部承受一个均匀的、不变的水平加速度,这一加速度产生的惯性力就是地震力。地震力可用下式表示:

$$P = K_H W \tag{8-1}$$

式中,P为水平地震力;K_H为水平地震系数,$K_H = a/g$,其中a为地面加速度,g为重力加速度;W为结构重量。

从上式可以看出,地震力作为与结构重量成比例的一种水平荷载来考虑,只与地面加速度有关。这种假设忽略了地基特性和结构物本身振动的动力特性。

2. 拟静力理论

我国1978年制定的《水工建筑物抗震设计规范》,在动力理论的基础上,采用简化的拟静力法确定地震荷载。

　　拟静力理论与静力理论相比,改变了地震力沿高度均匀分布的假设,考虑了地震时建筑物的加速度放大效应,采用了随建筑物高度变化的动力系数。混凝土重力坝的水平地震惯性力 Q_0 按下式计算:

$$Q_0 = K_H C_z F W \tag{8-2}$$

式中,K_H 为水平向地震系数,即地面最大水平加速度的统计平均值与重力加速度的比值;C_z 为结构综合影响系数;F 为地震惯性力系数;W 为产生地震惯性力的总重量。

　　K_H 与 F 的取值可以查表获得;结构综合影响系数 C_z 用来弥合理论计算与客观实际之间的差距,以适应设计传统。对于混凝土重力坝,一般取上式可见,拟静力理论引入了地震惯性力系数和结构综合影响系数,相比静力理论有一定的发展,但仍然只是简单地考虑了地震加速度沿建筑物高度的变化,比较粗糙。

　　3. 动力理论

　　动力理论的特点是在计算地震作用时,综合考虑结构的自振特性、周期、阻尼等因素,与实际情况更接近,是较为合理的理论。随着计算机的发展,动力理论得到了很好的发展,并且被广泛应用到结构抗震研究。

　　动力理论计算最终归结为结构运动方程的求解,主要有以下两种求解方法。

　　1) 振型叠加法

　　振型叠加法的基本思路是将系统的位移反应表示成振型的线性组合,利用振型的正交性对运动方程解耦。通过对 n 个非耦合的二阶微分方程求解,得到系统广义坐标的解答;然后,通过坐标变换将广义坐标求得的结果转化成几何坐标下的反应。其求解方法决定了振型叠加法只适用于求解线弹性体系的动力反应。振型叠加分析方法主要有逐段精确法和反应谱分析法两种基本类型。其中,逐段精确法是在求出结构体系的振型和频率以后,通过对荷载向量作适当的处理,使得广义坐标方程式能用数学上的精确解答来求解的一种直接进行振型叠加的方法;反应谱分析法是用振型叠加的概念求解结构在地震作用下的最大反应值,利用反应谱的概念,估算出每个反应分量的最大值,避免了在计算结构体系的位移和应力反应全部历程时所涉及的庞大计算工作量。反应谱分析法更为简便实用,是抗震规范中给出的计算多自由度体系的地震作用的一种基本方法。

　　2) 时程法

　　结构的基本运动方程式是一个二阶微分方程组,可以用数值积分的方法对方程直接求解,即按时间增量 Δt 逐步求解运动微分方程,这一方法称为逐步积分法。逐步积分法既可用于求解线性结构体系问题,也可用于求解非线性结构体系的问题,并且可以给出体系在全时域内的各时刻反应。

　　以上两种方法都是在时间域内求解系统的反应,称为结构反应的时域分析。但在实际结构动力分析问题中,当结构系统的刚度矩阵或质量矩阵(或阻尼矩阵)与结构的振动频率有关时,这样时域分析的方法将不再适用,而必须采用结构反应的频域分析,这就需要把时域方程先变换到频率域中进行运算,然后再通过反变换回到时域中给出解答。

　　大坝抗震能力与抗震安全性的研究是一个富有挑战性的课题,所涉及的学科面比较广,技术难度比较高,目前的研究还不够系统和深入。

　　武清玺、吴世伟等提出了有限元法的动力可靠度分析方法来评价重力坝的抗震安全性,引入了结构可靠性指标。

李启雄、苗琴声通过对坝踵应力的算例以及一些工程实例的分析,初步提出了以坝基面上游部分垂直拉应力分布的相对宽度作为用有限元法计算重力坝坝体应力的控制标准。

清华大学针对坝与无限地基动力相互作用对坝的地震响应与抗震安全产生重要影响,相互作用的计算模型与计算方法,特别是针对三维拱坝的动力相互作用分析提出了有限元—边界元—无穷边界元的计算模型;水科院则发展了廖振鹏的透射边界计算模型。

大连理工大学发展了 Wolf 与 Song 的阻尼影响抽取法的计算模型以及比例边界有限元的模型,并研究了地基刚度变化和地基不均匀性对拱坝和重力坝地震响应的影响。

为了对混凝土坝,特别是三维拱坝—无限地基体系的抗震安全性进行更为科学的评价,林皋提出进行混凝土坝地震损伤破坏发展过程的数值模拟是非常有必要的。

在土石坝的应力分析中,拟静力学法仍是基本方法,但对于重大工程,规范规定设计烈度为 8、9 度的 70 m 以上土石坝,或地基中存在可液化土时,应同时用有限元法对坝体和坝基进行动力分析,综合判断其抗震安全性。

现今土石坝抗震安全评价技术虽然已经取得了很大进步,但对强震作用下坝料及结构非线性问题的研究尚不深入,非线性动力本构模型、动力相互作用、非线性求解方法等方面的理论尚未成熟,还不能完全通过理论分析和数值计算得到地震作用下高土石坝的真实动力响应和破坏机理,因而不能对地震作用下高土石坝的抗震安全性进行准确评价,还难以准确地进行预测和控制大坝的震害,如裂缝、沉降变形、滑坡等事故;而拟静力法只能大致判断坝坡的稳定性。

8.2　中小型水库震损情况及原因分析

我国是世界上水库数量最多的国家。我国最新水利普查的结果显示,我国现在有水库 98 002 座,全国已建成各类水库 97 246 座,在建水库 756 座(不含港、澳、台地区)。

8.2.1　中小型水库震损情况

汶川 2008 年 5 月 12 日发生里氏 8.0 级地震,全国共有 2 666 座水坝在此次地震中受损,其中 69 座属溃坝险情水库大坝,均为土石坝。据统计,在汶川地震当中,四川省有 1 997 座坝受到不同程度的震损。但是,其中大多数坝(96.75%)是用于供水和灌溉的小型土坝,其库容不到 5×10^6 m^3。

在四川省 1 997 座震损水库中,大坝裂缝 1 425 座、大坝塌陷 687 座、滑坡 354 座、渗漏 428 座、起闭设施损坏 161 座,其他放水设施、溢洪道、管理房等有 422 座出现不同程度震损,其中 50% 以上的水库同时出现多种险情。

在 1 997 座震损水库中,小型水库高达 1 932 座,小型震损水库大多建于 20 世纪 50 ~ 70 年代,工程标准低、质量差,大多数工程都没有专门的抗震设计,多数水库在地震前就已被列为病险水库,因此遇地震时更容易出现险情。

8.2.2 中小型水库震损原因分析

地震对水库造成的损坏及影响震损程度的因素很多,地震是外部因素,工程本身的抗震能力则是内因。通过了解的情况初步分析,地震级别、震源深度、水利工程与震源的距离及工程当地的地质情况是影响水库损坏程度的外因;而工程本身的抗震级别、筑坝类型以及当时水利工程的运行管理情况都是工程破坏程度的内因。

坝体的填筑形式有很多种,根据填筑材料可分为均质土坝、砂砾石坝、浆砌石重力坝、浆砌石拱坝等坝型。不同坝型抗震性能不同,与其他坝型相比,浆砌石重力坝的抗震性能较好。除筑坝类型外,坝体设计、工程建设以及运行管理很多问题都是影响震损程度的重要因素。很多坝体工程勘察设计不到位,尤其中小型水库大多数修建于 20 世纪 50~70 年代,由于当时技术水平低下、资金困难和政治形势的变化,很多工程没有进行勘察设计,完全凭借经验施工。有些工程并不大,但在当时却要经历很长的周期,不同时期填筑的土料使坝体填筑层之间的结合并不好。这样的工程运行几十年,运行期间管理不当,出现问题不能及时修复,造成问题严重化,部分水库在遭受地震之前已经是病险水库,地震将会加剧水库的损坏程度。

8.3 白水湖水库大坝除险加固后安全复核

8.3.1 水库概况

8.3.1.1 流域水文、气象

白水湖水库位于安县雎水镇与沸水镇的交界处,地理坐标为东经 104°15′~104°16′,北纬 31°31′~31°32′,距安县县城约 34 km,大坝建在白水河上,故水库又称白水河水库。白水河属于涪江水系凯江支流秀水河右岸一级支流。坝址以上控制流域面积 12 km²,河长 4.4 km,坝址以上河道平均比降 16.9‰。

白水湖水库坝址以上流域形状呈长条形,水系呈树枝状发育,易于洪水汇集,流域海拔在 640~1 410 m,700 m 高程以上多为石灰岩,800 m 高程以下主要为农作物种植区,有少部分山林;800 m 高程以上主要是灌木林和草坡、荒山。

流域属中亚热带季风湿润气候类型,四季分明,全年气候温和,雨量充沛,日照较充足。具有冬季微寒,春来较早,夏长秋短,无霜期长;冬干、春旱、夏洪、秋绵等气候特点。

区内多年平均气温 16.3 ℃,极端最高气温 36.5 ℃,极端最低气温 -4.8 ℃。多年平均降水量 1 261 mm。多年平均风速 1.7 m/s,最大风速 20 m/s,风向多为北风。多年平均相对湿度 75%,其中 9 月最大 82%。

降水量在年内分配不均,大暴雨多集中在 6~9 月。6~9 月降水量最集中,占了全年的 70% 以上,而 12 月、1 月、2 月仅占全年的 2.9%。

8.3.1.2 工程概况

白水湖水库位于安县雎水镇白河村境内秀水河支流白水河上,坝址以上集水面积 12 km²,是一座以灌溉为主,兼有防洪、发电、水产养殖、旅游等综合效益的中型水利工程。

水库总库容 1 627 万 m³,设计灌溉面积 3.5 万亩。

水库枢纽工程由拦河大坝、溢洪道、灌溉放水洞、放空洞和引水两大渠等建筑物组成。工程于 1956 年动工修建,1958 年竣工。

白水湖水库枢纽出险加固工程于 2002 年 10 月开工建设,2004 年 6 月完成全部工程,但未进行工程竣工验收。

本工程坝址附近存在活动的断层,场地抗震稳定性差,属水工建筑物抗震不利地段;本区地震动峰值加速度值为 0.15g,相应地震基本烈度为 7 度。

8.3.1.3 震损情况

水库处于正常蓄水位时遭受"5·12"汶川大地震突袭,产生了一系列的震损,其受损部位、范围等情况如下。

1. 大坝

坝体变形及裂缝:大坝内坡局部整体下滑、变形,局部出现隆起和塌陷,大量细砂从预制块缝中溢出,反滤料遭到破坏。坝顶、内坡和右坝肩出现纵横向裂缝最长的一条在坝顶,长 69 m,宽 1~6.7 cm。

坝体渗漏:经观察,大坝及坝肩地震后渗漏量有所增加。

护坡及排水:上游混凝土预制块护坡严重破坏,下游排水设施破坏。

大坝上游左右岸坡防护:大坝上游左右岸坡,坡度较陡,局部已震损坍塌,危及大坝安全。

2. 溢洪道

右岸山体滑坡:溢洪道右岸山坡度较陡,山上有道路及管理设施,局部已震损坍塌裂缝、变形,危及大坝、溢洪道及管理设施的安全。

工作闸门变形:溢洪道工作闸门在地震中扭曲变形,不能使用。

3. 放水设施

工作闸门变形:放水洞及放空洞工作闸门,地震扭曲变形,启闭不灵,影响运用。

尾渠坍塌:放水洞及放空洞出口尾渠为 20 世纪 70 年代修筑的三合土渠道,此次地震震损较为严重,出现裂缝及坍塌,渗流量加大,影响运用。

4. 管理设施

管理房:水库管理用房在这次地震中有 798 m² 经鉴定为危房,有 1 200 m² 垮塌。

8.3.2 除险加固工程设计

8.3.2.1 设计洪水

白水湖水库设计洪水采用四川省水利电力厅 1984 年 6 月编制的《四川省中小流域暴雨洪水计算手册》法推求。

其中设计暴雨的推求,年最大 6、24 小时暴雨,是据白水湖水库雨量站及邻近雨量站实测暴雨资料分析计算的,其中 1 小时暴雨据邻近流域茶坪河晓坝站自记暴雨资料计算,并结合手册综合确定;1/6 小时雨量,由手册查算。白水湖水库雨量站年最大 24 小时雨量经频率计算求得。

设计洪峰、洪量采用推理公式法推算。经分析计算采用:白水湖水库设计(100 年)标准洪峰 268 m³/s,一次洪量 517.04 万 m³;白水湖水库校核(1 000 年)标准洪峰 376 m³/s,一次洪量 759.23 万 m³。

8.3.2.2 水库特征水位

白水湖水库是以灌溉为主,兼有防洪、发电、旅游、水产等综合利用的水利枢纽工程,水库总库容 1 672 万 m³。枢纽主要建筑物由大坝、溢洪道、灌溉放水隧洞、放空洞组成。

水库除险加固设计的防洪标准按《防洪标准》(GB 50201—94)、《水利水电工程等级划分及洪水标准》(SL 252—2000)执行,水库枢纽工程属于Ⅲ等工程,根据山区、丘陵区水利水电工程永久性水工建筑物洪水标准,水库防洪标准采用设计标准为 100 年($P=1\%$),校核洪水标准为 1 000 年($P=0.1\%$)。

本次复核仍采用除险加固设计水库的死水位 646.5 m。对于白水湖水库的溢洪道运用方式和洪水调节计算原则,经综合分析论证,采用溢洪道堰顶设闸方案。即溢洪道堰顶为宽顶堰,堰上新设闸门一扇,闸宽 7 m,闸底高程 658.0 m,下接陡槽并疏导下游河道,汛期限制水位 661.0 m,与正常蓄水位相同。

调洪计算原则为溢洪道有闸控制泄流,起调水位为正常蓄水位 661.0 m;当洪水来临时,放水洞或放空洞和溢洪道控制泄流,水库控制来多少泄多少,维持库水位 661.0 m;当入库流量大于泄流量时,泄洪设施全开,自由溢流进行洪水调节计算。

白水湖水库库容曲线根据实测 1/50 000 库区地形图量算求得,溢洪道泄量曲线采用溢洪道堰顶设闸方案的泄量曲线。

本次复核采用水库除险加固设计中的水库特征水位值,水库设计 100 年一遇,库水位为 662.29 m,校核标准 1 000 年一遇,最高库水位为 663.13 m(见表 8-1)。

表 8-1 特征水位表

序号	项目名称	单位	数量
1	正常高水位	m	661.00
2	汛期限制水位	m	661.00
3	设计洪水位	m	662.29
4	校核洪水位	m	663.13
5	死水位	m	646.50

8.3.2.3 大坝除险加固内容

1. 上游护坡加固

由于大坝内坡局部整体下滑、变形,局部出现隆起和塌陷。对其坝坡、护坡进行修复和新建,其加固处理内容及结构为:

(1)对现状边坡清理,拆除 660.0 m 高程以下混凝土板及坝坡预制混凝土护坡块,并对边坡进行清理整平。拆除的混凝土护坡块按 80% 重新利用。

(2)660.0 m 至 551 m 以下设置护坡,形式同原结构,为预制混凝土护坡块,厚 12 cm,尺寸为 0.5 m×0.5 m;设 15 cm 厚找平砂砾料垫层。为满足护坡构造稳定要求,边坡处设浆砌石基础,尺寸为 0.5 m×0.6 m。

2. 下游排水体加固

由于下游排水体局部出现变形、隆起和塌陷。对其修复和加固处理为：对下游坡进行清理，加设 20 cm 厚找平卵石垫层，外加 20 cm 厚干砌石。

3. 坝体充填灌浆及左坝肩帷幕灌浆处理

1）充填灌浆

根据坝顶 0+040～0+112 灌浆试验资料，分析坝体内应存在内部裂缝，本次设计在沿坝轴线向上游侧偏移 1.5 m 位置（距坝顶纵向裂缝 1.5 m），全坝线灌浆在 0+010～0+160 段布设单排灌浆孔，共 76 孔，孔底伸入相对隔水层以下不小于 1.5 m，对该段坝体进行充填式灌浆，使浆液充填裂缝，同时挤密裂缝周围的坝体填土，达到堵塞裂缝、加固坝体的目的。灌浆材料采用水泥黏土浆（重量比，水泥∶黏土 = 1∶3），稠度 1.3～1.1，灌浆压力不大于 0.05 MPa。

充填灌浆孔距均为 2 m，分为 2 序灌浆（按逐序加密原则），即按Ⅰ、Ⅱ序孔钻灌，Ⅰ序孔孔距为 4.0 m，Ⅱ序孔孔距为 2.0 m。为保证细小裂缝能够灌入浆液，并减小体积收缩，应先灌稀浆后灌浓浆，以提高灌浆质量。

2）左坝肩帷幕灌浆

根据左坝肩综合楼至溢洪道闸室段山体渗漏情况及钻孔简易压水试验资料，在坝左肩综合楼至溢洪道首部段（0-053～0-085 段）布设单排灌浆孔，共 17 孔，孔底伸入相对隔水层以下不小于 5 m，对该区域正常蓄水位（661.0 m）以下岩体进行帷幕灌浆，将浆液灌入岩体裂隙形成阻水幕以减小渗漏。灌浆材料为纯水泥浆，灌浆压力 0.2～0.4 MPa。

帷幕灌浆孔距均为 2 m，分为 2 序灌浆（按逐序加密原则），即按Ⅰ、Ⅱ序孔钻灌，Ⅰ序孔孔距为 4.0 m，Ⅱ序孔孔距为 2.0 m。为保证细小裂缝能够灌入浆液，并减小体积收缩，应先灌稀浆后灌浓浆，以提高灌浆质量。

4. 上游左右岸坡防护

上游坡右岸为风化严重的泥岩，长 210 m，自然边坡为 1∶0.2～1∶0.7，一边临湖，一边靠山，中间为 4 m 宽的沿湖公路（至放水洞、放空洞的唯一道路）。上游坡左岸为易风化的泥岩，长 110 m，自然边坡为 1∶0.1～1∶0.5，一边临湖，一边临溢洪道泄槽，坝肩单薄（最薄处 15 m，最厚处 29 m）。经分析，计划对上游坡左右岸在原边坡上进行现浇毛石混凝土分级护坡。本次设计进行防护处理。防护采用锚喷防护措施，防止山体继续风化、坍塌。

1）处理范围

根据实际地形，处理范围右岸长 210 m，左岸长 110 m。底高程均为 642.0 m，各至山顶。

2）锚喷防护结构

首先进行山体削坡，做成 1∶0.75 稳定边坡；喷射混凝土（C20）厚度 12 cm；锚杆采用 φ20 钢筋，长 3 m，间距 2 m×2 m，梅花形布置；挂网钢筋为 φ8，间距 25 cm。

5. 大坝观测设备改造

结合水库管理自动化系统的实现，对大坝观测设备改造，形成观测自动化。本次设计对渗流观测进行改造，增加坝上连接 MDU 箱、信号连接和输出电缆、管理软件、电脑等设备，实现在中控室监控渗流观测。

8.3.3 坝顶高程复核

为了保证水不从坝顶漫过,土坝坝顶高程应在水库校核水位以上,而且应有足够的超高,超高的数值等于波浪在坝坡上爬高 R 和风壅高度 e 与安全加高 A 之和。

土坝工程现状高程与本次复核采用洪水位见表8-2。

表8-2 土坝复核洪水位

序号	项目名称	单位	数量
1	正常高水位	m	661.00
2	设计洪水位	m	662.29
3	校核洪水位	m	663.13

挡水建筑物为土石坝结构型式,其坝顶高程按照《碾压式土石坝设计规范》(SL 274—2001)规定,即坝顶高程为水库静水位加坝顶超高计算。按以下运用条件计算,取其最大值:

(1)水库设计水位加正常运用条件的坝顶超高。

(2)水库校核水位加正常运用条件的坝顶超高。

(3)水库正常蓄水位加非常运用条件的坝顶超高,再加地震安全加高。

波浪在坝坡上爬高计算如下:波浪的平均波高和平均波周期采用《碾压式土石坝设计规范》(SL 274—2001)莆田试验站公式进行计算。

(1)风速的确定。根据风速观测资料统计,确定白水湖水库处平均最大风速17.0 m/s。

(2)波浪吹程的确定。在白水湖水库按垂直坝轴线起沿库水面直至对岸量得直线距离校核水位时为310 m,设计水位时310 m。

(3)安全加高的确定。根据《碾压式土石坝设计规范》(SL 274—2001)表5.3.1取用:设计水位时,$A = 0.7$ m;校核水位时,$A = 0.4$ m。

8.3.4 坝顶超高计算

坝顶超高计算公式如下:

$$Y = R_P + e + A \tag{8-3}$$

式中,Y 为坝顶超高,m;R_P 为最大波浪在坝坡上爬高,m;e 为最大风壅水面高度,m;A 为安全加高,m,按规范规定,4级建筑物正常运用情况下 $A = 0.7$ m,非常运用情况下 $A = 0.4$ m。地震安全加高根据《水工建筑物抗震设计规范》(SL 203—97)中5.2.3条规定,考虑本工程设计烈度和坝前水深,地震涌浪高度取0.75 m。

8.3.4.1 波浪的平均波高、波浪平均波周期及平均波长

波浪的平均波高和平均波周期采用莆田试验公式计算。

平均波高计算公式如下：

$$\frac{gh_m}{W^2} = 0.13\text{th}\left[0.7\left(\frac{gh_m}{W^2}\right)^{0.7}\right]\text{th}\left\{\frac{0.001\,8\left(\frac{gD}{W^2}\right)^{0.45}}{0.13\text{th}\left[0.7\left(\frac{gH_m}{W^2}\right)^{0.7}\right]}\right\} \tag{8-4}$$

平均波周期计算公式如下：

$$T_m = 4.438h_m^{0.5} \tag{8-5}$$

式中，h_m 为平均波高，m；T_m 为平均波周期，s；W 为计算风速，m/s；D 为风区长度，m；H_m 为水域平均水深，m；g 为重力加速度，取 9.81 m/s²。

平均波长 L_m 计算公式如下：

$$L_m = \frac{gT_m^2}{2\pi} \cdot \text{th}\frac{2\pi H}{L_m} \tag{8-6}$$

式中，L_m 为平均波长，m；H 为坝迎水坡前水深，m；T_m 为平均波周期，s。

对于深水波，即当 $H \geqslant 0.5L_m$ 时，可简化为 $\text{th}(2\pi H/L_m) = 1$。

波浪平均波周期、平均波长计算值见表 8-3。

表 8-3 波浪平均波周期、平均波长计算值

计算工况	水位（m）	时间 $T_m(\text{s})$	平均波长 $L_m(\text{m})$	$gT_m^2/2\pi$（m）	坝前水深 $H(\text{m})$	$2\pi H/L_m$	$\text{th}(2\pi H/L_m)$	计算波长 $L_m(\text{m})$
正常 + 地震	661	2.16	7.29	7.29	21	18.08	1.00	7.29
设计	662.29	2.16	7.30	7.30	22.29	19.18	1.00	7.30
校核	663.13	1.73	4.68	4.68	23.13	31.02	1.00	4.68

8.3.4.2 风壅水面高度计算

风壅水面高度计算公式如下：

$$e = \frac{KW^2D}{2gH_m}\cos\beta \tag{8-7}$$

式中，e 为计算点处的风壅水面高度，m；K 为综合摩阻系数，$K = 0.36 \times 10^{-6}$；β 为计算风向与坝轴线法线的夹角；D 为风区长度，m；H_m 为水域平均水深，m。

风壅高度计算值见表 8-4。

表 8-4 风壅高度计算值

计算工况	水位（m）	β	风壅高度（m）$e = KW^2D\cos\beta/(2gH_m)$
正常 + 地震	661	0	0.003 5
设计	662.29	0	0.002 3
校核	663.13	0	0.001 0

8.3.4.3 波浪在坝坡上爬高计算

波浪爬高 R_P 可由平均波高与坝迎水面前水深的比值和相应的累积频率 $P(\%)$ 按规

范要求计算求得。

设计波浪爬高 R_P ，按爬高分布进行换算，该工程为 3 级建筑物，确定波高累积频率 $P = 5\%$ 。

平均波浪爬高计算公式如下：

$$R_m = \frac{K_\Delta K_w}{\sqrt{1 + m^2}} \sqrt{h_m L_m} \tag{8-8}$$

式中，R_m 为平均波浪爬高，m；m 为单坡的坡度系数，若坡角为 α ，即等于 $\cot\alpha$ ；K_Δ 为斜坡的糙率渗透性系数，根据护面类型由《碾压式土石坝设计规范》（SL 274—2001）表 A.1.12-1 查得；K_w 为经验系数，由《碾压式土石坝设计规范》（SL 274—2001）表 A.1.12-2 查得；h_m 为平均波高，m。

波浪爬高计算表见表 8-5。

表 8-5 波浪爬高计算表

计算工况	水位（m）	m	K_Δ	K_w	平均波浪爬高 R_m（m）	波浪爬高 R_P（m）
正常＋地震	661	2	0.9	1.054	0.558	1.027
设计	662.29	2	0.9	1.048	0.555	1.022
校核	663.13	2	0.9	1.005	0.342	0.629

8.3.4.4 坝顶高程确定

根据上述所列公式，土石坝坝顶高程计算结果见表 8-6。

表 8-6 坝顶高程计算结果

计算工况	水位（m）	波浪爬高 R_P（m）	风壅水面高度 e（m）	安全超高 A（m）	$y = R_P + e + A$	坝顶高程计算值（m）	坝顶高程采用值（m）	除险加固值（m）	现状坝顶高程（m）
正常＋地震	661	1.027	0.003 5	1.15	2.181	663.181			
设计	662.29	1.022	0.002 3	0.7	1.724	664.014	664.16	663.97	664.40
校核	663.13	0.629	0.001 0	0.4	1.030	664.160			

由表 8-6 可以看出，本次复核计算坝顶高程采用值选择正常＋地震、设计及校核两组计算结果的最大值，计算坝顶高程低于现状坝顶高程，即现状坝顶高程满足现行规范要求。除险加固计算值小于现状坝顶高程，因此采用现状坝顶高程，满足要求。本次复核与除险加固设计值基本一致，但是由于采用的公式中参数有差别，因此存在一点差异。

8.3.5 水库复核综合评价

8.3.5.1 工程等别及建筑物级别

白水湖水库总库容 1 627 万 m³，根据《水利水电工程等级划分》（SL 252—2000）、《水库大坝安全评价导则》（SL 258—2000）的规定，工程规模属于中型水库，工程等别为Ⅲ

等,大坝、溢洪道、输水洞主要建筑物级别均为 3 级。

8.3.5.2　水库大坝安全评价

挡水坝为均质土坝,采用当地粉质黏土土料,大坝坝顶高程 664.40 m,坝顶宽 6.5 m,最大坝高 24.4 m,坝顶长 170 m。大坝基础类型为土基,岸坡为强风化岩基。原除险加固工程加固培厚边坡为石渣填筑。

上游面边坡自上而下为 1:2.0、1:3.6、1:3.8,从 660.0 m 高程起始分界。向上设置浆砌干砌石护坡,护坡厚 30 cm,垫层厚 20 cm(砂砾石);向下为混凝土预制块护坡,护坡厚 12 cm,垫层厚 20 cm(砂砾石)。坝脚设压重 32 m 长,压重顶高程为 651.0 m。

下游面边坡自上而下为 1:2.5、1:3.5,护坡为草皮护坡。坝脚设棱体排水,顶高程 648.25 m,坡比 1:1(上游)、1:1.5(下游)。

8.3.6　结论

经复核,除险加固后白水湖大坝、溢洪道、输水洞都能正常发挥作用,总体安全情况较好。

8.4　黄水沟水库大坝除险加固后安全复核

8.4.1　水库概况

8.4.1.1　流域水文、气象

黄水沟水库位于安县沸水镇沸泉村境内,距沸水镇 1.5 km 左右,流域地处东经 104°16′00″~104°16′30″,北纬 31°32′10″~31°32′30″,属于涪江水系凯江二级支流秀水河。水库坝址以上主河道长 2.7 km,水库控制流域面积 1.075 km²,坝址以上河道平均比降 31‰。

黄水沟水库以上流域形状近似掌形,流域区属于丘陵区,植被一般。

黄水沟水库所在流域属亚热带湿润季风气候区,流域内具有雨量充沛,气候温和湿润,四季分明,夏秋洪涝,冬春干旱,云雾多,日照少的气候特点。

区内多年平均气温 16.3 ℃,极端最高气温 36.5 ℃。极端最低气温 −4.8 ℃,多年平均降水量 1 316.6 mm,多年平均最大风速 17 m/s。

8.4.1.2　工程概况

黄水沟水库位于安县沸水镇沸泉村境内,距安县县城 43.6 km,大坝地理坐标为东经 104°16′,北纬 31°32′。属涪江水系凯江支流秀水河,控制流域面积 1.075 km²。流域形状近似掌形。水库为年调节水库,以灌溉为主,兼有防洪、养殖等综合效益。设计灌溉面积 2 000 亩,实际灌溉面积 5 052 亩。水库枢纽工程由大坝、溢洪道及放水设施组成。

该水库 1956 年由安县农水科设计,设计坝高 10 m,当年 1 月动工修建,1957 年 3 月完工。由于灌溉需要,1966 年安县水电局作扩建设计,扩建方案为在原坝下游扩宽坝底,加大坝高,当年 10 月动工修建,1967 年 5 月完工,建成坝高 17.29 m,坝顶高程 671.246 m,坝顶宽 4.0 m。同年建成副坝坝高 4.0 m,坝顶长 40.00 m,坝顶宽 2.0 m,即达到现有规模。

1974 年 9 月,因涵洞严重漏水,埋没涵洞处坝顶出现沉陷和塌坑,经及时处理脱险。1976 年经绵阳地区水电局批准,在大坝上游坡面采用黏土斜墙贴坡处理(垂直坡面底宽 3.0 m,顶宽 1.2 m);坡面用干砌块石护坡(垂直坡面底宽 1.0 m,顶宽 0.4 m),中间设 0.4 m 厚的砂砾石过渡带,并放缓了坝坡,经过处理,坝体渗漏基本消除。1979 年 7～8 月,由绵阳地区水电工程公司灌浆队对坝下涵洞和涵洞顶部大坝塌坑部位实施灌浆处理,并同时对副坝进行灌浆处理,灌浆处理后,主坝涵洞漏水基本消失,但副坝仍见渗漏现象。

2002 年又对白蚁危害完成了治理。

在"5·12"地震之前,黄水沟水库虽然存在大坝边坡安全系数偏小、溢洪道标准不够、坝基渗漏、坝下涵洞断裂漏水等问题,但水库基本上能保持正常运行。

本工程距坝址 8 km 范围内存在可能活动的断层,场地抗震稳定性差,属水工建筑抗震不利地段;本区地震动峰值加速度值为 0.15g,抗震设防烈度为 7 度。

8.4.1.3 震损情况

"5·12"地震时,黄水沟水库处于正常蓄水位运行状态,"5·12"地震发生后,在主坝坝体中产生了一系列的震生裂缝,其中平行于坝轴方向规模最大的纵向主裂缝长达 67 m,呈断续状延伸,主裂缝宽度 3～12 cm,深度一般 0.7～1.6 m,局部深达 3 m 以上(竹竿未探到底);另有两条呈断续延伸的裂缝,总长度分别为 38 m、46 m;垂直于坝轴方向较为密集的横裂缝长度一般 3～6 m,最长为 10～15 m,缝宽 1～4 cm;裂缝两侧的坝坡土体已具明显的蠕动变形。

主坝坝顶混凝土砌块多处开裂,裂缝长度 1.2～1.6 m,缝宽 3～8 mm;迎水面干砌块石护坡起伏变形、明显错位;坝前水位标尺裂开 3～8 mm;邻近主坝左岸的水保站管理用房严重受损,基础梁和墙周多处拉裂,缝长 1.3～1.8 m,缝宽 0.3～1.5 cm。

受"5·12"地震影响,溢洪道侧墙一定程度受损,多处可见长 0.5～1.2 m 的裂缝,缝宽 1～6 mm,条石砌缝破裂并相对错位 0.5～1 cm;在进口之前 12 m 长的喇叭口段,其干砌块石护坡中见有明显的凹陷变形。

水库下游 5 km 处即为秀水镇,12 km 处为塔水镇,秀水、塔水两镇人口约 10 万人,水库的安全直接关系着下游人民的生命财产安全。

8.4.2 除险加固工程设计

8.4.2.1 设计洪水

黄水沟水库所在流域无水文观测站。由于水库的集水面积较小,且水库本身也无水文观测资料,故本次复核采用四川省水利电力厅 1984 年 6 月编制的《四川省中小流域暴雨洪水计算手册》复核其设计洪水成果。

黄水沟水库设计暴雨参数由《四川省中小流域暴雨洪水计算手册》(1984 年 6 月版)各时段等值线图附图查算,设计洪水用推理公式法推算。经本次分析计算采用以下标准:黄水沟水库设计(50 年)标准洪峰 21.2 m³/s,一次洪量 31.1 万 m³;黄水沟水库校核(500 年)标准洪峰 30.4 m³/s,一次洪量 46.5 万 m³。

8.4.2.2　水库特征水位

黄水沟水库为小(1)型水库,是一座以灌溉为主,兼有防洪、养殖等综合效益的水库工程。水库枢纽工程由大坝、溢洪道及放水设施组成。

其除险加固设计的防洪标准按《防洪标准》(GB 50201—94)、《水利水电工程等级划分及洪水标准》(SL 252—2000)执行,本次采用设计标准为50年($P = 2\%$),校核洪水标准为500年($P = 0.2\%$)。

本次除险加固设计水库的死水位不变,仍采用656.350 m。黄水沟水库溢洪道堰顶高程668.40 m,堰顶净宽4 m,水库溢洪道为自由溢流泄洪,水库的防洪限制水位和正常蓄水位相同,均为溢洪道堰顶高程668.40 m。

黄水沟水库库容曲线、面积曲线采用本次新测地形图量算的成果,溢洪道泄量曲线采用本次新推算的泄量曲线。

水库洪水调节计算,按自由溢流进行调节计算,防洪限制水位为668.40 m,库水位超过防洪限制水位668.40 m时,水库溢洪道为自由溢流。经水库洪水调节计算,水库设计50年一遇,库水位为669.80 m,校核标准500年一遇,最高库水位为670.24 m。

8.4.2.3　除险加固内容

黄水沟水库是一座以灌溉为主、兼有养鱼等综合效益的小(1)型水库,除险加固初步设计主要是,针对水库的安全鉴定结论和"5·12"地震后专家组审定意见,以及实测的库区地形图,确定本次除险加固的主要内容:

(1)主坝坝体清除表层3~5 m,重新填筑坝体,以及对坝体进行充填灌浆防渗处理。

(2)主坝上游坝顶设置浆砌石挡墙,坝体上下游放缓坝坡。

(3)主坝上游设置0.1 m厚预制混凝土板护坡;下游坡草皮护坡,设置浆砌石马道及排水沟。

(4)副坝加宽、培厚,迎水坡采用0.1 m厚预制混凝土板护坡,下游坡为草皮护坡。

(5)主坝坝顶土石路面改为C20混凝土路面,副坝顶设置泥结石路面。

(6)加固溢洪道控制段、陡槽段底板和边墙护面衬砌。

(7)建立完善的大坝观测系统。

8.4.3　溢洪道泄流能力复核

8.4.3.1　溢洪道泄流能力计算

溢洪道堰面长度$\delta = 5.50$ m,堰顶最大水头为$H_{\max} = 1.80$ m,$10 > \delta/H = 3.05 > 2.5$,因此溢洪道堰面型式为宽顶堰。

按《溢洪道设计规范》宽顶堰泄流能力利用下式计算:

$$Q = m\varepsilon nb\sqrt{2g}H_0^{3/2} \tag{8-9}$$

式中,Q为流量,$\mathrm{m^3/s}$;b为单孔净宽,$b = 2$ m;m为二元水流宽顶堰流量系数,与相对上游堰高P_1/H及堰头形式有关,可按表A.2.3-1、表A.2.3-2查得;n为孔数,$n = 2$;H_0为计入行近流速的堰上总水头,m;ε为闸墩侧收缩系数,$\varepsilon = 1 - 0.2[\xi_k + (n - 1)\xi_0]H/nb$,其中

H 为不计入行近流速的堰上水头,m。

计算溢洪道水位与泄量关系见表 8-7。

表 8-7 黄水沟水库溢洪道水位与泄量关系表

库水位 $H(\mathrm{m})$	堰上水头 $H_0(\mathrm{m})$	ε	m	溢洪道泄量(m^3/s)
668.40	0.00	1.00	0.377	0.00
668.60	0.20	0.98	0.378	0.59
668.80	0.40	0.96	0.379	1.64
669.00	0.60	0.95	0.38	2.96
669.20	0.80	0.93	0.3805	4.48
669.40	1.00	0.91	0.381	6.14
669.60	1.20	0.89	0.381	7.92
669.80	1.40	0.87	0.381	9.77
670.00	1.60	0.86	0.381	11.69
670.20	1.80	0.84	0.382	13.70
670.40	2.00	0.82	0.382	15.70

黄水沟水库溢洪道水位—泄量曲线见图 8-1。

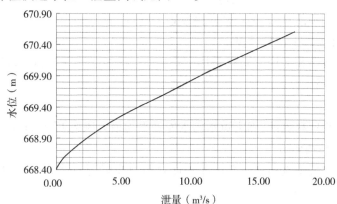

图 8-1 黄水沟水库溢洪道水位—泄量曲线

8.4.3.2 结论

本次复核结果最大泄流量为 15.70 m^3/s,而除险加固后的报告是 15.20 m^3/s,这主要是因为参数值的不同,溢洪道泄流能力都是满足的。

8.4.4 坝顶高程复核

为了保证水不从坝顶漫过,土坝坝顶高程应在水库校核水位以上,而且应有足够的超高,超高的数值等于波浪在坝坡上的爬高 R 和风壅水面高度 e 与安全超高 A 之和。

土坝工程现状高程与本次设计洪水位见表 8-8。

表 8-8　坝顶高程与洪水位

工程部位	坝顶
现状主坝坝顶高程(m)	671.25
现状副坝坝顶高程(m)	671.25
设计水位(2%)	669.80
校核水位(0.2%)	670.24

挡水建筑物为土石坝结构型式,其坝顶高程按照《碾压式土石坝设计规范》(SL 274—2001)的规定,即坝顶高程为水库静水位加坝顶超高计算。按以下运用条件计算,取其最大值:

(1)水库设计水位加正常运用条件的坝顶超高。

(2)水库校核水位加正常运用条件的坝顶超高。

(3)水库正常蓄水位加非常运用条件的坝顶超高,再加地震安全加高。

$$Y = R_p + e + A \tag{8-10}$$

式中,Y 为坝顶超高,m;R_p 为最大波浪在坝坡上的爬高,m;e 为最大风壅水面高度,m;A 为安全加高,按规范规定:4 级建筑物正常运用情况下 $A = 0.5$ m,非常运用情况下 $A = 0.3$ m。

地震安全加高根据《水工建筑物抗震设计规范》(SL 203—97)中 5.2.3 条规定,考虑本工程设计烈度和坝前水深,地震涌浪高度取 1.0 m。

8.4.4.1　波浪在坝坡上爬高计算

波浪的平均波高和平均波周期采用《碾压式土石坝设计规范》(SL 274—2001)莆田试验站公式进行计算。

1. 风速的确定

根据风速观测资料统计,确定黄水沟水库处平均最大风速 17.0 m/s。

2. 波浪吹程的确定

在黄水沟水库按垂直坝轴线起沿库水面直至对岸量得直线距离,校核水位时为 670 m,设计水位时为 650 m。

3. 安全加高的确定

根据《碾压式土石坝设计规范》(SL 274—2001)表 5.3.1 取用:设计水位时,$A = 0.5$ m,校核水位时,$A = 0.3$ m。

4. 坝顶超高计算

$$Y = R_p + e + A$$

式中,Y 为坝顶超高,m;R_p 为最大波浪在坝坡上爬高,m;e 为最大风壅水面高度,m;A 为安全加高,m。

波浪的平均波高和平均波周期采用莆田试验站公式计算。

5. 波浪的平均波高、波浪平均波周期及平均波长计算

平均波高计算公式如下:

$$\frac{gh_m}{W^2} = 0.13\text{th}\left[0.7\left(\frac{gH_m}{W^2}\right)^{0.7}\right]\text{th}\left\{\frac{0.0018\left(\frac{gD}{W^2}\right)^{0.45}}{0.13\text{th}\left[0.7\left(\frac{gH_m}{W^2}\right)^{0.7}\right]}\right\} \tag{8-11}$$

平均波周期计算公式如下:

$$T_m = 4.438h_m^{0.5} \tag{8-12}$$

式中,h_m 为平均波高,m;T_m 为平均波周期,s;W 为计算风速,m/s;D 为风区长度,m;H_m 为水域平均水深,m;g 为重力加速度,取 9.81 m/s^2。

平均波长 L_m 计算公式如下:

$$L_m = \frac{gT_m^2}{2\pi} \cdot \text{th}\frac{2\pi H}{L_m} \tag{8-13}$$

式中,L_m 为平均波长,m;H 为坝迎水坡前水深,m;T_m 为平均波周期,s。

对于深水波,即当 $H \geqslant 0.5L_m$ 时,可简化为 $\text{th}(2\pi H/L_m) = 1$。

波浪平均波周期、平均波长计算值见表 8-9。

表 8-9　波浪平均波周期、平均波长计算值

计算工况	水位 （m）	时间 T_m(s)	平均波长 L_m(m)	$gT_m^2/2\pi$ （m）	坝前水深 H(m)	$2\pi H/L_m$	$\text{th}(2\pi H/L_m)$	计算波长 L_m(m)
正常 + 地震	668.4	2.52	9.89	9.89	14.75	9.36	1.00	9.89
设计	669.8	2.54	10.05	10.05	16.15	10.09	1.00	10.05
校核	670.24	2.05	6.56	6.56	16.59	15.87	1.00	6.56

6. 风壅水面高度计算

风壅水面高度计算公式如下:

$$e = \frac{KW^2D}{2gH_m}\cos\beta \tag{8-14}$$

式中,e 为计算点处的风壅水面高度,m;K 为综合摩阻系数,$K = 0.36 \times 10^{-6}$;β 为计算风向与坝轴线法线的夹角;D 为风区长度,m;H_m 为水域平均水深,m。

风壅高度计算值见表 8-10。

表 8-10　风壅高度计算表

计算工况	水位(m)	β(°)	风壅高度(m)$e = KW^2D\cos\beta/(2gH_m)$
正常 + 地震	668.4	45	0.0072
设计	669.8	45	0.0068
校核	670.24	45	0.0030

7. 波浪在坝坡上爬高计算

波浪爬高 R_P 可由平均波高与坝迎水面前水深的比值和相应的累积频率 $P(\%)$ 按表计算求得。

设计波浪爬高 R_P,按爬高分布进行换算,该工程为 4 级建筑物,确定波高累积频率 $P=5\%$。

累积频率 $P=5\%$ 频率下爬高与平均爬高比值(R_P/R_m)见表 8-11。

表 8-11　5% 频率下爬高与平均爬高比值(R_P/R_m)

h_m/H	R_P/R_m
<0.1	1.84
0.1~0.3	1.75
>0.3	1.61

平均波浪爬高计算公式如下:

$$R_m = \frac{K_\Delta K_w}{\sqrt{1+m^2}}\sqrt{h_m L_m} \qquad (8-15)$$

式中,R_m 为平均波浪爬高,m;m 为单坡的坡度系数,若坡角为 α,即等于 $\cot\alpha$;K_Δ 为斜坡的糙率渗透性系数,根据护面类型由《碾压式土石坝设计规范》(SL 274—2001)表 A.1.12-1 查得;K_w 为经验系数,《碾压式土石坝设计规范》(SL 274—2001)表 A.1.12-2 查得;h_m 为平均波高,m。

波浪爬高计算值见表 8-12。

表 8-12　波浪爬高计算表

计算工况	水位 (m)	m	K_Δ	K_w	平均波浪爬高高度 R_m(m)	波浪爬高 R_P (m)
正常 + 地震	668.4	3	0.9	1.099	0.558	1.027
设计	669.8	3	0.9	1.085	0.560	1.030
校核	670.24	3	0.9	1.013	0.341	0.628

8.4.4.2　坝顶高程确定

根据上述所列公式,土石坝坝顶高程计算结果表见表 8-13。

表 8-13　坝顶高程计算结果表

计算工况	水位 (m)	波浪爬高 R_P(m)	风壅水面高度 e(m)	安全超高 A(m)	$y=R_P+e+A$	坝顶高程计算值 (m)	坝顶高程采用值 (m)	除险加固值 (m)
正常 + 地震	668.4	1.027	0.007 2	1.3	2.334	670.734		
设计	669.8	1.030	0.006 8	0.5	1.537	671.337	671.337	671.65
校核	670.24	0.628	0.003 0	0.3	0.931	671.171		

由表 8-13 可以看出,本次复核计算坝顶高程采用值选择正常 + 地震、设计及校核两组计算结果的最大值,计算坝顶高程低于除险加固坝顶高程,即除险加固坝顶高程满足现行规范要求。副坝坝顶高程和主坝取相同值,满足要求,此处不进行验算。本次复核与除

险加固设计值基本一致,但是由于采用的公式有差别,因此存在一点差异。

8.4.5　水库复核综合评价

8.4.5.1　工程等别及建筑物级别

黄水沟水库总库容 103.3 万 m^3,根据《水利水电工程等级划分》(SL 252—2000)、《水库大坝安全评价导则》(SL 258—2000)的规定,工程规模属于小(1)型水库,工程等别为Ⅳ等,大坝、溢洪道、输水洞主要建筑物级别均为 4 级。

8.4.5.2　水库主要建筑物安全评价

1. 大坝

主坝为均质土坝,上游设浆砌石挡墙,坝顶高程 671.0 m,坝顶长度 106 m,坝顶宽度 6.0 m,主坝迎水面坡比由原来的 1:2.0 调整为 1:3.0。将上游死水位以上的原干砌石护坡及垫层全部挖除,新砌筑的护坡采用预制混凝土护坡,厚度 0.1 m,下设碎石垫层厚度 0.2 m,粗砂垫层厚度 0.1 m。死水位以下用弃渣护脚。

下游坡比由原来的 1:1.7、1:2.0 调整为 1:2.0、1:2.5。下游采取草皮护坡。在下游 668.89 m 高程设浆砌石排水沟及马道,在 659.51 m 高程加宽原干砌条石排水棱体。

对副坝进行加固,因坝顶高程、宽度不满足交通要求,本次设计采用直接向下游加高培厚坝体。

坝体采用当地土料进行培厚,培厚体坡度为 1:2.0。坝顶长 79.7 m,坝顶宽度 4.0 m。清除上游草皮,对塌陷部位进行清理,回填坝体回填料,分层压实,坡比同现状坝坡,在上游 665.0 m 高程铺设预制混凝土护坡,厚度 0.1 m,下设碎石垫层厚度 0.2 m,粗砂垫层厚度 0.1 m。665.0 m 高程以下采用浆砌石护脚。

根据地质报告,副坝坝基岩石中存在渗漏通道,由于库内淤积已构成天然的防渗铺盖,本次设计采用在护坡下设复合土工膜与库内淤积相结合,665.0 m 高程以下采用浆砌石护脚。

下游坝坡采用草皮护坡。

坝顶加固后路面采用 C20 混凝土结构,厚 0.2 m,垫层采用片石细砂嵌缝,厚 0.2 m。

坝顶回填料为黏土料,填筑标准要求压实度不低于 0.96,渗透系数小于 1×10^{-4} cm/s。安全评价较好。

2. 溢洪道

此次除险加固,需要对原溢洪道控制段、泄槽底板及两侧边墙凿除表面破损混凝土,然后在上面打锚筋,浇筑 100 mm 钢筋混凝土面层;控制段顶部交通桥墩也进行同样的处理。

加固后的溢洪道位于大坝左侧 20 m 处,控制段为宽顶堰,堰顶高程为 668.40 m,堰体长度 5.50 m。溢洪道控制段为 2 孔,单孔净宽 2.0 m,总泄流净宽 4.0 m。溢洪道控制段中间设有 1 个桥墩,为浆砌条石结构,桥墩顺水流方向长度 5.0 m,交通桥桥面高程大约为 670.00 m,桥面净宽为 5.5 m。

泄槽为矩形断面,净宽度为 4.0 m。泄槽边墙采用浆砌条石半重力式挡土墙结构。边墙顶高程为 500 年一遇泄流量掺气水面线加安全超高。经复核,现状墙顶高程均高于设计墙顶高程,泄洪槽边墙顶高程满足设计要求,不需要加高。溢洪道安全评价较好。

3. 输水洞

黄水沟水库属小(1)型水库,工程等别为Ⅳ等,放水设施承担灌溉任务,是主要的永久性建筑物,其工程级别为4级。

放水设施采用正常运用(设计)洪水标准为重现期50年,非常运用(校核)洪水标准为重现期500年。

根据放水设施现状、泄量及运行情况,经过分析确定:放水设施改造只进行简单的维修护理,不进行拆除改建等工程改造措施。输水洞安全评价较好。

4. 水库运行管理情况

目前水库专职管理人员2名,本次设计拆除震损管理房80 m^2,新建管理房200 m^2。增设水库安全监测设备,新建交通路1.5 km。黄水沟水库为小(1)型水库,水库自建成以来就没有大坝观测设施,现状只有水位观测,利用水准尺进行观测。

根据工程管理的需要,本次设计新增了部分观测项目,提高其观测精度及自动化水平,以利于水库的运行及管理。

本次水库除险加固增设大坝沉陷和位移观测、坝体渗流观测(浸润线观测、渗流量观测)及基本水文观测。

8.4.6　结论

经复核,除险加固后黄水沟大坝、溢洪道、输水洞都能正常发挥作用,总体安全情况较好。

第 9 章 结论与展望

9.1 结 论

本书紧密结合震损水库除险修复的工程实际,针对震损水库数量多、分布面广、病险情况复杂、病险程度严重、除险修复施工工期紧及技术难度大等问题,对震损水库除险修复进行了理论和技术研究。在全面调查的基础上,结合典型工程进行研究,提出了具有较强的创新性和实用性的震损水库除险修复理论与技术。通过分析,本书得到以下几个方面的结论:

(1)在总结中小型水库震损险情特点的基础上,构建了中小型水库震损险情综合评价指标全集。首次以水库建筑物组成的类型为研究基础,针对构建的评价指标全集采用定量与定性相结合的方法对指标全集进行筛选优化,最终确立中小型水库震损险情综合评价指标体系。

(2)将水库震损情况及其震损级别作为研究背景,提出中小型水库震损险情综合评价指标体系的评价标准。首次引入危险系数公式将水库各震损部位的损坏程度定量化,将水库各部位损坏程度进行排序,结合工程实际情况合理安排除险加固次序。

(3)以四川安县震损水库为研究对象,在现有水库大坝风险分析的基础上,总结中小型震损水库坝体特点并结合小型震损水库历史溃坝统计资料,利用风险指数法,对小型水库进行溃坝风险分析。通过数学模型的建立,得出溃坝概率和溃坝后果,引入溃坝后果综合评价函数,计算出中小型震损水库风险指数,作为衡量水库坝体溃坝风险大小的指标,从而建立起一套系统、完整的中小型震损水库溃坝风险分析体系。

(4)通过分析震损水库危险部位、类型及产生的机理,建立了"降、封、削、固、反、导"的震损水库应急除险一体化技术和震损水库除险加固"削、固、挖、填、灌、截"集成技术,有效解决了震损后水库的安全隐患。

(5)通过"降、封、削、固、反、导"的震损水库应急除险一体化技术和"削、固、挖、填、灌、截"的除险加固集成技术在丰收水库、立志水库、五一水库、曹家水库、黄水沟水库、白水湖水库进行除险加固中的应用,对今后震损水库的加固处理起到了良好的示范作用,同时也证明了该技术的实际可操作性。

(6)在充分考虑了库水的可压缩性和库底淤沙的吸收作用对坝水相互作用的影响的前提下,提出了一种具有较高精度的求解坝面动水压力的半解析数值计算方法,首次构建了土石坝—水库系统的地震响应计算模型,并开发了一整套具有自主知识产权的坝水动力响应计算程序,能够方便求解各种工况、各种坝型的动水压力计算程序,完善了坝水系统动力相互作用的分析。

9.2　展　望

中小型水库在强震作用下的除险修复技术的研究与应用虽然取得了阶段性的成果，从在实际应用中所掌握的经验来看，其存在较强的生命力，主要表现在以下几个方面：

（1）力争把这项技术应用到辽宁省的中小水库除险修复上来积累更多的经验，从而实现在东北三省以及全国范围的推广。

（2）整个技术成果均是在较短的时间内完成的，由于时间紧、任务重，难免出现冗杂部分，可在下一步的工作中进一步提炼出技术研究的精华部分，使其更易于接受。

参 考 文 献

[1] 曹永强,杜国志,土方雄. 洪灾损失评估方法及其应用研究[J]. 辽宁师范大学学报:自然科学版, 2006,29(3):355-358.

[2] 陈凤兰,王长新. 泄洪风险计算中 JC 法与 MC 法的比较[J]. 水利水电科技进展,1996,16(6): 40-42.

[3] 陈肇和,李其军. 漫坝风险分析在水库防洪中的应用[J]. 中国水利,2000(9):29.

[4] 程莉. 大坝风险综合研究[D]. 大连:大连理工大学,2013.

[5] SL 252—2000 水利水电工程等级划分及洪水标准[S].

[6] 邓淑珍,李建章,张智吾.专访矫勇:高度重视水库大坝安全管理工作[J]. 中国水利,2008(20): 1-5.

[7] 杜国志.洪水资源管理研究[D].大连:大连理工大学,2005.

[8] 杜群超. 基于 GIS 的水库土石坝工程洪水溃坝损失研究[D]. 南宁:广西大学,2012.

[9] 党光德. 土石坝洪水漫顶模糊风险分析[J]. 安徽农学通报,2012,18(11):18-19.

[10] 傅湘,纪昌明.洪灾损失评估指标的研究[J].水科学进展,2000,11(4):432-435.

[11] 傅琼宁,K. 赫格.大坝安全评估和风险分析[J].水利水电快报,1997,18(9):1-5.

[12] 范书立,陈健云,范武强,等. 地震作用下碾压混凝土重力坝的可靠度分析[J]. 岩石力学与工程学报,2008,27(3):564-571.

[13] 范子武,姜树海. 蓄滞洪区的洪水演进数值模拟与风险分析[J]. 水利水运科学研究,2000(2): 1-6.

[14] 郭怀志.可靠度分析的数值解法[J].水利水电技术,1988(8):9-12.

[15] 韩瑞芳.土石坝模糊风险分析[D].郑州:郑州大学,2007.

[16] 何鲜峰.大坝运行风险及辅助分析系统研究[D].南京:河海大学,2008.

[17] 何晓燕,孙丹丹,黄金池.大坝溃决社会及环境影响评价[J].岩土工程学报,2008,28(11): 1752-1757.

[18] 黄海燕,麻荣永.大坝安全模糊风险分析初探[J].广西大学学报:自然科学版,2003,28(1): 14-18.

[19] 黄海燕.土坝漫坝与坝体失稳模糊风险分析研究[D].南宁:广西大学,2003.

[20] 黄玲,谈祥.江苏省溧阳市沙河水库大坝安全评价报告[R].上海勘测设计研究院,2006.

[21] 何晓燕,孙丹丹,黄金池.大坝溃决社会及环境影响评价[J].岩土工程学报,2008,30(11): 1752-1757.

[22] 何晓燕,王兆印,黄金池. 水库溃坝事故时间分布规律与趋势预测[J]. 中国水利水电科学研究院学报,2008,6(1):37-42.

[23] 江苏省溧阳市沙河水库管理处.溧阳市沙河水库 2006 年控制运用计划[R].2006.

[24] 姜树海,范了武,吴时强.洪灾风险评估和防洪安全决策[M].北京:中国水利水电出版社,2005.

[25] 姜树海,范了武.土石坝安全等级划分与防洪风险率评估[J].水利学报,2008,39(1):35-40.

[26] 姜树海,范了武.大坝的允许风险及其运用研究[J].水利水运工程学报,2003(3):7-12.

[27] 姜树海,范了武.堤防渗流风险的定量评估方法[J].水利学报,2005,36(8):994-999.

[28] 姜树海.防洪设计标准和大坝的防洪安全[J].水利学报,1999(5):19-25.

[29] 姜志浩. 拱坝风险分析方法及风险评价信息系统[D]. 大连:大连理工大学,2007.

[30]姜世俊.土石坝溃坝风险评估关键技术研究及应用[D].南昌:南昌大学,2012.

[31]匡少涛,李雷.澳大利亚大坝风险评价的法规与实践[J].水利发展研究,2002(10):55 – 59.

[32]乐嘉祥,王光生.浑河流域"95·7"暴雨洪水简析[J].1997(6):81 – 85.

[33]李兵.海堤漫坝风险分析研究[D].南宁:广西大学,2002.

[34]李继华.可靠性数学[M].北京:中国建筑工业出版社,1988.

[35]李雷,蔡跃波,盛金保.中国大坝安全与风险管理的现状及其战略思考[J].岩土工程学报,2008,30(11):1581 – 1587.

[36]李雷,彭雪辉,王昭升.水库大坝溃决模式和溃坝概率分析研究[R].南京水利科学研究院,2004.

[37]李雷,盛金保,彭雪辉,等.江苏省沙河水库东副坝风险分析研究报告[R].南京水利科学研究院,2007.

[38]李雷,盛金保.土石坝安全度综合评价方法初探[J].大坝观测与土工测试,1999,23(4):22 – 28.

[39]李雷,王仁钟,盛金保,等.大坝风险评价与风险管理[M].北京:中国水利水电出版社,2006.

[40]李雷,王仁钟,盛金保.溃坝后果严重程度评价模型研究[J].安全与环境学报,2006,6(1):1 – 4.

[41]李雷,王昭升,张士辰.大坝性态危险程度判别模型研究[J].安全与环境学报,2007,7(3):149 – 152.

[42]李雷,周克发.大坝溃决导致的生命损失估算方法研究现状[J].水利水电科技进展,2006,26(2):76 – 80.

[43]李雷.我国大坝溃决模式和溃坝概率的确定方法研究[R].水利部大坝安全管理中心,2003.

[44]李超,李天科,郭清华.小型水库群坝溃坝风险分析方法研究[J].水利经济,2010,28(2):55 – 58.

[45]李清富,高健磊,乐金朝,等.工程结构可靠性原理[M].郑州:黄河水利出版社,1999.

[46]李清富,龙少江.土坝坝坡失稳风险分析[J].水利水电技术,2006,37(5):41 – 44.

[47]李天科,刘经强,王爱福.低水头水工建筑物设计[M].北京:中国水利水电出版社,2009.

[48]李君纯,李雷.已建水库土石坝安全度评价方法[C]//大坝安全监测技术国际学术讨论会论文集,1992.

[49]李夕兵,蒋卫东.汛期尾矿坝溃坝事故树分析[J].安全与环境学报,2001,1(5):45 – 48.

[50]李超超.溃坝水流数值模拟与灰关联度分析[D].济南:山东大学,2013.

[51]李浩瑾.大坝风险分析的若干计算方法的研究[D].大连:大连理工大学,2012.

[52]李克飞.水库调度多目标决策与风险分析方法研究[D].北京:华北电力大学,2013.

[53]李升.大坝安全风险管理关键技术研究及其系统开发[D].天津:天津大学,2011.

[54]李玉钦.基于网络分析法(ANP)的水电工程风险分析方法研究[D].天津:天津大学,2007.

[55]刘经强,王爱福,李天科.黄家庄水库安全鉴定报告[R].山东农业大学勘察设计研究院,2008.

[56]刘经强,王爱福,李天科.黄石崖水库安全鉴定报告[R].山东农业大学勘察设计研究院,2008.

[57]刘经强,王爱福,李天科.王可路山水库安全鉴定报告[R].山东农业大学勘察设计研究院,2008.

[58]刘经强,王爱福,李天科.李家庄水库安全鉴定报告[R].山东农业大学勘察设计研究院,2008.

[59]刘经强,王爱福,李天科.李了峪水库安全鉴定报告[R].山东农业大学勘察设计研究院,2008.

[60]刘经强,王爱福,李天科.龙门口水库安全鉴定报告[R].山东农业大学勘察设计研究院,2008.

[61]刘经强,王爱福,李天科.彭家峪水库安全鉴定报告[R].山东农业大学勘察设计研究院,2008.

[62]刘经强,王爱福,李天科.响水河水库安全鉴定报告[R].山东农业大学勘察设计研究院,2008.

[63]李侠,霍玉仁.江苏省溧阳市沙河水库大坝现场安全检查报告[R].上海勘测设计研究院,2006.

[64]林继墉.水工建筑物[M].3版.北京:中国水利水电出版社,2006.

[65]林齐宁.决策分析[M].北京:北京邮电大学出版社,2003.

[66]临沂市水利局,临沂市水利勘测设计院.山东省小型水库除险加固工程初步设计编制指导大

纲.2008.

[67]刘明维,何光春.基于蒙特卡罗法的土坡稳定可靠度分析[J].重庆建筑大学学报,2001,23(5):96-99.

[68]龙少江.大坝风险分析与决策理论及其应用[D].郑州:郑州大学,2006.

[69]赖成光.城市地区水库溃决洪水演进数值模拟研究[D].广州:华南理工大学,2013.

[70]兰宏波.洪泛区洪水损失评估研究[D].武汉:华中科技大学,2004.

[71]刘释阳.基于GIS的中小型水库溃坝应急避难场所选择研究[D].大连:大连理工大学,2013.

[72]楼渐逵.加拿大BC Hydro公司的大坝安全风险管理[J].大坝与安全,2000,14(4):7-11.

[73]麻荣永.土石坝分析方法及应用[M].北京:科学出版社,2004.

[74]M.A.福斯特,李季川.用事件树法估计土石坝失事的概率[J].水利水电快报,2003(4):5-6.

[75]梅亚东,谈广明.大坝防洪安全的风险分析[J].武汉大学学报:工学版,2002,35(6):11-15.

[76]梅亚东,谈广明.大坝防洪安全评价的风险标准[J].水电能源科学,2002,20(4):8-10.

[77]钮新强,杨启贵,谭界雄,等.水库大坝安全评价[M].北京:中国水利水电出版社,2007.

[78]牛运光.土坝安全与加固[M].北京:中国水利水电出版社,1998.

[79]彭雪辉.风险分析在我国大坝安全上的应用[R].南京水利科学研究院,2004.

[80]彭祖增,孙锡玉.模糊数学(Fuzzy)数学及其应用[M].3版.武汉:武汉大学出版社,2007.

[81]汝乃华,牛运光.大坝事故与安全(土石坝)[M].北京:中国水利水电出版社,2001.

[82]萨尔蒙,马秀琴.大坝安全风险分析[J].水利水电快报,1995(15):18-26.

[83]施国庆,朱淮宁,苟厚平.水库溃坝损失及其计算方法研究[J].灾害学,1998,13(4):28-33.

[84]舒序英.小型水库土坝常见险情成因分析及处理方法初探[J].湖南水利水电,2005(2):50-51.

[85]SL 258—2000 水库大坝安全评价导则[S].

[86]SL 189—96 小型水利水电工程碾压式土石坝设计导则[S].

[87]水利电力部第五工程局,水利电力部东北勘测设计院.土坝设计[M].北京:水利电力出版社,1978.

[88]宋敬,何鲜峰.我国溃坝生命风险分析方法探讨[J].河海大学学报:自然科学版,2008,36(5):628-633.

[89]孙玉华."95·7"辽河流域特大暴雨洪水分析[J].水文,1998(5):89-92.

[90]苏永华,赵明华,蒋德松,等.响应面方法在边坡稳定可靠度分析中的应用[J].岩石力学与工程学报,2006,25(7):1417-1424.

[91]水利电力部水利管理司.水库失事资料汇编(1954~1961).1962.

[92]水利部工程管理局.全国水库垮坝登记册(1962~1980).1981.

[93]水利部水利管理司.全国水库垮坝统计资料(1981~1990).1991.

[94]孙慧娜.重大自然灾害统计及间接经济损失评估——基于汶川地震的研究[D].成都:西南财经大学,2011.

[95]谈皓,王红声,侯晓明,等.黄河流域大中型病险水库存在问题及除险加固对策[J].人民黄河,2001,23(8):

[96]王仁钟,李雷,盛金保.水库大坝的社会与环境风险标准初探[J].安全与环境学报,2006,6(1):8-10.

[97]王正旭.英国的水库安全管理[J].水利水电科技进展,2002,22(4):65-68.

[98]王志军,顾冲时,娄一青.基于支持向量机的溃坝生命损失评估模型及应用[J].水力发电,2008,34(1):67-70.

[99]王志军,张治军,李了阳.GIS支持下的溃坝损失评估方法研究[J].水力发电,2008,34(8):75-

77,87.

[100]王元辉.安全系统工程[M].天津:天津大学出版社,1999.

[101]王天化.水库大坝安全应急管理区域风险分析及损失评估方法研究[D].武汉:长江科学院,2010.

[102]王君.溃坝生命损失预控模型研究[D].大连:大连理工大学,2013.

[103]王雪冬.长白山火口湖溃决引发的火山泥石流灾害危险性预测研究[D].长春:吉林大学,2013.

[104]王伟哲.地震直接经济损失评估——BP神经网络及其应用[D].成都:西南财经大学,2012.

[105]王永菲,王成国.响应面法的理论与应用[J].中央民族大学学报:自然科学版,2005,14(3):236-240.

[106]吴震宇,陈建康,何坤.土石坝风险分析方法及应用[J].人民黄河,2013(7):86~88.

[107]吴世伟.结构可靠度分析[M].北京:人民交通出版社,1990.

[108]徐钟济.蒙特卡罗法[M].上海:上海科学技术出版社,1985.

[109]徐玖平,胡知能,王透.运筹学[M].北京:科学出版社,2004.

[110]赵国藩.工程结构可靠性理论与应用[M].大连:大连理工大学出版社,1996.

[111]中华人民共和国国务院.国家中长期科学和技术发展规划纲要(2006—2020年).2006.

[112]GB 50201—1994 防洪标准[S].

[113]SL 274—2001 碾压式土石坝设计规范[S].

[114]周红.大坝运行风险评价方法研究[D].南京:河海大学,2004.

[115]周克发,李雷,盛金保.我国溃坝生命损失评价模型初步研究[J].安全与环境学报,2007,7(3):144-149.

[116]周克发,李雷.我国已溃决大坝调查及其生命损失规律初探[J].大坝与安全,2006(5):13-18.

[117]周克发.溃坝生命损失分析方法研究[D].南京:南京水利科学研究院,2006.

[118]朱淮宁.溃坝经济分析研究[D].南京:河海大学,1997.

[119]肖义.水库大坝防洪安全标准及风险研究[D].武汉:武汉大学,2004.

[120]熊铁华,常晓林.基于响应面的三维随机有限元法在大型结构可靠度分析中的应用[J].武汉大学学报:工学版,2005,38(1):125-128.

[121]熊铁华,常晓林.响应面法在结构体系可靠分析中的应用[J].工程力学,2006,2(4):58-61.

[122]徐强.大坝的风险分析方法研究[D].大连:大连理工大学,2008.

[123]徐钟济.蒙特卡罗方法[M].上海:上海科学技术出版社,1985.

[124]熊明.三峡水库防洪安全风险研究[J].水利水电技术,1999,30(2):39-42.

[125]肖焕雄,韩采燕,唐晓阳.施工导流标准与方案优选[M].武汉:湖北科学技术出版社,1996.

[126]魏勇,郭利杰.尾矿库溃坝风险分级评价模型研究[C]//2012(沈阳)国际安全科学与技术学术研讨会论文集,2012.

[127]吴文桂,李其军.土坝水利工程的风险辨识与风险模型[R].北京市水利规划设计研究院,1997.

[128]吴欢强.溃坝生命损失风险评价的关键技术研究[D].南昌:南昌大学,2009.

[129]杨宇杰.事故树和贝叶斯网络用于溃坝风险分析的研究[D].大连:大连理工大学,2008.

[130]严磊.大坝运行安全风险分析方法研究[D].大连:大连理工大学,2011.

[131]严祖文,彭雪辉,张延亿.病险水库除险加固风险决策[M].北京:中国水利水电出版社,2011.

[132]张秀玲,文明宣.我国水库失事的统计分析及安全对策探讨[C]//水利工程管理论文集(第三册),1992.

[133]张社荣,贾世军,郭怀志.岩石边坡稳定的可靠度分析[J].岩土力学,1999,20(2):57-61,66.

[134]张大伟.堤坝溃坝水流数学模拟及其应用研究[D].北京:清华大学,2008.

[135] 赵国藩,金伟良,贡金鑫. 结构可靠度理论[M]. 北京:中国建筑工业出版社,2000.

[136] 赵安,王婷君. 基于过程基的洪灾生命损失评价模型框架初探[J]. 自然灾害学报,2013(2): 38 – 44.

[137] 朱元牲,王道席. 水库安全设计与垮坝风险[J]. 水利水电科技进展,1995,15(1):17 – 24.

[138] 周清勇. 基于风险分析的大坝应急预案技术研究[D]. 南昌:南昌大学,2012.

[139] Akai K,Ohnishi Y,Nishigaki M. Saturated-unsaturated soils[J]. SAE Preprints, Finite Element Analysis of Three-dimensional Flows in,1979(1):227 – 239.

[140] ANCOLD(Australian National Committee on Large Dams). Guidelines on Assessment of the Consequences of Dam Failure. 2000.

[141] ANCOLD. Guideline on Risk Assessment[R]. Tatura:ANCOLD,2003.

[142] Bishop A W, et al. Factors controlling the strength of partly saturated cohesive soil[C] // ASCE Research Conf. Boulder, Colorado, USA, 1960.

[143] Bottelberghs P H. Risk analysis and safety policy developments in the Netherlands[J]. Journal Hazard Mater,2000,71(3):59 – 84.

[144] Brown C A,Graham W J. Assessing the threat to life from dam failure[J]. Water Resources Bulletin, 1988, 24(6):1303 – 1309.

[145] Canadian Dam Association. Canadian Dam Safety Guidelines. 1999.

[146] Costa J E,Schuster R L. The formation and failure of natural dams[J]. Geological Society of America Bulletin, 1988(100):1054 – 1068.

[147] Costa J E. Floods from dam failures[C] // Baker V R, Kochel R C,Pattonp C. Flood Geomorphology. New York:John Wiley and Sons,1988.

[148] Dawson E M,Roth W H,Drescher A. Slope stability analysis by strength reduction[J]. Geotechnique, 1999,49(6):835 – 840.

[149] Michael L. Dekay,Gary H. Mcclelland. Predicting loss of life in cases of dam failure and flash flood[J]. Risk Analysis,1993,13(2):193 – 205.

[150] Bought Christine. Investigation of conceptual and numerical for evaluation moisture, gas, chemical, and heat transfer in fractured unsaturated rock[J]. Journal of Contaminant Hydrology,1993(3):59 – 80.

[151] Evans Daniel D,Nicholson Thomas J. Flow and transport through unsaturated fractured rock[J]. American Geophysical Union,1995(16):164 – 174.

[152] Fread D L, Lewis J M. NWS FLDWAV model[M]. Maryland:National Weather Service, 1998.

[153] Fread D L. An erosion model for earthen dam failures[M]. Maryland:National Weather Service, 1991.

[154] Fredlund D G, Morgensten N R, Widger R S. The shear strength of un-saturated soils[J]. Can. Geotech. J. ,1978,15(3):313 – 321.

[155] Fredlund D G, Xing A Q. Equations for the soil-water characteristic curve[J]. Can. Geotech. J. ,1994, 31(4):521 – 532.

[156] Fredlund D G. Predicting the shear strength function for unsaturated soil using the soil-water characteristic curve[J]. Proc. lst. Int. Conf. on Unsaturated Soils,1995(1):189 – 193.

[157] Graham W J. Aprocedure for estimating loss of life caused by dam failure[J]. Sedimentation & River Hydraulics, 1999, 6(5):1 – 43.

[158] Hanna Y G, Humar J L. Boundary element analysis of fluid domain[J]. Journal of the Engineering Mechanics Division-ASCE,1982, 108(2): 436 – 450.

[159] Lin G, Wang Y, Hu Z. An efficient approach for frequency-domain and time-domain hydrodynamic anal-

ysis of dam-reservoir systems [J]. Earthquake Engineering & Structural Dynamics, 2012, 41 (13):
1725 – 1749.

[160] Song C, Wolf J P. The scaled boundary finite-element method—alias consistent infinitesimal finite-element cell method—for elastodynamics [J]. Computer Methods in Applied Mechanics and Engineering, 1997, 147(3 – 4): 329 – 355.

[161] Hall J, Chopra A K. Dynamic analysis of arch dams including hydrodynamic effects [J]. Journal of the Engineering Mechanics-ASCE, 1983, 109(1): 149 – 167.

[162] Gruner E. Dam disaster. Proc, Institiution of Civil Engineers. London, 1963.

[163] Mark R K. Stuart-Alexander D E. Disasters as a necessary part of benefit-costanalysis [J]. Science, 1977, (17): 1160 – 1162.

[164] Middlebrooks T A. Earth-dam practice in the united states [J]. Trans. Amer. Soc. Civil Eng, 1953, 118: 697 – 722.

[165] Roger C. Schank. Dynamic memory: a theory of reminding and learning in computers and people [M]. London: Cambridge University Press, 1983.

[166] Richard B. Waite, Davis S. Bowels, et al. Dam safety evaluation for a series of Utah Power and Light Hydropower Dams. Including Risk Assessment. In Proceedings from the 6 th ASDSO Annual Conference, Albuquerque, New Mexico, 1989.

[167] Timo Maijiala. RESCDAM development of rescue actions based on dam-break flood analysis. Finland Environment Institute, June 1999 – March 2001.